高等应用型人才培养规划教材

Visual FoxPro
数据库技术基础

主　编　杨青雷　黄先珍
副主编　衣绍芳　王永刚
　　　　王　凯　卢　曦

电子工业出版社
Publishing House of Electronics Industry
北京·BEIJING

内 容 简 介

本书共有 10 章，内容包括数据库系统基础理论、Visual FoxPro 9.0 系统初步、数据类型与运算、关系数据库的基本操作、SQL 语言及应用、查询与视图、结构化程序设计、表单设计、报表设计、应用系统开发实例等内容。

本书适合作为高等院校计算机专业的学生学习 Visual FoxPro 的教材，也可作为广大科技工作者学习 Visual FoxPro 的参考书籍。

未经许可，不得以任何方式复制或抄袭本书之部分或全部内容。
版权所有，侵权必究。

图书在版编目(CIP)数据

Visual FoxPro 数据库技术基础/杨青雷，黄先珍主编. —北京：电子工业出版社，2020.1
ISBN 978-7-121-35308-6

Ⅰ. ①V… Ⅱ. ①杨… ②黄… Ⅲ. ①关系数据库系统－程序设计－高等学校－教材 Ⅳ. ①TP311.138

中国版本图书馆 CIP 数据核字(2018)第 242481 号

责任编辑：马　杰
印　　刷：山东华立印务有限公司
装　　订：山东华立印务有限公司
出版发行：电子工业出版社
　　　　　北京市海淀区万寿路 173 信箱　　邮编：100036
开　　本：787×1092　1/16　　印张：17.75　　字数：416 千字
版　　次：2020 年 1 月第 1 版
印　　次：2021 年 12 月第 3 次印刷
定　　价：39.70 元

凡所购买电子工业出版社图书有缺损问题，请向购买书店调换。若书店售缺，请与本社发行部联系，联系及邮购电话：(010) 88254888，88258888。
质量投诉请发邮件至 zlts@phei.com.cn，盗版侵权举报请发邮件至 dbqq@phei.com.cn。
本书咨询联系方式：(0532) 67772605，邮箱：majie@phei.com.cn。

目录 CONTENTS

第1章 数据库系统基础理论

1.1 数据管理技术概述 /1
  1.1.1 数据、信息与数据处理 /1
  1.1.2 数据管理技术的发展过程 /2
1.2 数据库系统概述 /4
  1.2.1 数据库系统的组成 /5
  1.2.2 数据库系统的体系结构 /6
1.3 数据描述与数据模型 /8
  1.3.1 数据转换中的三个世界 /8
  1.3.2 实体一联系模型 /9
  1.3.3 数据模型 /10
1.4 关系数据库 /12
  1.4.1 关系数据库的基本概念 /12
  1.4.2 关系的性质 /14
  1.4.3 关系的运算 /15
  1.4.4 关系的完整性 /16
1.5 习题 /17

第2章 Visual FoxPro 9.0 系统初步

2.1 Visual FoxPro 9.0 系统概述 /19
  2.1.1 Visual FoxPro 的历史沿革 /19
  2.1.2 Visual FoxPro 9.0 的功能 /19
  2.1.3 Visual FoxPro 9.0 应用系统的开发过程 /20
  2.1.4 Visual FoxPro 9.0 的文件类型 /22
2.2 Visual FoxPro 9.0 的安装、启动和退出 /23
  2.2.1 Visual FoxPro 9.0 的安装 /23
  2.2.2 Visual FoxPro 的启动与退出 /23
2.3 Visual FoxPro 9.0 的用户界面 /24
  2.3.1 Visual FoxPro 9.0 的菜单系统 /24
  2.3.2 Visual FoxPro 9.0 的工具栏 /25
  2.3.3 Visual FoxPro 9.0 的主窗口 /26
  2.3.4 Visual FoxPro 9.0 的命令窗口 /27
2.4 Visual FoxPro 9.0 的工作方式 /28
  2.4.1 交互工作方式 /28
  2.4.2 执行程序方式 /29
2.5 Visual FoxPro 9.0 的环境设置 /30
  2.5.1 更改和查看环境设置 /30
  2.5.2 设置默认目录和搜索路径 /32
2.6 Visual FoxPro 9.0 的项目管理器 /34
2.7 习题 /36

第3章 数据类型与运算

3.1 数据类型、常量和变量 /38
  3.1.1 数据类型 /38
  3.1.2 常量 /39
  3.1.3 变量 /40
  3.1.4 数组 /42
  3.1.5 变量操作命令 /44
3.2 表达式 /46
  3.2.1 数值表达式 /46
  3.2.2 字符表达式 /47
  3.2.3 日期(日期时间)表达式 /47
  3.2.4 关系表达式 /48
  3.2.5 逻辑表达式 /50
  3.2.6 混合运算表达式 /51
3.3 常用的内部函数 /51
  3.3.1 数值处理函数 /51
  3.3.2 字符处理函数 /54
  3.3.3 日期和日期时间处理函数 /57
  3.3.4 数据类型转换函数 /58
  3.3.5 逻辑函数和测试函数 /61
  3.3.6 显示信息函数 /63
3.4 习题 /64

第4章 关系数据库的基本操作

4.1 数据库的创建 /67
  4.1.1 设计数据库 /67
  4.1.2 建立数据库 /68
  4.1.3 打开和关闭数据库 /70
  4.1.4 修改数据库 /71
  4.1.5 删除数据库 /71
4.2 表的建立 /72
  4.2.1 设计表结构 /72
  4.2.2 创建表 /74
  4.2.3 向表中输入数据记录 /78

4.3 表的打开、关闭、显示与维护 /79
  4.3.1 表的打开和关闭 /79
  4.3.2 表的显示 /80
  4.3.3 表的修改 /83
  4.3.4 记录定位 /85
  4.3.5 表记录的增加 /87
  4.3.6 删除与恢复记录 /88
  4.3.7 表的复制 /90
4.4 表的排序和索引 /91
  4.4.1 排序 /91
  4.4.2 索引的基本概念 /92
  4.4.3 创建索引 /93
  4.4.4 使用索引文件 /96
4.5 表的统计操作 /99
4.6 多个表的同时使用 /101
  4.6.1 工作区的概念 /101
  4.6.2 选择工作区 /102
  4.6.3 建立表之间的临时关联 /103
4.7 表之间的永久关系与参照完整性 /104
  4.7.1 建立表之间的永久关系 /104
  4.7.2 设置参照完整性 /106
4.8 自由表 /107
  4.8.1 自由表的创建和特性 /107
  4.8.2 向数据库添加表和从数据库中移去表 /108
4.9 习题 /109

第5章 SQL语言及应用

5.1 SQL语言概述 /113
5.2 数据查询 /114
  5.2.1 简单查询 /115
  5.2.2 嵌套查询 /118

5.2.3 多表查询 /120
5.2.4 排序 /123
5.2.5 分组计算查询 /125
5.2.6 集合的并运算 /126
5.2.7 查询结果重定向 /127
5.3 数据定义 /129
5.3.1 建立表结构 /129
5.3.2 修改表结构 /132
5.3.3 删除表 /134
5.4 数据操作 /135
5.4.1 添加记录 /135
5.4.2 更新记录 /136
5.4.3 删除记录 /138
5.5 习题 /139

第6章 查询与视图

6.1 查询设计 /141
6.1.1 创建查询的方法 /141
6.1.2 用查询向导创建查询 /142
6.1.3 用查询设计器创建查询 /145
6.1.4 输出重定向 /151
6.2 视图设计 /151
6.2.1 视图设计器 /152
6.2.2 建立视图 /153
6.3 习题 /158

第7章 结构化程序设计

7.1 程序设计基础 /160
7.1.1 程序的相关概念 /160
7.1.2 创建与修改程序文件 /161
7.1.3 保存与运行程序 /162
7.2 程序中常用的一些语句 /164
7.2.1 常用的基本语句 /164
7.2.2 输入和输出语句 /165
7.3 程序的基本控制结构 /168

7.3.1 顺序结构 /168
7.3.2 选择结构 /168
7.3.3 循环结构 /173
7.4 过程和自定义函数 /179
7.4.1 过程 /179
7.4.2 自定义函数 /182
7.4.3 参数传递机制 /184
7.4.4 过程文件 /185
7.5 变量的作用域 /186
7.5.1 局部变量 /187
7.5.2 局域变量 /187
7.5.3 私有变量 /188
7.5.4 全局变量 /190
7.6 习题 /191

第8章 表单设计

8.1 表单的建立与运行 /194
8.1.1 利用表单向导建立表单 /194
8.1.2 利用表单设计器设计表单 /199
8.1.3 设置表单的数据环境 /205
8.2 VFP 面向对象程序设计基础 /207
8.3 常用的表单控件 /209
8.3.1 标签 /210
8.3.2 文本框 /211
8.3.3 命令按钮 /213
8.3.4 命令按钮组 /214
8.3.5 选项按钮组 /218
8.3.6 复选框 /219
8.3.7 微调控件 /220
8.3.8 列表框 /222
8.3.9 组合框 /224
8.3.10 编辑框 /225
8.3.11 表格 /226
8.3.12 页框 /228
8.3.13 图像 /231
8.3.14 计时器 /232

V

8.3.15 线条与形状 /233
8.4 习题 /234

第9章 报表设计

9.1 利用报表向导创建报表 /236
9.2 使用报表设计器设计报表 /239
    9.2.1 启动报表设计器 /239
    9.2.2 了解报表设计器 /239
    9.2.3 报表设计示例 /242
9.3 使用快速报表创建报表 /248
9.4 报表的输出 /250
9.5 习题 /250

第10章 应用系统开发实例

10.1 开发数据库应用系统的步骤 /252
10.2 设计学生管理系统 /253
    10.2.1 系统分析与设计 /253
    10.2.2 数据库设计与实现 /254
    10.2.3 设计系统中各功能模块 /255
    10.2.4 为顶层表单添加菜单 /272
    10.2.5 设计主程序 /275
    10.2.6 应用程序的连编 /276

第 1 章 数据库系统基础理论

随着社会信息化进程的加快，计算机的应用越来越广泛，而数据处理在计算机的应用中占据了非常重要的地位，以数据库系统为核心的办公自动化系统、信息管理系统、决策支持系统等得到广泛应用。因此，掌握数据库系统的基础知识、了解数据库管理系统的特点、熟悉数据库管理系统的操作，具有非常重要的意义。

1.1 数据管理技术概述

1.1.1 数据、信息与数据处理

数据、信息与数据处理是非常基本的概念，它们贯穿于本课程的始终。因此，应正确理解它们的内涵，掌握它们的联系与区别。

(1) 数据

按照国际标准化组织(ISO)的定义，数据是对客观事物特征的一种抽象化、符号化的表示。例如，某人出生日期是 1986 年 7 月 12 日、身高 1.76 米、体重 69 千克，其中 1986 年、7 月、12 日、1.76 米、69 千克等都是数据，它们描述了这个人的某些特征。

数据可以有不同的表示形式，例如出生日期可以表示成"1986.7.12""1986/7/12"等形式。需要说明的是，数据处理领域中数据的概念比科学领域中数据的概念涵盖的范围广得多，不仅包括数字、字母、汉字及其他特殊字符组成的文本形式的数据，还包括图形、图像、声音等多媒体数据。总之，凡是能够被计算机处理的对象都称为数据。

把数据输入到计算机中以后，我们的目的并不只是把这些数据原封不动地再取出来，而是用计算机对这些数据进行处理，为我们提供有用的、新的信息。从这个意义来讲，数据是用来承载信息的。

(2) 信息

按照国际标准化组织(ISO)的定义，信息是有一定含义的、经过加工处理的、对决策有价值的数据。例如，某排球队中各个队员的身高数据分别为 1.93 米、1.89 米、1.87 米、1.91 米……经过计算得到平均身高为 1.90 米，这便是该排球队的一条信息。再如，一个班级学生某门课的成绩保存在计算机中，它是原始数据，教师经过查询得到优秀率，这就是该班级学

生学习这门课程的一条信息。

信息与数据既有联系又有区别。信息是由数据加工处理得到的；数据是信息的载体，它表示了信息；信息是数据的内涵，是数据的价值体现。

信息是有价值的，其价值取决于它的准确性、及时性、完整性和可靠性。为了提高信息的价值，应采用科学的方法来管理信息，常用的方法就是数据库技术。

(3) 数据处理

数据处理指对数据进行收集、整理和加工、存储、传播等一系列活动的过程，也就是将原始数据加工成信息的过程，其主要目的就是从大量的、杂乱的数据中抽取并分析出某些有特点的、对需求者来说有价值的数据，为进一步的活动提供决策依据。

对数据进行处理可以归纳为如下 4 步。

① 收集：根据用户需要和系统自身的需求收集相关的数据。值得注意的是，系统所收集的原始数据的真实性、适时性和完整性的程度将决定形成的信息的质量高低，因此，对原始数据的采集必须及时、准确、可靠、完整和实用。

② 整理和加工：对数据进行核对、编辑、增删、分类、比较、筛选、计算和汇总等操作。只有根据管理任务的要求对数据进行整理和加工，才能形成符合管理决策所需要的信息。

③ 存储：收集的数据及经过加工处理后的信息，必须用适当的形式及时存储起来，以便今后使用。

④ 传播：将整理和加工后的信息按照管理工作的需求，以各种形式的文件或报表、图形图像、声音等较为直观、形象的形式提供给有关部门或人员。信息传播手段有许多种，可以通过邮政、电报、电话等方式传播，也可以采用计算机网络、卫星、微波通信、光纤通信等先进的传输技术进行传播。

就计算机技术而言，数据处理是指使用计算机外部存储设备存储大量数据，通过计算机软件管理数据，通过应用程序对数据进行加工处理，然后通过输出设备或传输设备将有价值的信息提供给相应的需求人员。

1.1.2 数据管理技术的发展过程

数据处理的核心问题是数据管理，计算机对数据的管理是指对数据的组织、分类、编码、存储、检索和维护提供操作手段。数据管理技术随着计算机硬件和软件技术的发展而不断发展，经历了由低级到高级的发展过程，我们大致可以将其分为人工管理、文件系统和数据库系统三个阶段。

(1) 人工管理阶段

20 世纪 40 年代末至 50 年代中期，计算机主要用于科学计算，还没有专门用于管理数据的软件。计算机进行数据处理时，数据与程序结合在一起，如图 1.1 所示。

人工管理阶段存在以下缺点。

① 数据与程序不具有独立性：一个程序中的数据，仅供该程序使用，其他程序不能使用；一个程序仅能处理本程序中的数据，不能处理其他数据。

② 使用不方便：如果数据的类型、格式、内容或输入输出方式发生改变，则必须修改对数据进行处理的程序。

③ 数据存在大量的冗余：对同一数据进行不同处理时，每个处理程序中都要包含相应的数据，各程序中存在大量重复的数据，这种现象称为数据冗余。

图1.1 人工管理阶段中程序与数据之间的关系

(2) 文件系统阶段

由20世纪50年代后期至60年代，计算机的硬件和软件系统都有了很大发展。硬件方面出现了可以直接存取的存储器，软件方面出现了高级语言和操作系统。计算机开始大量地用于数据处理工作。这时程序和数据可以分别存储为程序文件和数据文件，即程序与数据不再放在一起，如图1.2所示。程序员可以把精力集中在数据处理的方法上，而不必再花更多的时间去考虑数据存储的具体细节。

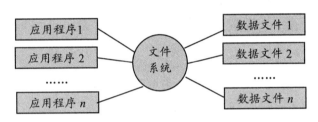

图1.2 文件系统阶段中程序与数据之间的关系

文件系统阶段虽然比人工管理阶段有了很大的进步，但仍存在以下缺点。

① 程序与数据相互依赖性很强：数据文件只是为专门的需要而设计，仅供某一特定应用程序使用。

② 数据的冗余性：由于文件之间缺乏联系，造成每个处理程序都有相应的数据文件，同样的数据有可能在多个文件中重复存储。

③ 数据的不一致性：这往往由数据的冗余造成，相同的数据在不同文件中存储时，如果处理数据时没有对它们同步进行更新，就会使同样的数据在不同的文件中不一致。

④ 数据的无关性：数据文件无集中管理，各个文件无统一的管理机制，文件之间相互独立，无法相互联系。

(3) 数据库系统阶段

从20世纪60年代开始，随着计算机技术的迅速发展，计算机广泛应用于企事业管理，数据量急剧增加，数据管理的规模越来越大，数据共享的要求也越来越高，用人工和文件系统进行管理远远满足不了需求。为适应多用户、多个应用程序共享大量数据的需要，出现了统一管理数据的专门软件系统，即数据库管理系统，以数据库管理系统为核心的数据处理系统称为数据库系统，如图1.3所示。

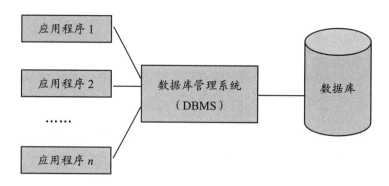

图 1.3 数据库系统阶段中程序与数据之间的关系

数据库系统通过数据库管理系统对所有的数据进行集中的、统一的管理，使数据存储完全独立于使用的应用程序。

用数据库系统管理数据的特点如下。

① 数据共享性高、冗余度小：数据共享是数据库系统先进性的重要体现。数据库中的数据不再只是面向某个应用程序而是面向整个系统，系统中的所有用户和应用程序都可以存取库中的数据。这样便减少了不必要的数据冗余，节省了存储空间，同时也避免了数据之间的不相容性与不一致性。

② 数据结构化：数据被按照某种数据模型组织到一个结构化的数据库中，系统不仅考虑某个应用项目的数据结构，而且还考虑整个应用系统的数据结构，因此整个应用系统的数据不是孤立的，这样可以方便地表示出数据之间的有机联系。

以一个学生管理系统为例，系统包括学生(学号、姓名、性别、出生日期、专业)、课程(课程号、课程名称、学分)、成绩(学号、课程号、成绩)等数据。若采用数据库方式进行管理，可方便地建立与之相对应的 3 个数据文件，并建立它们之间的联系，从而很容易地实现类似既要查询某个学生的学号、姓名又要查询其所学课程名称、成绩等来自不同文件数据的操作。

③ 提高了数据的独立性：数据库中数据与应用程序相互独立、互不依赖，不因一方的改变而改变另外一方。这样就大大减少了设计、修改与维护应用程序的工作量。

④ 数据统一管理与控制：数据库是系统中各用户的共享资源，而共享一般是并发的，即多个用户可能同时使用一个数据库。数据库系统中的核心软件——数据库管理系统能提供必要的保护措施，包括并发访问控制、数据安全性和完整性控制等，从而保证了数据的完整性和安全性。

1.2 数据库系统概述

数据库技术是数据处理发展过程中形成的一种新技术，用来研究如何科学地组织和存储数据，如何高效地获取和处理数据。数据库系统(DataBase System，简称 DBS)实质上是指引进了数据库技术后的计算机系统，它除了能实现有组织地、动态地存储大量相关数据外，还提供了数据处理和信息资源共享的便利手段。

1.2.1 数据库系统的组成

数据库系统由五部分组成：计算机系统、数据库、数据库管理系统、数据库应用系统、相关人员。

(1) 计算机系统

计算机系统指用于进行数据管理的计算机硬件资源和软件资源。硬件除了要求具备快速的 CPU、大容量的内存外，还要求有足够的外部存储空间及一些必要的外围设备，如光驱、打印机等。软件资源主要是指操作系统。

(2) 数据库

数据库(DataBase，简称 DB)是指按一定的组织形式，集中存储于计算机外部存储器上的相关数据集合。数据库不仅反映数据本身的内容，而且还反映数据间的联系。

数据库系统中的数据库不再只面向某一项特定应用，而是面向多种应用，可以被多个用户、多个应用程序共享。例如，一个学校中的学生管理数据库，可以包含学生注册、学生成绩、课程设置、任课教师等数据，这些数据不仅可以供学校管理使用，还可以提供给教师、学生进行查询。

(3) 数据库管理系统

数据库管理系统(DataBase Management System，简称 DBMS)是数据库系统的核心软件，是位于用户与操作系统之间的系统软件。它提供数据定义、数据操作、数据库控制和管理等功能，帮助用户在计算机上建立和维护数据库，开发使用数据的应用程序系统等。

数据库管理系统的主要功能如下。

① 数据定义功能：指数据定义语言(Data Definition Language，简称 DDL)，使用它可以定义数据库的结构，描述数据及数据之间的联系，实现数据完整性和安全保密性的定义。

② 数据操作功能：指数据操作语言(Data Manipulation Language，简称 DML)，使用它可以实现对数据库中数据的基本操作，如检索、插入、修改、加工和删除数据等。

③ 数据库控制和管理功能：指数据控制语言(Data Control Language，简称 DCL)，使用它可以实现对数据库的控制和管理功能，如多用户环境下的并发控制，数据存取的安全性控制及数据库故障恢复控制等。

并发控制——数据库是一个共享资源，可以供多个用户使用。当多个用户并发地存取同一数据时，就有可能发生冲突，读取或存储不正确的数据。使用数据库管理系统提供的并发控制机制可以合理地安排并发事务的操作。

安全性控制——数据安全性控制是指防止未被授权者非法访问数据库。主要措施有鉴定身份、设置口令、控制用户存取权限、数据加密等。

故障恢复——数据库运行过程中有可能发生各种故障，包括操作故障、系统故障、介质故障等。数据库管理系统提供数据库恢复机制，使用它可以把数据库从故障状态恢复到故障发生前某一已知的正确状态。数据库恢复主要通过记载事务日志和数据库定期转储来实现。

目前常用的数据库管理系统有很多，根据它们的功能，大致可分为两大类：

① 大中型数据库管理系统，如 DB2、Oracle、Sybase、SQL Server 等。

② 小型数据库管理系统，如 Microsoft Office 套装软件中的 Access、Visual FoxPro 等。

(4) 数据库应用系统

指系统开发人员利用数据库系统资源开发出来的、面向某一类实际应用的应用软件系统。数据库应用系统主要分为两大类。

① 管理信息系统：管理信息系统主要是指面向机构内部业务和管理的数据库应用系统，例如学生管理系统、人事管理系统、财务管理系统、物资管理系统等。

② 开放式信息服务系统：开放式信息服务系统是指面向外部、提供动态信息查询功能，以满足不同信息需求的数据库应用系统。例如，证券实时行情系统、经济信息系统等。

(5) 相关人员

数据库系统中的相关人员包括最终用户、数据库应用系统开发人员及数据库管理员。最终用户指通过数据库应用系统的用户界面使用数据库的人员，他们不需要了解太多的数据库专业知识。数据库应用系统开发人员包括系统分析员、系统设计员和程序员，他们分别负责应用系统的分析、应用系统的设计和数据库的设计，以及最后根据设计要求创建数据库和编制程序。数据库管理员是数据管理机构中负责数据库建立、维护和管理工作的人员，他们是保证数据库系统正常运行的工作人员。

在数据库系统中，各种系统和相关人员之间的层次关系如图1.4所示。

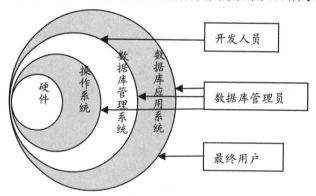

图1.4 数据库系统组件间的关系

1.2.2 数据库系统的体系结构

要开发一个数据库应用系统，首先要了解数据库系统的体系结构，以便选择相应的数据库管理系统及开发工具。数据库系统的体系结构大体上分为4种模式：单用户模式、主从式多用户模式、客户机/服务器模式和Web浏览器/服务器模式。

(1) 单用户数据库系统

单用户数据库系统将数据库、数据库管理系统和数据库应用系统中的程序安装在同一台计算机上，由一个用户独占系统，如图1.5所示。不同系统之间不能共享数据。这是一种应用最早、最简单的数据库系统。

第 1 章　数据库系统基础理论

图 1.5　两个相互独立的单用户数据库系统

(2) 主从式多用户数据库系统

主从式多用户数据库系统将数据库、数据库管理系统和数据库应用系统中的程序安装在主机上，多个终端用户使用主机上的数据和程序，如图 1.6 所示。在这种结构中，所有处理任务都由主机完成，用户终端本身没有应用程序和数据。当终端用户数目增加到一定程度时，主机任务会过分繁重，从而形成瓶颈，对用户请求的响应速度变慢。

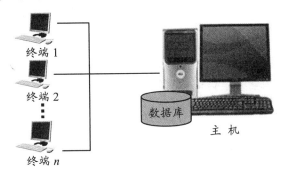

图 1.6　主从式多用户数据库系统

(3) 客户机/服务器数据库系统

随着计算机网络技术的发展，使计算机资源共享成为可能。客户机/服务器(Client/Server，简称 C/S)数据库系统不仅可以实现对数据库资源的共享，而且可以提高数据库的安全性。在 C/S 数据库系统中，客户机提供用户操作界面，运行业务处理；数据库服务器专门用于执行数据库管理系统功能，提供数据的存储和管理，如图 1.7 所示。在 C/S 结构中，客户端应用程序通过网络向数据库服务器发出操作命令，服务器根据命令进行相应数据操作后，只将结果返回给用户，从而减少了网络上的数据传输量，提高了系统的性能。

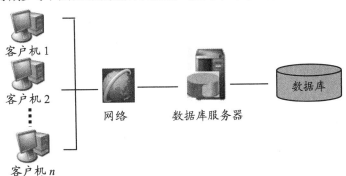

图 1.7　C/S 数据库系统结构

(4) Web 浏览器/服务器数据库系统

随着 Internet 技术的发展,出现了 Web 数据库。Web 数据库的访问采用 Web 浏览器/服务器(Browser/Server,简称 B/S)结构,如图 1.8 所示。在 B/S 结构中,客户端采用标准通用的浏览器,服务器端有 Web 服务器和数据库服务器。用户通过浏览器,按照 HTTP 协议向 Web 服务器发出请求,Web 服务器对浏览器的请求进行处理,将用户所需信息返回到浏览器。

图 1.8 B/S 数据库系统结构

1.3 数据描述与数据模型

数据库中存储和管理的数据都来自客观事物,要把现实世界中的客观事物抽象为能用计算机存储和处理的数据需要一个转换过程。这个转换过程通常可分为三个阶段,涉及三个世界,即现实世界、信息世界及机器世界。

1.3.1 数据转换中的三个世界

(1) 现实世界

现实世界中存在着各种各样的事物及事物之间的联系。现实世界中的事物都有一定的特征,人们正是通过这些特征来区分事物。另外,一个事物可以有很多特征,人们通常都是选用感兴趣的以及最能表示该事物的若干特征来描述该事物。例如,人们常用学号、姓名、性别、出生日期、专业等来描述一个学生的特征,有了这些特征,就能很容易地把不同的学生区分开。

世界上各种事物虽然千差万别,但都是息息相关的,也就是说,它们之间都是相互关联的。事物间的关联也是多方面的,人们仅选择那些感兴趣的关联,而没有必要选择所有的关联,如在学生管理系统中可选择"学生和选修课程"这种感兴趣的关联。

(2) 信息世界

现实世界中的事物及事物之间的联系由人们的感官感知,如果经过人们的头脑分析、归纳、抽象,最后符号化,便形成了信息。对信息进行记录、归纳、整理、归类和格式化后就构成了信息世界。

(3) 机器世界

信息世界中的信息再经过组织且以某种结构形式存储在计算机中,便形成了所谓的机器世界,机器世界又称为数据世界。

从现实世界到信息世界再到机器世界,事物被一层层抽象、加工、符号化和逻辑化,那么如何对现实世界和信息世界进行抽象,答案就是使用模型,即用模型的概念对现实世界存在的客观事物及事物之间的关系进行抽象,再对信息世界中的信息进行抽象、组织,使其能以某种结构形式存储在计算机中,被计算机管理和使用。常用的模型一般分为两类,一类是基于现实世界的事物及联系的概念模型;另一类是基于计算机进行数据处理的数据模型。图 1.9 展示了现实世界中的客观事物抽象为能用计算机存储和处理的数据的三个阶段及抽象过程。

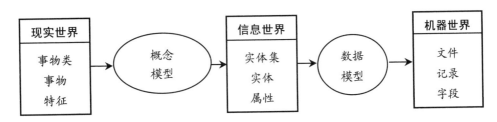

图 1.9 模型的应用层次

1.3.2 实体—联系模型

概念模型反映了信息从现实世界到信息世界的转化,它不涉及计算机软硬件的具体细节,而注重于符号表达和用户的理解能力。包括面向对象模型、实体—联系模型等。人们最常使用的概念模型是实体—联系模型,简称为 E—R 模型。在 E—R 模型中,事物用实体来表示,事物的特征用属性来表示,事物之间的关系用联系来描述。

(1) **实体**

客观存在并且可以相互区别的事物称为实体。实体既可以是可触及的对象,如一个学生、一本书等;也可以是抽象的事件,如学生选课、一次借书活动等。

(2) **属性**

属性是指实体某一方面的特征。例如学生的学号、姓名、性别、出生日期等。属性有"型"和"值"之分。"型"为属性名,如学号、姓名、性别、出生日期等都是属性名;"值"为属性的具体内容,如 40501002、赵子博、男、1989 年 2 月 3 日。这些属性值的集合则表示了一个学生实体。

(3) **实体型**

可以表述一个实体类型的若干个属性所组成的集合称为实体型。实体型通常用实体名和属性名集合来表示。例如,学生(学号,姓名,性别,出生日期)就是一个实体型。

(4) **实体集**

实体集是相"类似"的实体组成的一个集合,如某学校所有的学生、某单位所有的汽车等。

(5) **联系**

现实世界中,事物内部及事物之间存在着联系,这些联系同样也要抽象和反映到信息世界中来,在信息世界中,联系被抽象为实体型内部的联系和实体型之间的联系。

实体型内部的联系通常是指实体的各属性之间的联系;实体型之间的联系通常是指不同实体集之间的联系。两个实体集之间的联系可以分为以下三类。

① 一对一联系(1:1)：

实体集 A 中的一个实体与实体集 B 中的一个实体相对应，反之，实体集 B 中的一个实体也与实体集 A 中的一个实体相对应。例如，班级与班长，观众与座位，病人与病床。

② 一对多联系(1:n)：

实体集 A 中的一个实体可以与实体集 B 中的多个实体相对应，而实体集 B 中的一个实体只与实体集 A 中的一个实体相对应。例如，班级与学生，公司与员工。

③ 多对多联系(m:n)：

实体集 A 中的一个实体可以与实体集 B 中的多个实体相对应，而实体集 B 中的一个实体也可以与实体集 A 中的多个实体相对应。例如，学生与课程，教师与学生。

(6) E—R 模型图

对于实体—联系模型，可以采用图形(称为 E—R 图)来描述实体、属性和联系 3 个要素。具体的作图方法是：

① 用矩形框表示实体，并在框内写上实体的名称；
② 用菱形框表示实体间的联系；
③ 用椭圆框表示实体的属性，并在框内标明属性的名称；
④ 用线段连接菱形框与矩形，并在线段上注明联系的类型(1 和 1、1 和 n、m 和 n)。

图 1.10 所示的 E—R 图描述了学生管理系统的实体—联系模型。

图 1.10　学生管理系统的实体—联系模型图

1.3.3　数据模型

数据模型反映了信息从信息世界到机器世界的转换，是指设计数据库系统时，用图或表的形式描述计算机中数据的逻辑结构，以及信息在存储器中的具体组织形式。常见的数据模型有层次模型、网状模型及关系模型。

(1) 层次模型

利用树形结构表示实体及其之间联系的模型称为层次模型，该模型体现实体间的一对多联系。图 1.11 是一个层次模型的例子，表示大学、学院、系之间的联系。

支持层次数据模型的数据库管理系统称为层次数据库管理系统，在这种系统中建立的数据库是层次数据库。层次模型的数据库管理系统是最早出现的数据库管理系统，典型代表软件是 IBM 公司的 IMS(Information Management System)系统。

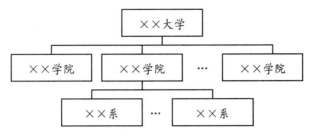

图 1.11 层次模型示意图

(2) 网状模型

利用网状结构表示实体及其之间联系的模型称为网状模型,该模型体现实体间的多对多联系,具有很大的灵活性。图 1.12 是一个网状模型的例子,表示某汽车制造厂中技术员、图纸、工人、工件之间的联系。

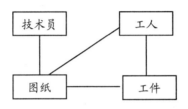

图 1.12 网状模型示意图

支持网状数据模型的数据库管理系统称为网状数据库管理系统。在这种系统中建立的数据库是网状数据库。网状数据库管理系统也是较早出现的数据库管理系统。

在以上两种数据模型中,各实体之间的联系是用指针实现的。其优点是查询速度快。但是当实体集和实体集中实体的数目都较多时,众多的指针使管理工作变得相当复杂,对用户来说,使用和维护都比较麻烦。

(3) 关系模型

可以用二维表描述实体及实体间的联系,数学上把这种用二维表表示数据的形式称为关系,因此把利用二维表来表示实体及实体间联系的模型称为关系模型。

在关系模型中,无论是实体,还是实体间的联系,都统一用二维表描述。图 1.13 就是一个关系模型的例子。

学号	姓名	性别	籍贯	出生日期	专业	党员否	入学成绩	简历	照片
40501002	赵子博	男	山东	02/03/89	计算机应用	T	532.0	memo	gen
40402002	钱丑学	男	山西	07/05/88	工商管理	T	498.0	memo	gen
40402003	孙寅笃	男	河南	04/06/88	工商管理	F	543.0	memo	gen
40501003	李卯志	女	山东	09/07/89	计算机应用	T	568.0	memo	gen
41501001	周辰明	男	湖南	10/04/88	日语	T	531.0	memo	gen
41501002	吴巳德	女	湖南	07/07/89	日语	F	524.0	memo	gen
40402001	郑戊求	男	山西	03/03/88	工商管理	T	498.0	memo	gen
42501002	王未真	男	黑龙江	05/09/88	应用物理	T	510.0	memo	gen
40402004	冯申守	女	云南	07/09/89	工商管理	T	526.0	memo	gen
42501001	陈酉正	女	江苏	08/07/90	应用物理	F	538.0	memo	gen
41501003	诸戌出	男	湖北	05/20/90	日语	F	546.0	memo	gen
40501001	魏亥奇	男	山东	08/25/90	计算机应用	T	511.0	memo	gen

图 1.13 关系模型示意图

支持关系数据模型的数据库管理系统称为关系数据库管理系统(RDBMS),如微软公司推出的 Visual FoxPro(以下简称为 VFP)系统。使用关系数据库管理系统建立的数据库是关系型数据库。

由于关系模型结构简单,但描述能力强,还有严格的数学理论基础,因此,基于关系模型的数据库是当今使用最为广泛的数据库。

实际的数据处理过程中,为了将现实世界中的具体事物抽象、组织为某一数据库管理系统支持的数据模型,提倡先将现实世界的事物及联系抽象成信息世界的概念模型(如 E—R 模型),然后再抽象成计算机世界的数据模型(如关系模型)。但是在实际数据库应用过程中,很多设计者往往跨越概念模型的描述,直接进入数据模型的描述。

1.4 关系数据库

当今,大多数的数据库系统都使用关系模型。1970 年 E·F·Codd 提出了关系数据模型与一系列数据库方法和理论,为数据库技术奠定了理论基础。关系数据库理论是十分成熟的理论,以下介绍关系数据库理论的一些基本概念。

1.4.1 关系数据库的基本概念

关系数据模型的最大特点是描述的一致性,就是既可以用表格来表示实体,又可以用表格形式来表示实体与实体间的联系。图 1.14 是一个学生管理数据库的关系数据模型实例。

关系数据库中涉及的基本概念有关系、属性、域、元组、关键字、主关键字及外部关键字等。

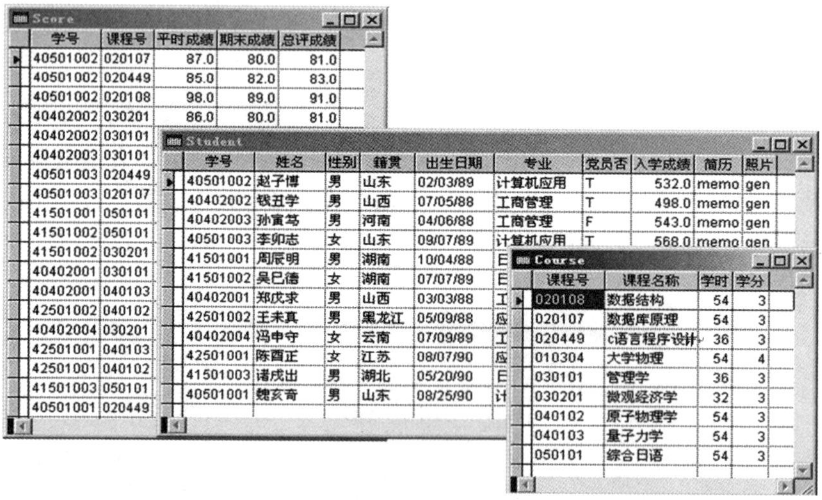

图 1.14 关系模型实例

(1) 关系

通常将一个没有重复行、重复列的二维表看成一个关系,即概念模型中的实体集。每个关系都有一个关系名。在 VFP 中,一个关系存储为一个表(Table)文件,其扩展名为 DBF。即从信息世界到机器世界的对应关系为:实体集—关系—表文件。

(2) 属性

关系中的一列称为一个属性,即信息世界中实体的属性,它在 VFP 中称为字段(Fields),是表中不可再分的数据单位,所以又叫数据项。在现实世界、信息世界、计算机世界这三个世界中的对应关系为:事物的特征——实体的属性——关系的字段。属性包含有属性型和属性值,它们对应字段中的字段名和字段值。

(3) 域

属性(即字段)值的取值范围称为域。同一属性下的所有值都必须在相同域中取值。例如,字符型"性别"字段的域是"男"和"女"。

(4) 元组

关系(二维表)中的一行称为一个元组,即信息世界中的一个实体,在 VFP 中称为记录。在三个世界中的对应关系为:实物——实体——元组(记录)。

(5) 关系模式

对关系的描述称为关系模式,即信息世界中的实体型。一个关系模式对应一个关系结构,由关系名和属性集合组成。在 VFP 中,关系结构表示为表结构,对应关系为:实体型——关系模式——表结构,它们的写法如下:

关系模式:关系名(属性 1,属性 2,…,属性 n)

表结构:表名(字段 1,字段 2,…,字段 n)

如图 1.15 所示,Course 为表名;课程号、课程名称、学时、学分为字段名;020108、数据结构、54、3 为字段值;每一行所有的字段值构成一条记录。该表的表结构为:

Course(课程号,课程名称,学时,学分)

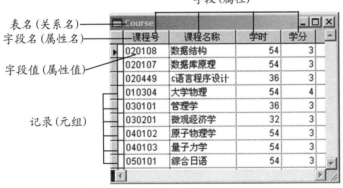

图 1.15 关系与表

(6) 实际关系模型

一个具体的关系模型通常由若干个有联系的关系模式(在不引起误解的情况下也称为关系)组成,称为实际关系模型。在 VFP 中,数据库文件就代表一个实际关系模型,它由多个相互之间存在联系的表、视图等组成。关系数据库(Relational DataBase)文件的扩展名为 DBC。图 1.16 显示的是在"数据库设计器"窗口中打开的"学生管理"数据库。

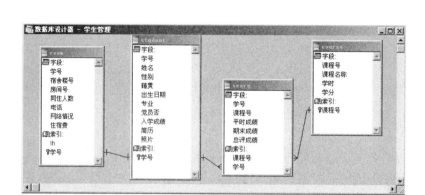

图 1.16　一个数据库实例

（7）关键字

实际关系模型中的每个关系都必须有一个(或一组)属性可以唯一确定关系中的每个记录，这个属性或属性组就称为关键字。在 VFP 中，不允许关键字为空值或在不同记录中有重复值。利用关键字，VFP 可以迅速关联多个表中的数据。例如，在学生管理数据库中，把学号和课程号分别指定为 STUDENT 表、ROOM 表和 COURSE 表的关键字(为醒目起见，表名一般用大写字母表示)。把"学号+课程号"指定为 SCORE 表中的关键字。

一个关系中可能有多个关键字。例如，可以给 STUDENT 表增加一个"身份证号"字段，那么学号、身份证号都可以做该表的关键字。此时把它们统称为候选关键字。

（8）主关键字和外部关键字

一个关系(表)中可能有多个关键字，若选定其中的一个作为当前唯一标识记录的依据，则该关键字就称为主关键字，或叫主码。

若某个(或某组)字段不是本表的主关键字，但却是另外一个表的主关键字，则称这样的字段为该表的外部关键字，简称为外码。外部关键字中允许有空值或对不同记录有重复值。例如 SCORE 表中的学号和课程号，它们在 SCORE 表中都不是主关键字，但却分别是 STUDENT 表和 COURSE 表的主关键字，所以，SCORE 表中的学号和课程号都称为该表的外部关键字。

1.4.2　关系的性质

在关系模型中，一个关系模式(或一个表)必须具备如下的性质。

① 关系必须规范化，属性不可再分割：规范化是指关系模型中每个关系都必须满足一定的要求，最基本的要求是每个关系必须对应一个二维表，每个属性值必须是不可分割的最小数据单元，即一列不能再分，表中不能再包含表。如表 1.1 所示的工资表就不是一个关系，需要规范化，即应该去掉"应发工资"项，将"基本工资""工龄工资""职务工资"直接作为基本的数据项，如表 1.2 所示。

表 1.1　工资表

编号	姓名	应发工资			扣除
		基本工资	工龄工资	职务工资	
0001	张力	1050.75	129.12	133	123.34
0002	李芳	2019.56	200.34	165	260.21
0003	王晓	1783.34	131.32	234	119.27

表 1.2　关系型工资表

编号	姓名	基本工资	工龄工资	职务工资	扣除
0001	张力	1050.75	129.12	133	123.34
0002	李芳	2019.56	200.34	165	260.21
0003	王晓	1783.34	131.32	234	119.27

② 列是同质的，即每一列是同一类型的数据，来自同一个域。

③ 在同一个关系中，不能出现相同的属性名，即同一个表中不允许有相同的字段名。

④ 在同一个关系中，不能有内容完全相同的两个元组，即同一个表中不允许有完全相同的两条记录。

⑤ 在同一个关系中，属性的次序和元组的次序无关紧要，可以任意交换，不影响关系的实际含义。

1.4.3　关系的运算

用户经常需要对关系数据库进行检索，查找感兴趣的数据，这就需要进行一定的关系运算。最基本的关系运算有三种：选择、投影和联接。三种运算可以单独使用也可以同时使用。

(1) 选择

选择就是筛选，是指从关系中筛选出满足给定条件的元组的操作。

在 VFP 中，选择运算是从记录(行)的角度进行的运算，相当于在表中抽取行。经过选择运算得到的结果可以形成一个新的关系，其关系模式不变，选择出的新的关系实际上就是原关系的一个子集。例如，在 STUDENT 表中检索所有男同学的信息，如图 1.17 所示，这种操作就属于选择运算。

在 VFP 中，选择运算通常通过命令中的 FOR 子句或 WHILE 子句实现。

图 1.17　选择运算示例

(2) 投影

投影是指从一个关系中选择若干属性(字段)组成新关系的操作。

在 VFP 中，投影是从属性(列)的角度进行的运算，相当于在表中抽取字段。经过投影运算可以得到一个新关系，其关系模式所包含的属性个数往往比原关系少，或者属性的排列顺序不同，体现了关系中列的次序无关紧要这一特性。

若投影后出现相同的行，则只能取其中的一行，即消除重复行。例如，在 STUDENT 表中检索所有学生的学号、姓名、性别、专业，如图 1.18 所示，这种操作就属于投影运算。

在 VFP 中，投影运算通常通过命令中的 FIELDS 子句实现。

(3) 联接

联接运算是指把两个相关联的关系拼接成一个新的关系，生成的新关系中包含满足联接条件的元组，它是两个关系的横向结合。

在 VFP 中，联接运算通过 JION 命令或 SQL 的 SELECT 命令来实现，联接过程通过关联条件来控制，关联条件中将出现两个表中的公共字段名或者有相同语义的、可比的字段名，联接结果是满足关联条件的所有记录。最常用的联接运算是"内部联接 (INNER JOIN)"，也叫等值联接。它按照两个表中公共字段值对应相等为条件进行联接操作，即把两个表中公共字段值相等的记录联接起来。

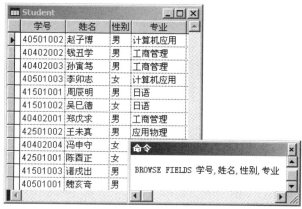

图 1.18 投影运算示例

例如，图 1.19 中的查询所示的关系就是由 STUDENT 表和 ROOM 表按学号值相等为条件进行联接，再按 8 个字段进行投影的结果。

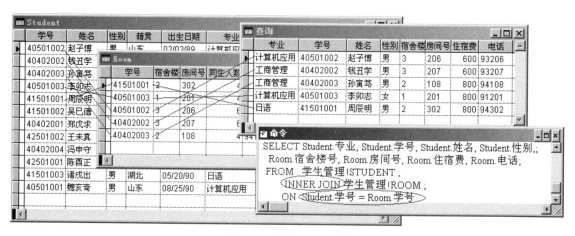

图 1.19 联接运算示例

1.4.4 关系的完整性

关系的完整性是指数据的正确性、有效性和相容性。在定义数据库时，数据库管理系统把完整性定义作为模式的组成部分存入数据字典。运行时根据完整性约束条件进行完整性检查，并采取恰当的应对措施保证完整性。关系的完整性包括实体完整性、域完整性和参照完整性，可以通过主关键字、数据类型、值域、外部关键字的定义来完成。

① 实体完整性：实体完整性是保证表中记录唯一的特性，即在一个表中不允许出现完全相同的记录。在 VFP 中利用主关键字或候选关键字来保证表中记录的唯一性，实现实体的完整性。例如，把 STUDENT 表中的"学号"字段定义为主关键字后，即可确保该表中的每个记录都是唯一的，不会出现重复的记录。

② 域完整性：域是关系属性值的取值范围，在 VFP 数据库的表中，字段的数据类型、

宽度的定义以及有效性规则的设置都属于域完整性范畴,主要用于限定一个字段(通过字段有效性规则)或几个字段(通过记录有效性规则)的取值类型和取值范围,在插入记录或修改字段值时检验数据输入的正确性,所以域完整性也叫用户自定义完整性。例如,把 STUDENT 表中字符型字段"性别"的取值限定为字符"男"或"女",不能为其他值。

③ 参照完整性：参照完整性与表之间的联系有关,含义是：当插入、删除或修改表 A 中的数据时,要通过参照相关联的另一个表 B 中的数据,来检查对表 A 的数据操作是否正确。例如,当修改 SCORE 表中的成绩时,如果输入的课程号在 COURSE 表中不存在(即没有该课程),而已经把参照完整性约束条件设置为限制,则系统将不接受此次输入。再比如,要改动 COURSE 表中的课程号,而在 SCORE 表中已经有对应该课程的记录,那么是否允许改动,如果允许改动,是否自动修改 SCORE 表中相对应的数据。这些都属于参照完整性范畴。

参照完整性是关系数据库管理系统的一个很重要的功能。在 VFP 中为了建立参照完整性,必须先建立表之间的联系。

1.5 习　　题

一、单项选择题

1. 数据库系统的核心是_____。
   A. 数据库　　　　　　　　　B. 操作系统
   C. 数据库管理系统　　　　　D. 文件
2. 保存在计算机中具有一定结构的相关数据的集合称为_____。
   A. 数据库　　　　　　　　　B. 数据库系统
   C. 数据库管理系统　　　　　D. 数据结构
3. VFP 是一种关系数据库管理系统,关系是指_____。
   A. 表中各记录间的关系
   B. 表中各字段间的关系
   C. 数据模型符合满足一定条件的二维表格式
   D. 一个表和另一个表间的关系
4. 学生选课时,一名学生可以选择多门课程,一门课程可以由多名学生选择,这说明学生实体集与课程实体集之间的联系是_____。
   A. 一对多　　　　　　　　　B. 多对多
   C. 一对一　　　　　　　　　D. 多对一
5. 数据库(DB)、数据库系统(DBS)、数据库管理系统(DBMS)之间的关系是_____。
   A. DB 包括 DB 和 DBMS　　　B. DBS 包括 DB 和 DBMS
   C. DBMS 包括 DBS 和 DB　　　D. 三者等级,没有包含关系

二、填空题

1. 用二维表来表示实体及实体之间联系的数据模型称为_____。
2. 二维表中的列对应关系中的_____,二维表中的行对应关系中的_____。
3. 关系中能唯一区分和确定不同记录的字段或字段组合称为关系的_____。

4. 关系数据库管理系统能够实现_____、_____、_____三种基本关系操作。
5. 关系的完整性包括_____、_____和_____。

三、简答题

1. 什么是数据？什么是信息？两者有什么联系和区别？
2. 什么是数据处理？数据管理技术的发展过程经历了哪几个阶段？
3. 什么是实体？什么是属性？
4. 实体间的联系有哪几种？举例说明。
5. 数据模型有哪几种？举例说明。
6. 什么是数据库？
7. 什么是数据库管理系统？数据库管理系统有哪些功能？
8. 什么是数据库系统？它由哪几部分组成？
9. 什么是关系的完整性？关系的完整性包括哪几种？

第2章 Visual FoxPro 9.0 系统初步

Visual FoxPro 9.0（也简称为 VFP 9.0）是 Microsoft 公司推出的 VFP 的最新版本，是一个优秀的可视化数据库管理系统。它在以前版本的基础上增强了网络功能，添加了 XML 处理能力，增强了与外部交换数据的能力。

2.1 Visual FoxPro 9.0 系统概述

2.1.1 Visual FoxPro 的历史沿革

20 世纪 80 年代初，Ashton Tate 公司开发了微机上的 dBASE 关系数据库管理系统，由于它具有简单、易操作、功能强等特点，很快得到了普及，迅速成为微机上数据库的主导产品。其后，业界又推出了 dBASE III、dBASE III plus、dBASE IV 等版本。

1986 年，Fox 公司推出了与 dBASE III plus 完全兼容的 FoxBASE 1.0，特别是随后推出的 FoxBASE+2.1 版本，功能和性能都有很大的提高，给微机关系数据库产品带来了巨大的影响，1989 年 Fox 公司又推出 FoxPro 1.0。

1992 年微软收购了 Fox 公司，并于 1993 年 3 月开发出 FoxPro 2.5；1995 年 8 月，微软又成功地推出了新一代 32 位 FoxPro 产品 Visual FoxPro 3.0；1997年推出了 Visual FoxPro 5.0；1998 年以后，微软公司又陆续推出了 Visual FoxPro 6.0（它是 Visual Studio 98 系列中的一个开发工具）、Visual FoxPro 7.0、Visual FoxPro 8.0，它们不仅大大简化了用户对数据库的管理，而且增加了许多新功能，从而使 Visual FoxPro 成为微机上使用最广泛的数据库管理系统，人们通常也把各种版本的 Visual FoxPro 简称为 VFP。

2004 年，微软公司推出了最新的版本 Visual FoxPro 9.0（简称为 VFP 9.0），它不仅继承了以前版本的强大功能，还增加了许多新的特性，使用这些特性，可以使数据库、表、表单、报表及程序的设计等变得更加容易和方便。

2.1.2 Visual FoxPro 9.0 的功能

VFP 9.0 是面向对象的关系型数据库管理系统，是一种用于设计数据库结构和开发数据库应用系统的、功能强大和面向对象的微机数据库管理系统软件，它可以创建从桌面到网络的数据库解决方案，是拥有最高效率的应用程序快速开发工具之一，并且有足够的伸缩性来根据需要建立许多类型的数据库解决方案。VFP 9.0 的功能主要体现在以下几个方面。

① 数据定义功能：在 VFP 9.0 提供的向导、设计器、生成器的帮助下，用户可以方便地定义自己的数据库和表结构，定义表的完整性约束等，迅速地开发应用程序。

② 数据操作功能：利用 VFP 9.0 提供的命令和可视化工具，用户可以方便地操作表中的数据，如进行添加、删除、修改、查询、统计等操作。

③ 数据控制功能：VFP 9.0 能够自动检查表的完整性，以保证数据的正确性、有效性和相容性，同时还能控制多用户的并发操作。

④ 程序编辑、运行与调试功能：通过 VFP 9.0 提供的命令和程序语句，用户可以方便地建立和运行自己的程序，系统还提供了调试功能，帮助用户排除程序中的错误。

⑤ 界面设计功能：利用 VFP 9.0 的表单设计器、菜单设计器、报表设计器，用户可以快速、方便地建立美观实用的用户操作界面和清晰的报表输出样式，大大地提高开发应用系统的速度。

2.1.3 Visual FoxPro 9.0 应用系统的开发过程

根据应用系统的重点和复杂性不同，数据库应用系统可以分为输入密集型、输出密集型和处理密集型三种。无论系统有哪些特殊要求，使用 VFP 9.0 开发的应用系统都应该包含以下几个基本组成部分：

① 一个或多个数据库。
② 用户操作界面，如登录界面、输入数据的表单、显示数据的表单、菜单、工具栏等。
③ 事务处理，如查询、排序、统计和计算等。
④ 输出形式与界面，允许用户通过浏览、报表、标签等检索或输出自己需要的数据。
⑤ 主程序，用来设置应用系统的环境和起始点。

图 2.1 显示了使用 VFP 9.0 开发一个应用系统的基本过程。

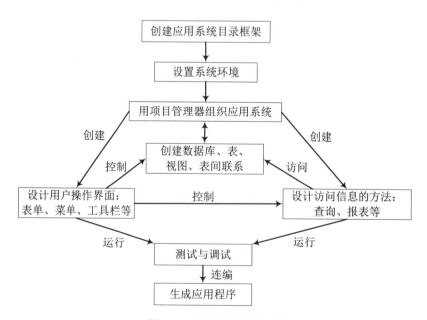

图 2.1 应用系统开发过程

(1) 创建应用系统目录框架

使用 VFP 9.0 开发一个应用系统，即使规模不大，也会涉及或产生多种类型的组件(文件)。如系统中用到的图片和声音文件、开发产生的数据库文件、表文件、索引文件、查询文件、表单文件、报表文件、标签文件及程序文件等。如果把这些文件并列地放在一个文件夹下，将会给以后的修改、维护工作带来很大不便。因此，需要建立一个结构和层次清晰的目录框架。图 2.2 就是一种目录框架的示例。创建目录框架是为了更好地组织和管理用户开发的应用系统，让不同类型的文件各归其所。

图 2.2　应用系统目录框架

(2) 设置系统环境

VFP 9.0 系统环境决定了 VFP 窗口的外观形式和行为方式。安装好 VFP 9.0 后，系统会自动采用一些默认值来设置系统环境，为了使系统能够满足个性化的要求，允许用户设置自己的开发环境。环境设置包括设置主窗口标题、默认工作目录、默认搜索路径、编辑器、输出日期格式、货币符号样式、调试器及表单工具选项等。

(3) 用项目管理器组织应用系统

一个应用系统可能由表单、程序、报表、数据库、表、查询以及其他若干组件组成。使用项目管理器把一个应用系统归结成一个项目，可以提高开发应用系统的效率。

(4) 创建数据库、表、视图、表间联系

因为数据库应用系统在很大程度上依赖于所管理的数据，所以最好从数据入手进行应用系统的设计。在 VFP 9.0 中，术语"数据库"(Database)和"表"(Table)的意义不同。数据库(扩展名为 DBC 的文件)指关系数据库，是包含一个或多个表(扩展名为 DBF 的文件)或视图等信息的容器。用户可通过分析数据需求后设计、创建满足这些需求的数据库、表和视图，确定数据库中各个表间的联系。

(5) 设计用户的操作界面

用户对应用系统是否满意，很大程度上取决于操作界面的功能是否完善。也许你的系统结构很简洁，程序代码很精致，解决难题的方法很巧妙，但这一切用户都看不到，他们只能看到用户界面。用户界面主要包括表单、工具栏和菜单。VFP 9.0 提供了多种界面设计工具，使用它们可以很方便地创建富有吸引力并且功能丰富的用户操作界面。

(6) 设计访问信息的方法

主要包含以下内容：通过设计"查询"(特别是能够接受用户自定义参数的查询)，使用户具有更强大的控制数据的能力；通过设计"报表"，让用户选择如何打印数据(可以全部打印、部分打印或概要打印)。

(7) 测试与调试

测试指发现程序代码中的问题，而调试则是解决这些问题。测试和调试是开发人员在开发工作中每一步都需要做的事。对系统的每个组件进行全面的测试和调试，可以使得整个应用系统的测试和调试变得更为容易。假设创建了一个表单，那么在处理应用系统的其他部分之前，最好先检查一下该表单能否完成预定的功能。

(8) 生成应用程序

通过连编项目对项目的整体进行测试，检查所有的程序组件是否可用，然后将所有在项目中引用的文件，除了那些标记为排除的文件以外，合成为一个应用程序文件。最后需要将应用程序、数据文件等制作成安装盘，一起交给最终用户使用。

2.1.4 Visual FoxPro 9.0 的文件类型

VFP 9.0 系统对创建的项目组件都以文件形式保存，不同类型的组件，以不同类型的文件存储。在 VFP 9.0 中创建某些项目组件时，系统除了会创建相应的主文件外，还会连带产生一些辅助文件，这些辅助文件不能单独被用户使用，所以又把它们称为隐含文件。例如，创建一个数据库时，系统除了会创建一个扩展名为 DBC 的数据库文件外，还会同时创建相关的、扩展名为 DCT 的数据库备注文件和扩展名为 DCX 的数据库索引文件。表 2.1 列出了 VFP 9.0 中常用文件的类型及所对应的文件扩展名。

表 2.1　VFP 9.0 项目组件及对应的文件扩展名

项目组件		扩展名	项目组件		扩展名
项目	项目文件	PJX	标签	标签文件	LBX
	项目备注文件	PJT		标签备注文件	LBT
数据库	数据库文件	DBC	程序	源程序文件	PRG
	数据库备注文件	DCT		编译后的程序文件	FXP
	数据库索引文件	DCX		连编项目生成的应用程序	APP
表	表文件	DBF		连编项目生成的可执行程序	EXE
	表备注字段文件	FPT		文本文件	TXT
	复合索引文件	CDX		Windows 动态链接库	DLL
	单项索引文件	IDX		FoxPro 动态链接库	FLL
查询	查询文件	QPR		ActiveX 控件	OCX
	编译后的查询文件	QPX		可视类库	VCX
表单	表单文件	SCX		窗口	WIN
	表单备注文件	SCT		内存变量保存文件	MEM
报表	报表文件	FRX		帮助文件	HLP
	报表备注文件	FRT		编译的 HTML Help	CHM
菜单	菜单文件	MNX			
	菜单备注文件	MNT			
	生成的菜单程序文件	MPR			
	编译后的菜单程序文件	MPX			

创建任何文件都离不开给文件命名。文件名的命名要遵从操作系统的规定。

【注意】在 VFP 9.0 系统中规定了一些名词，称为"保留字"，它们在程序中都代表着固定的含义，一般不能另作他用，如内部函数名、系统内存变量名、命令字、子句引导词、控件的属性、事件、方法等。在程序设计过程中，应避免使用保留字作为用户命名的名称。如果使用保留字作为用户定义的名称，可能会发生语法错误。

2.2 Visual FoxPro 9.0 的安装、启动和退出

2.2.1 Visual FoxPro 9.0 的安装

① 关闭所有的应用程序。

【注意】在运行安装向导前应关闭或停用系统中的防病毒软件，因为在防病毒软件运行的情况下，安装向导也许不能正常运行。安装完成后，再启动防病毒软件。

② 在光驱中插入安装盘，VFP 9.0 安装开始页面自动运行，单击"安装 VFP"加载 VFP 安装程序。

③ 按照安装向导的提示，单击"下一步"按钮及相应的选项进行安装。

虽然 VFP 的新旧版本可以在同一台计算机上并存，但是不可以将新版本的 VFP 与旧版本放在同一个目录中。

2.2.2 Visual FoxPro 9.0 的启动与退出

正确安装了 VFP 9.0 后，就可以使用它了。

(1) 启动 Visual FoxPro 9.0

在桌面上执行 → 所有程序 → Microsoft Visual FoxPro → Visual FoxPro 9.0 菜单命令，即可启动 VFP 9.0，打开如图 2.3 所示的程序窗口，所有应用程序开发工作都可以从窗口中"任务面板管理器"的"开始"界面开始。

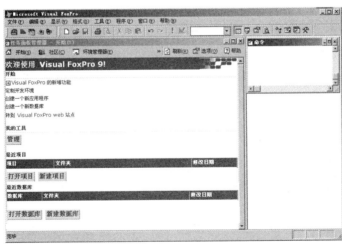

图 2.3　VFP 9.0 的集成开发环境窗口

(2) 退出 Visual FoxPro 9.0

在退出 VFP 9.0 之前，系统会自动将数据存盘。退出 VFP 9.0 的常用方法有以下三种：

① 单击窗口右上角的 ✕ 按钮；

② 在命令窗口中输入 QUIT 命令，按回车键；

③ 执行"文件"→"退出"菜单命令。

2.3 Visual FoxPro 9.0 的用户界面

VFP 9.0 初始主窗口如图 2.3 所示，在此窗口下，用户可以根据自己的需要，通过"任务面板管理器"的"开始"界面进行各种操作。如果用户希望启动 VFP 9.0 后，直接进入一个如图 2.4 所示的标准的 Windows 应用程序窗口，只要单击任务面板中的 选项(O) 按钮，打开"任务面板选项"对话框，去掉其中"在 Visual FoxPro 启动时打开任务面板管理器"选项前面的对号即可。

图 2.4　VFP 9.0 标准窗口

标准的 VFP 9.0 应用程序窗口中包括标题栏、菜单栏、工具栏、主窗口、命令窗口和状态栏。其中，标题栏用来提供 VFP 9.0 的系统名称及系统窗口控制菜单按钮和窗口控制按钮；状态栏位于主窗口的底部，用来显示系统的当前状态(如打开的表的名称、记录数等)，用户选择菜单命令，或把鼠标指针移动到工具按钮上时，状态栏中会显示相应的提示。

2.3.1 Visual FoxPro 9.0 的菜单系统

VFP 9.0 的菜单系统包括菜单栏和右键快捷菜单。

菜单栏又称为条形菜单，由多个菜单项组成。VFP 9.0 菜单系统里的各个菜单选项不是一成不变的。也就是说，系统根据当前执行的操作不同，所显示的条形菜单项和下拉式菜单中的选项也不尽相同。这种菜单称为上下文敏感菜单。例如，当执行"显示"→"浏览"菜单命令打开一个表的"浏览"窗口后，菜单栏中不再出现"格式"菜单项，而自动显示一个"表"菜单项，供用户对此表进行操作，如图 2.5 所示。

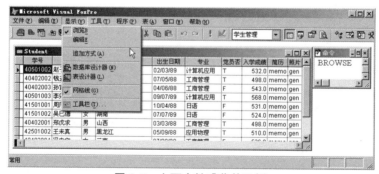

图 2.5　上下文敏感菜单示例

2.3.2 Visual FoxPro 9.0 的工具栏

工具栏位于菜单栏下面，以命令按钮的形式给出了常用的菜单命令。当用户将鼠标指针停留在工具栏中的某个命令按钮上时，屏幕上将弹出一个提示框，显示该命令按钮的名字。初始状态下，屏幕上显示两个工具栏："维护精灵"工具栏和"常用"工具栏，如图 2.6 所示。

图 2.6 "维护精灵"工具栏和"常用"工具栏

"维护精灵"工具栏是 VFP 9.0 新增的常驻工具栏，启动系统后自动弹出。"维护精灵"工具栏中包含了五个系统维护工具，通过它们用户可以快速便捷地完成相应的系统维护操作。

（1） 显示或隐藏某个工具栏

VFP 9.0 向用户提供了十几个工具栏，默认情况下，系统窗口中只显示"维护精灵"工具栏和"常用"工具栏。可以执行"显示"→"工具栏"菜单命令，在弹出的"工具栏"对话框中（如图 2.7 所示）选择要显示或隐藏的工具栏（通过单击方框，在方框内打上叉或去掉叉），然后单击 确定 按钮；或者右击"常用"工具栏（为简化叙述称它为常用工具栏），在弹出的快捷菜单中选择要显示或隐藏（打上叉或去掉叉）的工具栏。

工具栏有停泊和浮动两种显示方式，停泊方式是指工具栏附着在窗口某一边界上，如常用工具栏附着在窗口顶端菜单栏下面。浮动方式是指工具栏漂浮在主窗口工作区中，通过拖动工具栏最左端的灰色竖线即可在停泊和浮动两种显示方式间实现转换。

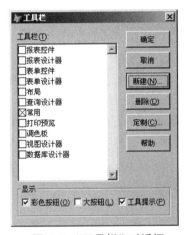

图 2.7 "工具栏"对话框

（2） 新建工具栏

除了使用系统提供的工具栏之外，为了方便操作，用户还可以创建自己的工具栏，使得自己的工具栏中只包含自己常用的菜单命令。

创建方法如下。

① 执行"显示"→"工具栏"菜单命令，打开"工具栏"对话框。

② 单击 新建(N)... 按钮，弹出"新工具栏"对话框，如图 2.8 所示。输入新工具栏名称，如"学生管理"，单击 确定 按钮。

③ 新工具栏建立后显示在主窗口中，同时弹出"定制工具栏"对话框，如图 2.9 所示。拖动"定制工具栏"对话框中的按钮到新建工具栏上，最后单击 关闭 按钮即可。

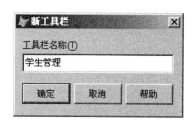

图 2.8 "新工具栏"对话框

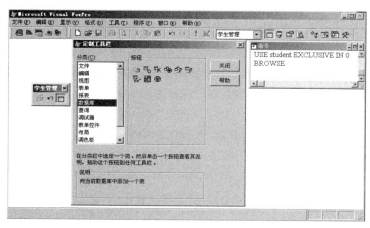

图 2.9 窗口中显示新建的工具栏和"定制工具栏"对话框

(3) 定制工具栏

所谓定制工具栏,是指对打开的工具栏进行编辑,添加按钮或删除按钮。方法为:
① 打开"工具栏"对话框,选中待修改的工具栏。
② 单击 定制(C)... 按钮,弹出"定制工具栏"对话框。
③ 从"定制工具栏"对话框向要修改的工具栏上拖动按钮可添加按钮;从工具栏上拖离某个按钮则可删除该按钮。

(4) 删除工具栏

打开"工具栏"对话框,选中用户创建的工具栏,单击对话框中的 删除(D) 按钮,即可删除这个工具栏。

【注意】只能删除用户创建的工具栏,不能删除系统原有的工具栏。

(5) 重置工具栏

要将定制过的系统工具栏恢复到系统默认的初始状态,可以通过"工具栏"对话框中的 重置(R) 按钮完成。

2.3.3 Visual FoxPro 9.0 的主窗口

VFP 9.0 窗口主工作区位于常用工具栏的下面,又称为主窗口。主窗口用于显示命令或程序的执行结果。主窗口在一开始是空白的,当显示的内容超过窗口所能容纳的行数后,窗口中的内容会自动向上滚动,滚动出窗口外的内容无法再滚动回来。

在命令窗口中执行"_SCREEN.FONTSIZE = n"命令,可以将主窗口中显示内容的文字设置为整数 n 所指定的大小。

在命令窗口中输入如图 2.10 所示的命令,将在主窗口显示执行结果:6 和 14。

图 2.10 命令操作方式

这里用到了 VFP 中最简单的一条命令——表达式输出命令(关于表达式的概念在后面还要详细介绍)。

【格式】? | ?? <表达式表>

【功能】计算并输出表达式表中各表达式的值。"?"表示从新的一行开始显示表达式表中各表达式的值;"??"表示紧跟在前一个输出位置之后显示表达式表中各表达式的值。格式中的"|"表示"或者"的意思,即"|"两旁的内容可任选一项。

2.3.4　Visual FoxPro 9.0 的命令窗口

命令窗口是 VFP 9.0 的一个重要的窗口,其主要作用是以交互方式显示、输入、编辑及执行命令。

(1) 命令窗口的特点

① 可以显示用户执行菜单命令时对应的 VFP 9.0 程序设计语言命令。

② 支持彩色代码,即语法着色。例如,VFP 9.0 程序设计语言中的命令字、函数名等保留字呈蓝色显示。

③ 能自动进行语法检查,自动列出成员以便填充语句,这些智能化功能特性使得输入命令变得极为方便。例如,当输入"_screen."后,系统将自动列出该对象的所有属性以方便用户选择(继续输入相应字母或按 ↑ 、↓ 键选择)和输入(按空格键送上),如图 2.11 所示。

④ 命令窗口中保留显示已经执行过的命令,用户可以重复使用。

图 2.11　命令窗口的智能化功能示例

(2) 显示或隐藏命令窗口

显示或隐藏命令窗口的方法有很多:执行"窗口"→"命令窗口"菜单命令;单击常用工具栏上的 ▦ 按钮;按 Ctrl+F2 键,显示命令窗口,按 Ctrl+F4 键,隐藏命令窗口等。

(3) 命令窗口的使用

在命令窗口中,可以进行下述操作:

① 通过按 Esc 键删除尚未按 Enter 键执行的命令文本。

② 通过将插入点光标放置到命令行的任何位置,然后按回车键来重新执行以前的命令。

③ 通过选定一个代码块,然后按回车键来执行该代码块。

④ 按 Ctrl+Enter 键,可以断行完成代码块的输入。

⑤ 通过在行尾输入分号,然后按回车键,可以用多行来输入执行一条命令。

⑥ 选定文本后,按住鼠标左键拖动,可以将选定文本移动到本窗口其他位置或其他编辑窗口中;按住 Ctrl 键,再拖动鼠标,可以将选定的文本复制到本窗口或其他编辑窗口中。

(4) 命令窗口的快捷菜单

用户既可以通过执行"格式"菜单中适当的命令来改变命令窗口的字体、行间距以及缩进量等设置,也可以通过命令窗口的快捷菜单来完成。命令窗口的快捷菜单如图 2.12 所示。各命令作用如下:

【剪切】【复制】【粘贴】在命令窗口中移动、复制或删除字符。

【生成表达式…】显示"表达式生成器"对话框，用来完成表达式的编写，当单击 确定 时，所生成的表达式被粘贴到命令窗口中。

【运行所选区域】将命令窗口中选定的代码作为新命令执行。

【清除】清除命令窗口中先前已执行的命令的列表。

【属性…】显示"编辑属性"对话框，如图 2.13 所示。可以用它改变命令窗口中的编辑行为、字体以及语法着色等选项。

图 2.12　命令窗口的快捷菜单

图 2.13　"编辑属性"对话框

2.4　Visual FoxPro 9.0 的工作方式

VFP 9.0 支持两种工作方式：交互工作方式和执行程序方式。初学者可以利用交互工作方式直观地学习和了解操作某个对象的步骤和方法；但若要利用 VFP 9.0 完成复杂的数据管理任务，则必须在熟练地掌握 VFP 9.0 系统提供的命令和函数的基础上进行程序设计，通过执行程序方式完成数据管理任务。

2.4.1　交互工作方式

交互工作方式又分为可视化操作方式和命令操作方式两种。在以后的学习过程中，读者应以掌握命令操作为主，因为熟练地掌握命令的使用是程序设计的基础。

(1) 可视化操作方式

可视化操作方式实质上是对菜单和对话框的联合运用，是用户执行了相应的菜单命令或打开了系统提供的对话框、辅助工具(如向导、设计器、生成器等)后，利用系统提供的一个可视化的界面，完成某些操作的方式。可视化操作的优点是直观易懂、操作简单，对于不熟悉 VFP 9.0 命令的初学者十分适合。它的不足之处是操作环节多、步骤烦琐，因而速度较慢，效率较低。

VFP 9.0 提供的可视化操作，主要包括使用菜单栏、工具栏、窗口、向导、设计器、生成器等工具。详细内容参见表 2.2。

表 2.2 VFP 9.0 可视化操作工具

各种菜单	各种工具栏	各种窗口	各种向导	各种设计器	各种生成器
文件	报表控件工具栏	命令窗口	表向导	数据库设计器	表达式生成器
编辑	报表设计器工具栏	浏览窗口	查询向导	表设计器	编辑框生成器
显示	表单控件工具栏	代码窗口	表单向导	表单设计器	文本框生成器
格式	表单设计器工具栏	调试窗口	一对多表单向导	报表设计器	组合框生成器
工具	布局工具栏	编辑窗口	报表向导	标签设计器	命令组生成器
程序	查询设计器工具栏	查看窗口	一对多报表向导	类设计器	表单生成器
窗口	常用工具栏	跟踪窗口	分组/总计报表向导	连接设计器	表格生成器
帮助	打印预览工具栏	属性窗口	数据透视表向导	查询和视图设计器	列表框生成器
菜单	调色板工具栏	通用字段窗口	交叉表向导	数据环境设计器	选项组生成器
数据环境	视图设计器工具栏	项目管理器窗口	本地视图向导		自动格式生成器
表单	数据库设计器工具栏	数据工作期窗口	远程视图向导		参照完整性生成器
项目			邮件合并向导		
查询			导入向导		
报表			图形向导		
表					
数据库					
类					

(2) 命令操作方式

所谓命令是指能使系统执行且完成各种操作的语句。命令操作方式是指用户在命令窗口中输入或选择一条命令后按回车键，系统立即执行该命令的一种操作方式。

例如，用户在命令窗口中输入"CLEAR"命令后按回车键，系统将清空主窗口，此后新输入的命令或程序的执行结果又将从主窗口的左上角开始显示。

采用命令操作方式有以下两个优点：
① 通过输入一条命令来完成某一操作，速度更快，效率更高。
② VFP 9.0 系统菜单没有包括其全部功能，有些操作只能通过命令操作方式完成。

2.4.2 执行程序方式

使用命令操作方式，一般情况下每次只能执行一条命令，事后还不能长久保存，不适合复杂的应用。用 VFP 9.0 提供的执行程序方式，可解决这些问题。程序由命令或语句组成，是它们的集合体。执行程序方式是指用户先建立程序文件，然后再运行该程序。执行程序方式最突出的优点是运行效率高，而且可以重复运行。此外，对于最终用户来说，只需了解程序运行过程中的人机交互操作要求，而不必了解程序的内部结构和其中的命令语句，从而给用户使用应用程序带来极大的方便。有关程序设计的详细内容将在第 7 章详细介绍。

2.5 Visual FoxPro 9.0 的环境设置

对系统环境进行设置可以决定 VFP 9.0 的操作环境和工作方式。安装了 VFP 9.0 之后，系统自动采用一些默认值对环境进行配置。若要改变系统默认的配置，满足用户个性化要求，可以重新对系统进行设置，如把默认工作目录设置为用户自己建立的目录，把日期显示格式设置为汉语方式等。

2.5.1 更改和查看环境设置

在 VFP 9.0 中，用户可以利用多种方法根据个性需要自行设置使用环境。

（1）使用"选项"对话框设置环境

用户可以使用"选项"对话框查看和修改环境设置，执行"工具"→"选项"菜单命令，可以打开"选项"对话框，如图 2.14 所示。

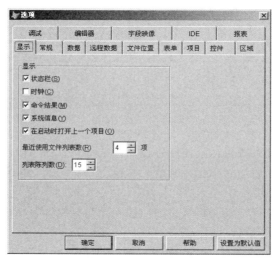

图 2.14 "选项"对话框

用户既可以把对 VFP 9.0 的环境设置仅仅应用于当前的工作期(临时)，也可以将其确定为以后使用 VFP 9.0 的默认值(永久)。如果设置是临时的，那它们将存储在内存中，并在退出 VFP 9.0 时被丢弃，方法是设置后，单击 确定 按钮。如果希望你进行的设置是永久性的，那它们将存储在 Microsoft Windows 注册表或 VFP 9.0 资源文件中，方法是设置后先单击 设置为默认值 按钮，然后再单击 确定 按钮。

Windows 注册表是一个数据库，保存关于操作系统、所有 Windows 应用程序、OLE 以及 ODBC 等其他选件的配置信息。例如，注册表保存了 Windows 关于文件扩展名与应用程序的对应信息，这样当你双击一个文件名对应的图标时，Windows 能够加载并激活相对应的应用程序。VFP 9.0 的资源文件名为 FOXUSER.DBF，保存了退出 VFP 时状态的信息。例如，窗口的位置与大小、当前的键盘宏、显示的工具栏等。FOXUSER.DBF 文件是一个标准的 VFP

9.0 表，可以通过 VFP 9.0 系统正常地进行读写。

"选项"对话框包含了一系列用来设置不同种类环境选项的选项卡，表 2.3 列出了各选项卡名称及它们具有的功能。

表 2.3 "选项"对话框中各选项卡说明

选项卡名称	功 能 描 述
显示	用户接口选项设置，如是否显示状态栏、时钟、命令结果、系统信息等
常规	数据输入和程序设计选项，如设置警告声音、是否产生编译出错日志、是否自动填充新记录、使用什么快捷键、使用什么颜色面板及覆盖文件时是否发出警告等
数据	设置表选项，如是否以独占方式打开表、是否使用 Rushmore 优化查询、字符串排序序列、锁定、缓冲设置等
远程数据	远程数据访问选项，如远程视图默认设置、连接默认值设置等
文件位置	设置默认工作文件夹、搜索路径、帮助文档安装的位置及辅助文档安装的位置等
表单	表单设计器选项，如设置表单网格、显示位置和模板类等
项目	项目管理器选项，如设置双击操作、向导提示和源码管理等
控件	设置在表单控件上哪些可视类库和 ActiveX 控件有效
区域	设置数据显示方式，如日期和时间格式、货币格式、数值格式等参数
调试	设置显示和跟踪调试器选项，如指定输出窗口、使用的字体色彩
编辑器	设置编辑器选项和语法着色
字段映像	设置怎样从数据环境设计器、数据库设计器或项目管理器中将字段类型映像到类中
IDE	集成设计环境，设置窗口外观、行为、文件扩展名、保存选项等
报表	设置报表设计中的默认值，如数据与输出、设计器等默认设置(标尺、网格和默认字体等)、表达式生成和使用报表引擎等

(2) 使用 SET 命令设置环境

用户可以在 VFP 9.0 交互环境下或在程序中，通过使用 SET 命令或指派系统内存变量的值来设置"选项"对话框各选项卡中大多数选项的值。

【格式】SET <设置命令字> [[ON|OFF] | TO [<参数值>]]

【说明】

① 使用不同的设置命令字，SET 命令可以完成不同的设置功能。

② 使用 SET 命令设置的环境选项，仅对当前数据工作期有效。当退出系统时，这些设置将被释放，需要时，必须重新发布 SET 命令。

例 2.1 设置在主窗口中显示系统时钟。

在命令窗口输入：SET CLOCK ON

【说明】上面所说的操作指在命令窗口中输入"SET CLOCK ON"，输完后按回车键。注意主窗口右上角，观察设置效果。

(3) 显示环境设置

运行 VFP 9.0 时，用户可以随时用下述方法检查环境设定值。

① 使用"选项"对话框。
② 使用"DISPLAY STATUS"命令。
【格式】DISPLAY STATUS [TO PRINTER|TO FILE〈文件名〉[ADDITIVE]]
【功能】显示 VFP 9.0 环境状态。
【说明】如果缺省所有选项，只把结果显示在主窗口中；选择"TO PRINTER"选项，将打印输出结果；选择"TO FILE〈文件名〉"选项，将结果发送到指定的文件中，若此时选择了 ADDITIVE 选项，则将结果添加到指定文件的尾部。图 2.15 为执行该命令后的主窗口显示示例。

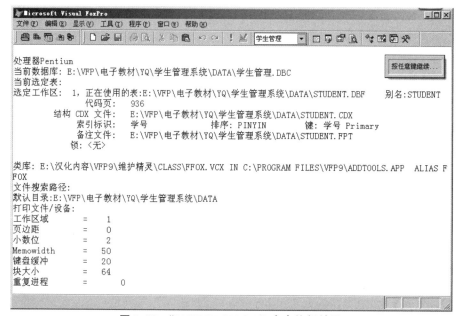

图 2.15 "DISPLAY STATUS"命令执行结果

③ 使用函数。
【格式】? SET(〈设置命令字〉)
【功能】显示单个 SET 环境设置值。

例 2.2 显示"SET CLOCK"和"SET DATE"的当前设置状态。
在命令窗口输入：?SET("CLOCK"), SET("DATE")
按 Enter 键后，可以观察系统当前对"SET CLOCK"和"SET DATE"的设置。

2.5.2 设置默认目录和搜索路径

默认目录是用户不特别指明操作目录时，系统自动访问的目录。VFP 9.0 的默认工作目录是安装 VFP 9.0 系统的目录。如果不指定目录，用户保存操作的结果就放在该目录下，这样容易混淆系统文件和用户文件。为了避免混乱，用户可以先创建一个自己的文件夹，然后将其设定为自己的默认目录，将所开发的程序和数据文件都存储在此目录下，以便于管理自己开发的系统。

搜索路径是指如果 VFP 9.0 在默认目录中不能找到指定文件，则接着到这些指定的路径中查找。搜索路径可以设置多个。

(1) 使用"选项"对话框

打开"选项"对话框，选择"文件位置"选项卡，如图2.16所示。

① 设置默认目录。

选中"默认目录"项，然后单击 修改(M)... 按钮，系统将弹出"更改文件位置"对话框，如图2.17所示。首先选中"使用(U)默认目录"选项，然后在"定位(L)默认目录"文本框中输入自己的工作目录，也可以单击该文本框右侧的 ... 按钮，打开如图2.18所示的"浏览文件夹"对话框选择工作目录，设置结束后返回"选项"对话框，这时若直接单击 确定 按钮，系统按临时方式保存修改的设置值；若先单击 设置为默认值 按钮，再单击 确定 按钮，则系统按永久方式保存修改的设置值。

图2.16 "选项"对话框的"文件位置"选项卡

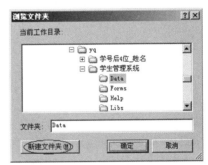

图2.17 "更改文件位置"对话框

图2.18 "浏览文件夹"对话框

② 设置搜索路径。

选中"搜索路径"项，然后单击 修改(M)... 按钮，系统将弹出"更改文件位置"对话框，如图2.19所示。与设置默认目录一样，用户既可以在"定位(L)搜索路径"文本框中直接输入搜索路径，也可以使用 ... 按钮打开"浏览文件夹"对话框进行选择，只是此时用户可以选择多个目录。

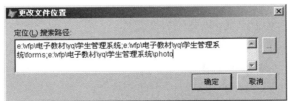

图2.19 "更改文件位置"对话框

【注意】目录之间要用逗号","或分号";"分开。

(2) 使用 SET 命令

① 设置默认目录。

【格式】SET DEFAULT TO [<路径>]

【功能】把路径所指定的目录设置为默认目录。

【说明】路径的格式为：盘符:\文件夹名\文件夹名\…

例2.3 设置 E 盘上的 VFP 文件夹为默认目录。

在命令窗口中输入：SET DEFAULT TO E:\VFP

② 设置搜索路径。

【格式】SET PATH TO [<路径表>]

【功能】设置搜索文件的路径。

【说明】

❖ 在路径表中可以设置一个路径，也可以设置多个路径，如果设置多个路径，必须使用逗号","或分号";"分隔各路径项。

❖ 发出不带路径表的 SET PATH TO 命令，将把搜索路径恢复为由 SET DEFAULT 命令指定的默认目录。

例2.4 用命令将 D:\BOOK\FORMS、D:\BOOK\PROGS 设置为搜索路径。

在命令窗口中输入：SET PATH TO D:\BOOK\FORMS, D:\BOOK\PROGS

2.6 Visual FoxPro 9.0 的项目管理器

VFP 9.0 用扩展名为 PJX 的项目文件登记一个应用系统所涉及的各种文件。在 VFP 9.0 中，使用一个称为"项目管理器"的窗口组织和管理项目中的各种文件。通常"项目管理器"显示为一个独立的窗口，用户可以移动它的位置、调整它的大小或把它折叠成单一的选项卡。

(1) 创建项目且打开项目管理器

创建项目且打开项目管理器的方法有 3 种。

① 单击"任务面板管理器"中的 打开项目 或 新建项目 按钮。

② 执行"文件"→"新建"菜单命令，打开"新建"对话框，选择"项目"单选项后，单击"新建文件"按钮。

③ 命令方式：

【格式】CREATE PROJECT <项目文件名>

创建项目后，VFP 9.0 系统将完成两件事：一是为新项目建立相应的文件，包括项目文件(扩展名为 PJX)和项目备注文件(扩展名为 PJT)；二是打开该项目的"项目管理器"窗口，用来添加和操作项目中的文件。注意，当"项目管理器"窗口处于激活状态时，VFP 9.0 在菜单栏里还将显示"项目"菜单项。

例2.5 创建"学生管理系统"项目。

在命令窗口中输入"CREATE PROJECT E:\VFP\学生管理系统"后按回车键,打开"项目管理器"窗口,如图2.20所示。

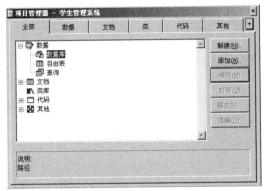

图2.20 "项目管理器"窗口

(2) 项目管理器的选项卡

"项目管理器"窗口中包含6个选项卡。其中,"数据""文档""类""代码"和"其他"5个选项卡用于分类显示和管理各种文件,而"全部"选项卡则用来显示项目中的所有文件,如图2.21所示。

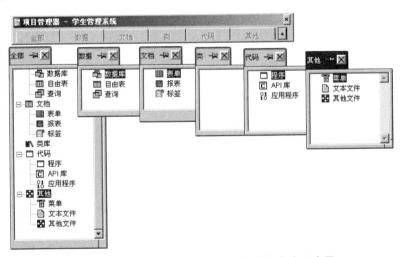

图2.21 项目管理器中各选项卡包含的内容示意图

"数据"选项卡主要用来组织和管理项目中包含的所有数据,如数据库(包括表和视图)、自由表和查询等。

"文档"选项卡中包含了用于数据处理所涉及的3种类型的文件:表单、报表和标签。

"类"选项卡:一般情况下,通过VFP 9.0提供的基类就可以创建一个可靠的面向对象的事件驱动程序。若为了实现特殊功能而需要创建新类,则可在项目管理器的"类"选项卡中进行选择、修改,此时系统打开"类设计器"。

"代码"选项卡中包含了用于管理数据库而开发的应用程序文件(扩展名为PRG)、API

库和应用程序文件。

"其他"选项卡主要用于应用程序中其他文件的管理，包括菜单文件、文本文件、位图文件和图标文件等其他文件。

用户可以通过拖动或双击"项目管理器"窗口的标题栏，将该窗口停靠到 VFP 9.0 窗口顶部，使之变成系统工具栏的一部分。此时，不能展开"项目管理器"窗口，而只能打开单独的选项卡来使用它们。

(3) 项目管理器中的命令按钮

新建一个项目并打开"项目管理器"窗口后，默认在窗口的右边显示 6 个命令按钮(简称为按钮)，按钮标题分别为：新建、添加、修改、运行、移去、连编。当用户选中不同的操作对象时，有些按钮的标题会发生变化，例如，选中一个"数据库"选项后，"运行"按钮变为"打开"按钮；选中一个"表"选项后，"运行"按钮变为"浏览"按钮。也就是说，"项目管理器"窗口中的命令按钮会根据用户选中的对象不同而发生相应的改变。各个按钮的功能如下。

"新建"按钮：创建各类指定的对象或文件。
"添加"按钮：将已存在的指定类型的文件或对象添加到本项目中。
"修改"按钮：打开选定对象或它的设计器，完成编辑操作。
"打开"按钮：打开选定对象。
"浏览"按钮：打开选定的表且在"浏览"窗口中显示其记录。
"移去"按钮：将选定对象或文件从当前项目中移出或在移出的同时从磁盘上删除它。
"运行"按钮：运行选定的查询、程序或表单。
"连编"按钮：连编本项目，生成一个可直接运行的应用程序文件(扩展名为 APP)，或生成一个可执行程序文件(扩展名为 EXE)。
"打开"|"关闭"按钮：打开或关闭选定的数据库。

【注意】
① 如果被修改的文件同时包含在多个项目中，则修改结果将体现在各相应项目中。
② 在项目管理器中新建的文件自动登记在该项目中，而利用"文件"→"新建"菜单命令创建的文件不属于任何项目。

2.7 习　　题

一、单项选择题

1. VFP 管理的数据库是_____型数据库。
　　A. 网络　　　　　　B. 层次　　　　　　C. 关系　　　　　　D. 链状
2. 在 VFP 9.0 中，显示与隐藏命令窗口的正确的操作是_____。
　　A. 单击常用工具栏上的"命令窗口"按钮
　　B. 执行"窗口"→"命令窗口"菜单命令
　　C. 按 Ctrl+F2 组合键　　　　　　　　　D. 以上方法均可

3. 下列关于工具栏的叙述中，错误的是_____。
   A. 可以创建用户自己的工具栏　　B. 可以修改系统提供的工具栏
   C. 可以删除用户创建的工具栏　　D. 可以删除系统提供的工具栏
4. 下列文件扩展名中，应用程序文件的扩展名是_____。
   A. APP　　　　B. SCT　　　　C. SCX　　　　D. TBK
5. "项目管理器"窗口中的"数据"选项卡用于显示和管理_____。
   A. 菜单、文本文件、其他文件　　B. 数据库、自由表、查询
   C. 表单、报表、标签　　　　　　D. 数据库、自由表、视图
6. 通过"项目管理器"窗口的按钮不可以完成的操作是_____。
   A. 新建文件　　B. 添加文件　　C. 移去文件　　D. 为文件重命名
7. "项目管理器"窗口的功能是组织和管理与项目有关的各种类型的_____。
   A. 文件　　　　B. 字段　　　　C. 程序　　　　D. 表
8. VFP 9.0 中的_____工具可以帮助用户按提示逐步完成表、表单或报表的设计。
   A. 设计器　　　B. 向导　　　　C. 生成器　　　D. 工具栏

二、填空题

1. 在 VFP 9.0 中，有_____种设计器、_____种生成器。
2. 在 VFP 9.0 中，要改变系统默认的工作目录，应在"选项"对话框中的_____选项卡中进行设置。
3. 在 VFP 9.0 中，"项目"文件的扩展名是_____。
4. 扩展名为 PRG 的程序文件在"项目管理器"窗口的_____选项卡中显示和管理。
5. 在"项目管理器"窗口中可以将应用系统连编成一个扩展名为_____的应用程序文件或扩展名为 EXE 的可执行文件。
6. 在 VFP 9.0 中，_____是用来创建和修改应用系统各种组件的可视化工具。
7. 菜单在"项目管理器"窗口的_____选项卡中。

三、简答题

1. VFP 9.0 有哪些主要功能？
2. 如何启动和退出 VFP 9.0？
3. VFP 9.0 的用户界面由哪几部分组成？
4. VFP 9.0 支持哪两种工作方式？
5. 如何用命令窗口执行一条命令？
6. VFP 9.0 有哪几种辅助工具？
7. 如何把默认目录永久设置为"d:\student"？
8. 如何把系统日期显示格式设置为"日／月／年"？
9. ? 命令，SET 命令，CLEAR 命令各有什么功能？

第3章 数据类型与运算

与其他高级程序设计语言一样,要掌握 VFP 9.0,首先应了解数据类型、常量、变量、数组、运算符、表达式和函数等基本概念,它们是学习计算机程序设计语言的基础知识。

3.1 数据类型、常量和变量

数据类型决定了数据的存储方式、取值范围、表示形式和运算方式;常量、变量是计算机承载数据的形式,是数据加工处理的基本对象。

3.1.1 数据类型

数据类型是数据的基本属性。一般情况下,只有同类型的数据才能进行运算,若对不同类型的数据进行运算,将被系统判为出错。VFP 9.0 处理的数据都有各自的数据类型,在指定和定义了数据的类型后,VFP 9.0 就可以有效地存储和操作它们。

VFP 9.0 支持的数据类型非常丰富,大致可以分为两大类:一类不仅适用于表中的字段,还适用于程序设计中用到的变量和数组;另一类仅适用于表中的字段。

VFP 9.0 提供了多种数据类型,最常用的有下述的 11 种。

(1) 字符型(Character)

字符型数据由字母、数字、空格、符号和汉字构成,通常表示用于显示或打印的信息,如学生的姓名、家庭地址等。表中的字符型字段的长度不能超过 254 个字节,每个英文字符占用一个字节,每个汉字占用两个字节。

(2) 数值型(Numeric)

数值型数据由数字 0~9 及小数点、正负号和字母 E 组成。对数值型数据可以进行加、减、乘、除和乘方等算术运算。数值型数据的长度为 1~20 个字节(其中负号和小数点各占一个字节)。

(3) 整型(Integer)

整型数据用于表示整数,仅适用于表中的字段。整型数据的长度为 4 个字节,且以二进制形式存储。

(4) 浮点型(Float)

浮点型数据与数值型数据是完全等价的,设置该类型数据主要是为了和不同版本的 FoxPro 兼容。

(5) 双精度型(Double)

与一般的数值类型数据相比,双精度型数据提供了更高的数值精度,用在对数值精度要求较高的场合,它只用于表中字段的定义。双精度型数据存储时占用 8 个字节。

(6) 货币型(Currency)

货币型数据用于表示货币金额,小数位固定为 4 位,若超过 4 位,系统会自动对其进行舍入处理。系统默认的货币符号为"$"。可以通过"SET CURRENCY"命令设置货币符号。货币型数据存储时占用 8 个字节。

(7) 逻辑型(Logical)

逻辑型数据只有"逻辑真"和"逻辑假"两个数据值,分别用符号".T."和".F."表示,多用于表示逻辑判断结果,逻辑型数据存储时占用 1 个字节。

(8) 日期型(Date)

日期型数据用于存储日期数据,其存储格式为"YYYYMMDD",默认显示格式为"MM/DD/YYYY",固定长度为 8 个字节。显示格式有多种,可以用"SET DATE""SET MARK"和"SET CENTURY"等命令设置显示格式。

(9) 日期时间型(DateTime)

日期时间型数据表示既包含日期又包含时间的数据,由年、月、日、时、分、秒组成,默认显示格式为"MM/DD/YYYY HH:MM:SS",固定长度为 8 个字节。

(10) 备注型(Memo)

备注型数据只适用于表中的字段,存储时备注字段数据长度固定为 4 个字节,用来表示一个指向备注文件(扩展名为 FPT)内容的指针,而实际的备注内容存放在备注文件中。一般来说,表中的备注型字段多用来存放简历、注释等不定长的内容。实际的备注型字段的内容没有长度限制,仅仅受限于磁盘空间。

(11) 通用型(General)

通用型数据只适用于表中的字段,用于存储 OLE 对象,固定长度为 4 个字节。通用型字段中,包含了对 OLE 对象的引用,而一个 OLE 对象的内容则可以是一个电子表格、一段声音、一张图片等。通用型字段的数据保存在与表文件同名而扩展名为 FPT 的文件中,实际内容长度受限于磁盘空间。

3.1.2 常量

常量指在命令操作和程序执行过程中,其值和类型保持不变的量。VFP 9.0 支持 6 种类型的常量:数值型(N)、字符型(C)、逻辑型(L)、日期型(D)、日期时间型(T)和货币型(Y)。

在命令或程序中,不同类型的常量有不同的书写格式,如表 3.1 所示。

表 3.1 常量类型

类 型	定 义	输入示例
数值型(N)	由数字 0~9、小数点、正负号或 E 组成的任何数值串	3.14159、-123、1.2E+3
字符型(C)	用指定的定界符括起来的内容。定界符是：一对单引号"' '"、一对双引号"" ""或一对中括号"[ ]"	"清华"、[计算中心]、'VFP 9.0 指南'
逻辑型(L)	只有逻辑真和逻辑假两个值。输入时，系统接收 .Y、.y、.T、.t 为逻辑真，接收 .N、.n、.F、.f 为逻辑假。系统返回逻辑值时，真值只用 .T. 表示，假值只用 .F. 表示。两个定界符"."不能缺省	.t.、.f.、.y.、.n.
日期型(D)	用定界符"{^"和"}"括起来的日期数据。输入格式为：{^yyyy/mm/dd}、{^yyyy-mm-dd}或{^yyyy.mm.dd}。默认返回的日期型常量格式为：mm/dd/yy。还可以重新设置返回格式。"{}"为空日期	{^1999/11/12} {^1999-11-12} {^1999.11.12}
日期时间型(T)	用定界符"{^"和"}"括起来的日期时间数据。输入格式为：{^yyyy/mm/dd hh:mm:ss [am|pm]}，日期和时间之间用空格隔开。"{/:}"为空日期时间	{^1999/04/01 14:51:01} {^1999/04/01 2:51:01 pm}
货币型(Y)	默认由前导符 $ 引导的数值常量。返回的货币型数据的小数位默认为 4 位，多于 4 位自动四舍五入，不足 4 位补 0。货币型常量没有科学记数法形式	$34.546889、$23.22

【说明】

① 描述数值型常量时，用百分比表示的数不能写成15%的形式，应写为 0.15；数据中不能含千分位符号","；"1/2"不是数值型常量，而是一个表示除法运算的式子。

② 字符型常量的定界符必须是西文半角字符。若字符串的字符中包含定界符本身，则必须采用另外一种定界符来界定字符串常量。例如，"FoxPro"、'数据库'、[山东]等都是合法的字符型常量，而'I'm wrong'是非法的字符型常量。空字符串是指一对定界符之间无任何字符的常量，如""""" "[ ]"等。

③ 逻辑型常量两边的句点是西文半角字符，输入时不能缺少。

3.1.3 变量

变量是被命名的内存中的一个存储单元或表中的一个字段，它的值可以通过赋值命令而改变。也可以这样理解，我们通过变量名来引用计算机内存中一个单元或表中一个字段的值。变量的值在运行程序的整个过程中可以改变，但在某一瞬时、某一具体运算过程中，其值则是确定的。VFP 9.0 的变量分为两大类：字段变量和内存变量，如图 3.1 所示。

(1) 字段变量

字段变量是数据库管理系统中一个重要的概念。在关系数据库中，每个表都包含若干条记录，而每条记录又由若干个字段组成。由于表中的各条记录中同一个字段名对应的值可能不同，因此，表中的字段也是变量，称为字段变量。字段变量包含字段名、字段值、域等概念。字段变量随着表的创建而定义,字段变量的数据类型在建立表时指定,向表中输入记录相当于为字段变量赋值。在命令操作或程序执行过程中,通过字段名可以调用某条记录中该字段的值,或给这个字段赋值,这种调用或赋值称为访问。

【注意】字段变量随着所在表的打开自动产生,并随着表的关闭而消失。

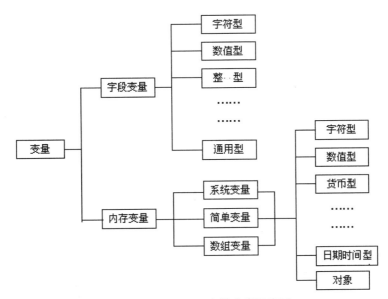

图 3.1 VFP 9.0 变量分类示意图

(2) 内存变量

在程序运行过程中,经常需要把数据及数据处理结果存放在内存储器单元中,为方便应用,给这些内存单元命名,称之为"内存变量"。内存变量独立于表而存在,包含变量名、变量类型、变量值等概念。变量名用来标识某个内存单元,变量值就是存放在内存单元里的值,变量的类型取决于变量值的类型,包括数值型(N)、字符型(C)、货币型(Y)、逻辑型(L)、日期型(D)、日期时间型(T)6种。内存变量只存在于应用程序运行期间或创建它们的 VFP 9.0 工作期中。

VFP 9.0 的内存变量又可分为系统变量、简单内存变量和数组变量。

① 系统变量。系统变量是 VFP 9.0 自动创建和命名的变量。系统变量名都以下画线字符"_"作为开始字符,如_SCREEN 等。用户可以通过内存变量显示命令浏览 VFP 9.0 提供的系统变量的名称、使用范围、类型及其默认值。

② 简单内存变量。通常所说的变量一般指简单内存变量(在不引起误解的情况下也称为内存变量),它们是用来存放单个数据的内存单元。简单内存变量使用前必须先赋值,如"X=6",赋值后系统自动定义好变量名(X)、变量的值(6)、变量的类型(即值的数据类型)。变量赋值后,便可以在表达式、函数、程序中通过变量名调用其值或改变其值,如"X=X*3"表示把 X 原来的值乘以 3 再放回 X 中。

变量名的命名规则为:

❖ 由字母、汉字或下画线字符开头,后跟字母、汉字、数字或下画线。但是最好不要以下画线字符"_"开头,以免与系统变量重名。

- ❖ 变量名总长度不得超过 128 个字符。
- ❖ 对变量名不区分字母大小写。

在命令操作或程序运行过程中，可以通过变量名访问变量。如果当前打开的表中存在一个与内存变量同名的字段变量，则在访问该内存变量时，必须在内存变量名前面加上前缀"M."或"M->"，否则，系统访问的将是字段变量。

例 3.1 假设一个内存变量名为"姓名"，其中存放的字符串为"肖红"；而当前打开的 STUDENT 表中有一个字段名也为"姓名"，其当前值为字符串"赵子博"。请用"?"命令调用变量，显示出字符串"肖红"和"赵子博"。

在命令窗口中的输入及显示结果如图 3.2 所示。

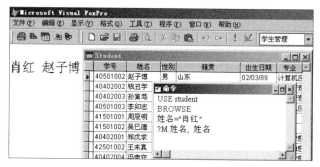

图 3.2　在命令窗口中的输入及在主窗口中显示的结果

3.1.4　数组

数组是一个可以存放多个数据的内存单元组，数组的名字称为数组名。数组中每一个存储数据的内存单元称为数组元素，即一个数组由多个元素组成。每个数组元素都用"数组名"和"(下标)"标识。下标是一个自然数，它标识了每个元素在数组中的位置。在表达式、函数、程序中，每个数组元素相当于一个简单内存变量，可以通过数组名及相应的下标访问各数组元素。一个数组中各元素的数据类型可以不同。

在 VFP 9.0 中，数组可分为一维数组和二维数组。

(1) 一维数组

一维数组是只有一个下标的数组，即用一个下标就可确定数组元素在数组中的位置，每一个数组元素用"数组名(下标)"或"数组名[下标]"标识。一维数组的逻辑存储结构相当于一个线性表，下标值小的元素在前、大的在后，如图 3.3 所示。一维数组一般用来存储一组相关的数据，如存储某班全体学生学习某课程的成绩、某企业全体职工的基本工资等。

E(1)	E(2)	E(3)	…	E(n)
78	65	92	…	86

图 3.3　一维数组的逻辑存储结构

(2) 二维数组

通过两个下标才能确定元素位置的数组称为二维数组，每个数组元素用"数组名(下标1,下标2)"或"数组名[下标1,下标2]"标识。其中，下标 1 代表行号，下标 2 代表列号。二维数组的逻辑存储结构相当于一个二维表或一个矩阵，存储数据时为"按行"存放。也可以用一维数组的形式访问二维数组，如图 3.4 所示。

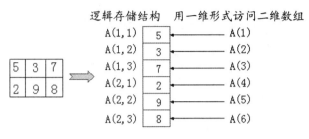

图 3.4　二维数组的逻辑存储结构

简单内存变量和数组都是内存变量，但是数组与简单变量不同，在使用数组之前一定要先定义。在介绍定义数组的命令前，我们先说明描述 VFP 9.0 命令的语法格式。

(3) VFP 9.0 命令的语法格式

VFP 9.0 对命令的大小写不加区分(为醒目起见，本书一般用大写字母表示)。命令通常由两大部分组成，第一部分是命令动词，它是 VFP 9.0 的命令名，用来指明命令的功能；第二部分是紧跟其后的几个子句(或称为短语、选项，值得注意的是，有些命令可以没有子句)，这些子句用来提供执行命令所需要的各种参数，或对命令进行某些限制性说明。

命令子句分为必选子句和可选子句两类，在介绍命令格式时经常使用下述界限符。

① "< >"　符号中的内容是由用户提供的必选的内容。

② "[ ]"　符号中的内容是可选的。如果用户不设置该内容，系统自动取默认值(也称为缺省值)。

③ "|"　符号表示在其左右两项中任选一项。

④ "…"符号表示可以重复出现前面的选项。

【注意】界限符只出现在命令语法讲解中，真正输入命令时，不能出现这些界限符。除非特别声明，命令动词、子句中的引导词或函数名，都可以用其前四个字母的缩写形式表示。命令动词与子句间和各个子句要用空格隔开。命令中出现标点符号时应使用西文符号。

(4) 数组的定义

定义数组就是确定数组的名称、维数、大小。数组的大小是指数组的元素个数。

【格式1】DECLARE <数组名1>(下标1[,下标2])[,<数组名2>(下标1[,下标2])…]

【格式2】DIMENSION <数组名1>(下标1[,下标2])[,<数组名2>(下标1[,下标2])…]

【功能】定义一个或多个一维或二维数组。

【说明】

① 命令 DECLARE 与命令 DIMENSION 完全等效，选其中的任何一个使用都可以。

② 创建数组后，整个数组的类型为 A(Array)，而各个数组元素可以分别存储不同类型的数据。

③ 在同一个运行环境下，数组名不能与简单内存变量同名。

④ 上述命令中使用的括号，既可以用圆括号"()"表示，也可以用方括号"[]"表示。

⑤ 数组的下界规定为 1，其大小由下标值的上界决定，一维数组的大小由下标的上界确定，即命令格式中的"下标1"表示的数字，二维数组的大小为：下标1×下标2。

⑥ 在一切可以使用简单内存变量的地方，均可以使用数组元素。

⑦ 定义了数组后，系统自动给每个数组元素赋".F."值。

例3.2 定义两个数组：一个是一维数组，数组名为 A1，一共有 5 个元素；一个是二维数组，数组名为 A2，共有 2 行 3 列 6 个元素。

在命令窗口中输入：
  DIMENSION A1(5), A2(2, 3)
输入后的命令窗口如图 3.5 所示。

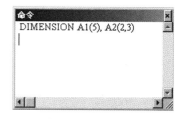

图 3.5 在命令窗口中输入定义数组的命令

3.1.5 变量操作命令

除特别说明，本节下面所提到的变量都是指简单内存变量和数组。变量的操作包括赋值及引用。赋值是向变量所指定的内存区域存放数据，引用是通过变量名将内存中的数据取出来显示或用来进行运算，赋值会改变变量中的值，引用则不会改变变量中的值。

(1) 变量的赋值

【格式1】变量名 = 〈表达式〉

【功能】计算表达式的值并将它赋给"="左边的变量。

【格式2】STORE 〈表达式〉 TO 〈变量名表〉

【功能】计算表达式的值并将它分别赋给变量名表中的每个变量。

【说明】

① 使用格式1只能给一个变量赋值；使用格式2可以同时给多个变量赋相同的值。变量名表中有多个变量时，要用逗号","隔开。

② "变量名"处可以是简单内存变量，也可以是数组元素或数组名。如果是数组名，则将表达式的值赋给数组中的全部元素。

③ 表达式可以是一个常量、有值的简单内存变量、数组元素、数组名、函数及包含运算对象和运算符的式子，如果是数组名，则只将数组中第 1 个元素的值赋给变量。有关表达式的概念下面还要详细讲解。

例3.3 在命令窗口中完成下列给变量赋值的操作。

① 将"肖红"、"女"、3183.8(货币型)、1976 年 7 月 21 日(日期型)、"销售"、已婚(逻辑真)数据分别赋给简单变量 XM、XB、GZ、BIRTHDAY、DEPT、MARRY。赋值前先将各变量内容清空。

② 将 78、65、82 三个数据赋给数组 ARR1；将下列二维表数据赋给数组 ARR2。赋值前先将各数组元素内容清为 0。

  12   1   4
  2   33   11

完成操作后的命令窗口如图 3.6 所示。

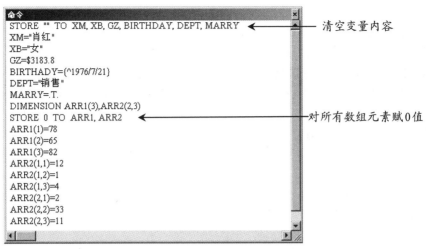

图 3.6 在命令窗口中给简单变量和数组元素赋值

【注意】内存变量是在内存中开辟的存放数据的临时单元。一旦退出 VFP 9.0 系统，如果对变量没有进行存盘操作，除系统变量外，用户设置的内存变量将不复存在。

(2) 显示变量

【格式】LIST|DISPLAY MEMORY [LIKE 〈变量名〉][TO PRINTER]|[TO FILE 〈文件名〉]

【功能】把已定义的简单变量、数组元素及系统变量的当前信息显示在主窗口中，其中包括变量名、作用域、类型、取值。

【说明】

① 执行 LIST 命令将滚屏显示，执行 DISPLAY 命令可分屏显示。如果缺省后面的所有选项，将显示全部系统变量、用户定义的简单内存变量和数组。

② 选择"LIKE 〈变量名〉"选项，将显示与变量名相匹配的用户定义的内存变量。"变量名"处可以使用通配符"?"和"*"。"?"代表任意单个字符；"*"代表任意多个字符。

③ 选择"TO PRINTER"选项，可以用打印机输出内存变量的值。

④ 选择"TO FILE 〈文件名〉"选项，能将显示内容存入文件，文件的扩展名为 TXT。

例 3.4　定义数组和变量并为其赋值，最后显示各变量的值，在命令窗口中的输入及显示结果如图 3.7 所示。

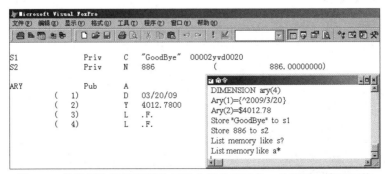

图 3.7　给数组和变量赋值并显示它们的变量名、作用域、类型和值

(3) 清除变量

【格式1】 CLEAR MEMORY

【功能】 清除当前内存中所有用户定义的内存变量，系统变量除外。

【格式2】 RELEASE <变量名表>

【功能】 清除变量名表中指定的变量，当变量名表中有多个变量时，要用逗号","隔开各个变量。

【格式3】 RELEASE ALL [LIKE|EXCEPT <变量名>]

【功能】 清除所有与变量名相匹配(使用 LIKE 子句)或不匹配(使用 EXCEPT 子句)的内存变量，系统变量除外。

【注意】 清除变量后，若再试图访问它，系统会弹出消息框，显示警示信息"找不到变量×××"。

例 3.5 继例 3.4，清除变量名以 S 开头的所有内存变量。

在命令窗口中输入：

RELEASE ALL LIKE S*

3.2 表 达 式

通常把加工和处理数据的过程称为运算。运算中涉及参与运算的量和运算符。参与运算的量(简称为运算量)又称为操作数，是指参与运算的数据，包括常量、变量、函数等；运算符又称为运算码，是描述各种不同运算的符号。通过特定运算符将运算量连接起来，表示某个求值规则的式子，称为运算表达式，简称为表达式。每个表达式都能产生唯一的值，称为表达式的值。

在 VFP 9.0 中，表达式的类型由运算符的类型决定。主要有 5 种类型的表达式：数值表达式、字符表达式、日期(日期时间)表达式、关系表达式和逻辑表达式。

值得注意的是，通常我们把单个运算量也看作一个简单表达式，如一个常量、一个变量或一个函数；表达式不能独占一行，必须出现在某个命令或函数中，例如，可以放在"?"命令中显示它的值。

3.2.1 数值表达式

数值表达式主要应用于数值型数据的运算，其运算量必须为数值量，运算结果仍为数值型数据，运算符为算术运算符。算术运算符的作用及它们的优先级如表 3.2 所示。

表 3.2 算术运算符

运算符	含 义	优先级	示 例	示例结果
**、^	乘方运算	1	3**2, 2^3	9, 8
*、/	乘、除运算	2	8*7, 2*6/4	56, 3
%	模运算(取余)	2	23%4, −23%−4, 23%−4	3, −3, −1
+、−	加、减运算	3	34+8, 30+15−23	42, 22

【说明】
① 编写和输入VFP 9.0表达式时应遵循以下规则：
❖ 表达式中所有的字符必须处在同一水平线上，每个字符占一格，不能放在右上角或右下角。例如：2^3要表示成2^3或2**3，X_1+X_2要表示成X1+X2。
❖ 要根据运算符运算的优先顺序合理地加括号"()"，以保证运算顺序的正确性，只能使用小括号"()"，且括号必须配对。例如数学中的运算式"$3[X+2(Y+Z)]$"应表示成"3*(X+2*(Y+Z))"。
❖ 某些在数学运算式中省略的内容不能漏掉。例如"2X"应表示成"2*X"。
② 模运算"%"的规则：模(运算结果)的正负号与除数相同；如果被除数与除数同号，则模为两数相除的余数；如果被除数与除数异号，则模为两数绝对值相除的余数再加上除数的值。

例3.6 写出数学式 $x\dfrac{n(m_1-m_2)}{2r^2}$ 所对应的VFP 9.0表达式。

表达式为：x*(n*(m1-m2))/(2*r^2) 或 x*(n*(m1-m2))/2/(r*r) 或 x*(n*(m1-m2))/2/r/r

3.2.2 字符表达式

字符表达式主要用来对字符型数据进行处理。运算量为字符型数据，运算结果仍为字符型数据。字符运算符只有两个："+"和"-"，其含义如表3.3所示。

表3.3 字符运算符

运算符	含 义	示 例	示例结果
+	简单连接两个字符串	"计算⎵⎵"+"中心⎵⎵"	"计算⎵⎵中心⎵⎵"
-	先连接两个字符串形成结果字符串，再将"-"左侧字符串尾部的空格移到结果字符串的尾部	"计算⎵⎵"-"中心⎵⎵"	"计算中心⎵⎵⎵⎵"

【说明】符号"⎵"表示空格。

3.2.3 日期(日期时间)表达式

对日期(日期时间)型数据进行运算的表达式称为日期(日期时间)表达式。表3.4给出了VFP 9.0中可以进行的日期(日期时间)运算的运算符及运算规则。

表3.4 日期(日期时间)运算符

运算符	含 义	表达式格式	结果类型
+	加法	日期 + 数值(天数)	新的日期
		日期时间 + 数值(秒数)	新的日期时间
-	减法	日期 - 数值(天数)	新的日期
		日期时间 - 数值(秒数)	新的日期时间
		日期 - 日期	数值，表示天数
		日期时间 - 日期时间	数值，表示秒数

值得注意的是，日期(日期时间)表达式的格式是有一定限制的，例如"日期+日期"以及"日期时期+日期时间"就是两个无效的表达式。

例 3.7 计算自 2010 年 3 月 21 日起再过 17 天的日期和 2010 年 4 月 21 日到 2010 年 5 月 1 日之间的天数。

在命令窗口中的输入和显示结果如图 3.8 所示。

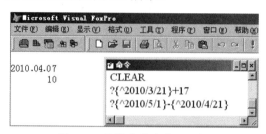

图 3.8 日期表达式应用示例

3.2.4 关系表达式

关系表达式又称为比较运算表达式、条件表达式或简单逻辑表达式，它由关系运算符将两个相同类型的运算对象连接而成。

关系运算符的作用是比较两个表达式值的大小或前后。其运算结果是逻辑型数据".T."或".F."。关系运算符及其含义如表 3.5 所示，它们的优先级相同。

表 3.5 关系运算符

运算符	含 义	示 例	示例结果
<	小于	23<45	.T.
>	大于	45 >78	.F.
=	等于	3=5, "a"="A"	.F., .F.
<>、# 、!=	不等于	.T. != .F.	.T.
<=	小于或等于	{^1970/10/17}<={^1970/10/04}	.F.
>=	大于或等于	32>=12	.T.
==	字符串精确比较	"Status" == "Save"	.F.
$	子串包含测试	" Base + " $ " FoxBASE+ "	.F.

【说明】

① 一个关系表达式中，只能出现一个关系运算符，并且关系运算符左右两个运算量的数据类型必须一致，否则将发生语法错误。运算量的数据类型可以是数值型、货币型、字符型、日期(日期时间)型或逻辑型的数据。

② 比较规则为：

对数值型或货币型数据按数值大小进行比较；

对日期型或日期时间型数据进行比较时，越早的日期时间越小，越晚的日期时间越大；

对两个逻辑型数据进行比较时，".T."大于".F."。

③ 运算符"$"和"=="仅适用于字符型数据。运算符"$"称为子串包含测试符，对应的表达式格式为"<字符串1> $ <字符串2>"，功能是测试字符串2中是否包含字符串1，如果包含则表达式的值为".T."，否则为".F."。

④ 对两个字符串进行大小比较时，系统对两个字符串的字符自左向右逐个字符进行比较，一旦发现两个对应位置的字符不同，就根据这两个字符的排序序列决定两个字符串的大小。VFP 9.0 系统提供三种排序序列，序列名称分别为：PinYin、Machine 和 Stroke。它们的比较顺序分别为：

PinYin（拼音）——空格<0<1<…<9<a<b<…<z <A<B<…<Z<汉字。
Machine（机器码）——空格<0<1…<9<A<B<…<Z<a<b<…<z<汉字。
Stroke（笔画）——无论中文、西文，一律按照书写笔画的多少排序。

系统默认的排序序列是 PinYin。用户可以通过执行"工具"→"选项"菜单命令，打开"选项"对话框，在"数据"选项卡进行设置，如图 3.9 所示。

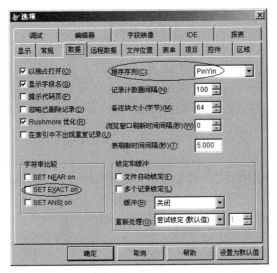

图 3.9 "选项"对话框的"数据"选项卡

⑤ 使用"="运算符比较两个字符串时，运算结果与"SET EXACT ON|OFF"设置（见图 3.9）有关。它是比较不同长度的两个字符串时 VFP 9.0 使用的规则。系统默认是 OFF。当处于 OFF 状态时，只要"="右边的整个字符串与"="左边字符串的前面部分相同，就称右边字符串与左边字符串相匹配，可得到结果".T."，即字符串的比较以右边的字符串为基础，右边字符串结束即终止比较；当处于 ON 状态时，如果"="左边的字符串较短，系统首先在其尾部加上若干个空格，使两个字符串的长度相等，然后再进行比较，一直比较到两个字符串全部结束。"SET EXACT"设置对字符串比较的影响如表 3.6 所示。

表 3.6 "SET EXACT"设置对使用"="进行比较的影响

比较	SET EXACT OFF	SET EXACT ON
"abc" = "abc"	.T.	.T.
"ab" = "abc"	.F.	.F.
"abc" = "ab"	.T.	.F.
"abc" = "ab␣"	.F.	.F.
"ab" = "ab␣"	.F.	.T.
"ab␣" = "ab"	.T.	.T.
"" = "ab"	.F.	.F.
"ab" = ""	.T.	.F.

可以通过执行"工具"→"选项"菜单命令,打开"选项"对话框,在"数据"选项卡进行"SET EXACT"设置,也可以直接使用"SET EXACT ON|OFF"命令进行设置。

⑥ 使用"=="运算符比较两个字符串时,系统进行精确比较,此时只有当两个字符串完全相同(包括空格以及各字符的位置)时,运算结果才为".T.",否则为".F."。

例 3.8 在 VFP 9.0 中完成下列比较运算并显示运算结果。

① 比较"1970/12/1"和"1980/1/1"两个日期的大小。

② 判断 134 是否为 7 的倍数,即判断 134 是否能被 7 除尽。

③ 假设变量 a 里存放的是字符串"中国北京",判断 a 中是否包含"北"字。

④ 判断字符串"中国"与字符串"中国北京"是否相匹配。

在命令窗口中的输入和显示结果如图 3.10 所示。

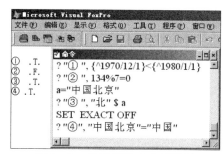

图 3.10 关系表达式应用示例

3.2.5 逻辑表达式

由逻辑运算符将逻辑型数据(逻辑型常量、逻辑型变量、关系表达式、逻辑型函数)连接起来的式子称为逻辑表达式。逻辑表达式的运算结果仍然是".T."或".F."。VFP 9.0 的逻辑运算符有三个:AND、OR 和 NOT(或!),其优先级顺序依次为:NOT(或!)、AND、OR。表 3.7 给出了逻辑运算符及它们的优先级。表 3.8 给出了各种逻辑运算的规则。

表 3.7 逻辑运算符

运算符	含义	优先级	示例	示例结果
NOT 或!	逻辑非	1(最高)	NOT 7=9	.T.
AND	逻辑与	2	.T. AND .F.	.F.
OR	逻辑或	3(最低)	.T. OR .F.	.T.

表 3.8 逻辑运算规则

A	B	NOT A	A AND B	A OR B
.F.	.F.	.T.	.F.	.F.
.F.	.T.	.T.	.F.	.T.
.T.	.F.	.F.	.F.	.T.
.T.	.T.	.F.	.T.	.T.
规则		取反	左右都为真时才是真	左右都为假时才是假

例 3.9 写出判断 X 的值是否介于 5 到 10 之间(5≤X≤10)的逻辑表达式。

X>=5 AND X<=10

【注意】下面的写法是错误的。

X>=5 AND <=10

3.2.6 混合运算表达式

在同一个表达式中如果出现不同类型的运算符时，运算符优先级的顺序为：
　　　　（）→ 算术运算符 → 字符运算符 → 比较运算符 → 逻辑运算符

用户可以用括号"（）"改变优先顺序，强令表达式的某些部分优先运行。括号内的运算总是优先于括号外的运算。但是在括号内，运算符的优先顺序不变。

例 3.10 求表达式"2＋8＞4＋5 AND（NOT .T. OR "b" $ "c" ＋ "b"）"的结果。
结果为".T."，运算过程如下：

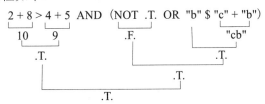

3.3 常用的内部函数

函数是预先编制好的可以实现某种运算、转换或测试的计算模块，可提供给表达式、命令或程序调用，增强系统处理数据的能力。VFP 9.0 中的函数有两种，一种是用户自定义的函数，一种是系统函数。自定义函数由用户根据需要自行编写，系统函数则是由 VFP 9.0 提供的内部函数，用户可以随时调用。本节介绍常用的内部函数。

使用 VFP 9.0 的函数时往往需要提供若干个参数，系统根据用户所给定的参数，经过运算得到一个结果，这个结果称为函数值或返回值。函数调用一般出现在表达式中，作为表达式的运算对象。函数调用格式为：
　　　　函数名（[参数表]）
一个函数可以有参数，也可以没有参数，当有多个参数时，各参数之间用","隔开。

【注意】不管函数是否有参数，调用函数时，函数名后面的圆括号不能省略。

3.3.1 数值处理函数

数值处理函数主要完成数值型数据的处理，数值处理函数的返回值一般为数值型。

（1）平方根函数
【格式】SQRT(<数值表达式>)
【功能】计算数值表达式的值并返回它的算术平方根。
【说明】表达式的值必须为非负数。

例 3.11 X=24，计算 $\sqrt{X-8}$ 的值。

在命令窗口中输入：

    X=24

    ? SQRT(X-8)

主窗口显示结果：

    4.00

(2) 取绝对值函数

【格式】ABS(<数值表达式>)

【功能】计算数值表达式的值并返回它的绝对值。

例 3.12 A=10，计算 $\sqrt{|A-35|}$ 的值。

在命令窗口中输入：

    A=10

    ? SQRT(ABS(A-35))

主窗口显示结果：

    5

(3) 取整函数

【格式】INT(<数值表达式>)

【功能】计算数值表达式并返回它的整数部分。

例 3.13 求 28.48*2、-56.98 两个表达式值的整数部分。

在命令窗口中输入：

    ? INT(28.48*2), INT(-56.98)

主窗口显示结果：

    56   -56

(4) 四舍五入函数

【格式】ROUND(<数值表达式>,<小数位数>)

【功能】按指定的小数位数对数值表达式的值进行四舍五入处理。

【说明】若小数位数大于或等于 0，那么用它表示要保留的小数位数；若小数位数小于 0，那么用它的绝对值表示整数部分的舍入位数。

例 3.14 X=246.135，检验 ROUND 函数中小数位数的值为正数、0、负数时，函数的返回值。

在命令窗口中输入：

    X=246.135

    ? ROUND(X, 2), ROUND(X, 0), ROUND(X,-1)

主窗口显示结果：

    246.14   246   250

(5) 取模函数

【格式】MOD(<数值表达式1>,<数值表达式2>)

【功能】返回数值表达式1除以数值表达式2后的模,和运算符%的功能相同。

例3.15 求3*4除以7和7除以-2的模。

在命令窗口中输入:

 ? MOD(3*4,7), MOD(7,-2)

主窗口显示结果:

 5 -1

(6) 圆周率函数

【格式】PI()

【功能】返回圆周率 π 的值(数值型)。

例3.16 计算半径为2的圆的面积。

在命令窗口中输入:

 ? PI()*2**2

主窗口显示结果:

 12.5664

(7) 最大值函数

【格式】MAX(<表达式1>,<表达式2>,…,<表达式n>)

【功能】计算各表达式的值并返回其中的最大值。

【说明】各表达式的类型可以是数值型(N)、日期型(D)或字符型(C),但所有表达式返回值的类型必须相同。

例3.17 检验MAX函数的功能。

在命令窗口中输入:

 ? MAX(12,45,76,3), MAX({^1999/12/01},{^1998/12/01}), MAX ("1","9","a","z")

主窗口显示结果:

 76 1999.12.01 z

(8) 最小值函数

【格式】MIN(<表达式1>,<表达式2>,…,<表达式n>)

【功能】计算各表达式的值并返回其中的最小值。

【说明】同最大值函数。

例3.18 检验MIN函数的功能。

在命令窗口中输入:

 ? MIN(12,45,76,3), MIN({^1999/12/01},{^1998/12/01}), MIN ("1","9","a","z")

主窗口显示结果:

 3 1998.12.01 1

3.3.2 字符处理函数

VFP 9.0 具有十分丰富的字符处理能力,它支持两种字符处理方式:早期的单字节处理方式和大字符编码处理方式。

单字节处理方式通常也称为 ANSI 方式,它对西文字符用一个字节编码(ASCII 码),对中文字符则用两个字节编码。这样,存储一个西文字符占用一个字节的空间,而存储一个中文字符则占用两个字节的空间,这种处理方式以字节为单位对字符串进行处理。

大字符编码处理方式是对西文字符和中文字符统一进行编码的一种字符处理方式,在这种方式下,每个字符均用两个字节编码,这种处理方式也称为"UniCode 方式"(统一编码方式)。在这种方式下,一个西文字符或一个汉字都被看作一个字符,所占用的存储空间均为两个字节,即在 UniCode 方式中,对字符的处理是以字符为单位的,无论是一个西文字符还是一个中文字符都被认为是一个字符。

UniCode 方式实现了对中西文字符的统一编码,为此 VFP 9.0 新增加了一组字符处理函数,这些函数与原有的字符处理函数相对应,只是在原函数名的后面增加了一个字母"C",如 LENC、AT_C、LEFTC 等。

(1) 子字符串查找函数

【格式】AT|AT_C | ATC|ATCC(<字符表达式1>,<字符表达式2>[,<数值表达式>])

【功能】返回字符表达式1在字符表达式2中第"数值表达式"次出现的位置。

【说明】

① 用数值表达式的值指定字符表达式1在字符表达式2中第几次出现。缺省数值表达式时默认为1。

② 若字符表达式1不是字符表达式2的子串,则返回0。

③ ATC 与 AT 的功能类似,返回字节数,区别在于 ATC 函数不区分字母的大小写。

④ ATCC 与 AT_C 功能类似,都是以字符为单位进行查找,区别在于 ATCC 不区分字母的大小写。

例 3.19 测试字符串"ab"和"AB"在字符串"奥运 ABC 中国"中出现的位置。
在命令窗口中的输入和显示结果如图 3.11 所示。

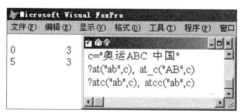

图 3.11 查找子字符串示例

(2) 字符串长度测试函数

【格式】LEN|LENC(<字符表达式>)

【功能】返回字符表达式的长度值,即所包含字符的字节数(字符数),函数的返回值为数值型。

例 3.20 测试字符串"奥运 ABC□□中国"的长度。

在命令窗口中的输入和显示结果如图 3.12 所示。

(3) 截取子字符串函数

【格式1】SUBSTR|SUBSTRC(<字符表达式>,<数值表达式1>[,<数值表达式2>])

【功能】从字符表达式中的数值表达式1指定的位置开始,取出数值表达式2指定个数的字节(字符),函数的返回值为字符型数据,即返回一个子字符串。

【说明】如果缺省数值表达式2,则返回从数值表达式1指定的位置开始到字符表达式结束的所有字符。

【格式2】LEFT|LEFTC(<字符表达式>,<数值表达式>)

【功能】从字符表达式左边起,取出由数值表达式的值指定的字节(字符)数的子字符串。

【格式3】RIGHT|RIGHTC(<字符表达式>,<数值表达式>)

【功能】从字符表达式右边起,取出由数值表达式的值指定的字节(字符)数的子字符串。

例 3.21 完成下列任务。

① 使用 SUBSTR 函数或 SUBSTRC 函数分别提取出字符串 "奥运 ABC□□中国" 中的 "奥"、"奥运"、"ABC" 及 "中国" 子字符串。

② 使用 LEFT 函数从"奥运 ABC□□中国"字符串中取出"奥运"子字符串。

③ 使用 RIGHT 函数从"奥运 ABC□□中国"字符串中取出"中国"子字符串。

在命令窗口中的输入和显示结果如图 3.13 所示。

图 3.12 测试字符串长度示例　　图 3.13 截取子字符串示例

(4) 删除字符串前部和尾部空格函数

【格式1】LTRIM(<字符表达式>)

【功能】返回删除了字符表达式前部空格后的字符串。

【格式2】RTRIM|TRIM(<字符表达式>)

【功能】返回删除了字符表达式尾部空格后的字符串。

【格式3】ALLTRIM(<字符表达式>)

【功能】返回删除了字符表达式前部和尾部空格后的字符串。

例 3.22 若 c="□□奥运□□中国□□",在主窗口显示字符串"2008奥运□□中国□□青岛""2008□□奥运□□中国青岛""2008 奥运□□中国青岛"。

在命令窗口中的输入和显示结果如图 3.14 所示。

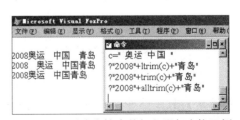

图 3.14 删除字符串前部和尾部空格示例

(5) 产生空格字符串函数

【格式】SPACE(<数值表达式>)

【功能】返回数值表达式指定个数的空格字符。

例 3.23 在主窗口中显示出"奥运⎵⎵中国⎵⎵⎵青岛"字符串。

在命令窗口中输入：

? "奥运"+ SPACE(2)+"中国"+SPACE(3)+ "青岛"

(6) 大小写转换函数

【格式】UPPER|LOWER(<字符表达式>)

【功能】UPPER 函数将字符表达式中的小写字母转换为大写字母作为函数值返回；LOWER 函数将字符表达式中的大写字母转换为小写字母作为函数值返回；非字母的数据原样不变。

例 3.24 将字符串"Visual"中的小写字母全转换为大写字母形式，将字符串"FoxPro 6.0"中的大写字母全转换为小写字母形式。

在命令窗口中输入：

? UPPER("Visual")，LOWER("FoxPro 6.0")

主窗口显示结果：

VISUAL　　foxpro 6.0

(7) 字符串替换函数

【格式】STUFF|STUFFC(<字符表达式1>,<数值表达式1>,<数值表达式2>,<字符表达式2>)

【功能】用字符表达式2 的结果替换字符表达式1 中从数值表达式1 指定的位置开始、按数值表达式2 指定个数的字符。函数返回值为替换后的字符串。

【说明】

① 若数值表达式2 的值为 0，则在数值表达式1 指定的位置处直接插入字符表达式2 对应的字符串。

② 若字符表达式2 为空字符串，则从字符表达式1 所表示的字符串中删除数值表达式2 指定个数的字符。

例 3.25 x="中国长城"，利用 STUFF 和 STUFFC 函数分别显示三个字符串："中国北京城"、"中国北京长城"、"中国"。

在命令窗口中的输入及显示结果如图 3.15 所示。

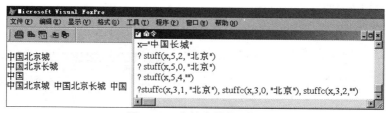

图 3.15　字符串替换示例

【注意】图 3.15 中所示的函数中的参数 0 和空串 """" 不能缺省。

(8) 宏替换函数

【格式】&<字符型变量名>

【功能】将字符型变量中的内容提取出来。

【说明】

① "&"的后面一定要跟一个有值的字符型变量(可以是数组元素)。

② 宏替换函数可以嵌套使用。

VFP 9.0 中打开表文件的命令为"USE <表文件名>"(文件名中可以省略扩展名)。

例 3.26 假设有一个表的文件名为 SCORE.DBF,可以使用下面两种方法打开该表文件。

方法 1,在命令中直接使用表文件名:
  USE SCORE

方法 2,使用宏替换函数:
  DB="SCORE"
  USE &DB

图 3.16 显示了几个应用宏替换函数的例子及相应的显示结果,通过它们可以更好地理解宏替换函数的功能。

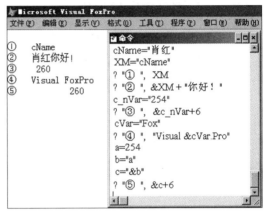

图 3.16 宏替换函数应用示例

3.3.3 日期和日期时间处理函数

日期和日期时间处理函数用来处理日期和日期时间数据,如表 3.9 所示,其参数一般是日期型数据或日期时间型数据。

表 3.9 常用的日期和日期时间处理函数表

名 称	格 式	功 能
系统当前日期函数	DATE()	返回系统当前日期,函数值为日期型
系统当前时间函数	TIME()	返回当前系统时间(24 小时制),函数值为字符型
系统当前日期时间函数	DATETIME()	返回系统当前日期和时间,函数值为日期时间型
年份函数	YEAR(<日期表达式>)或 YEAR(<日期时间表达式>)	返回日期表达式或日期时间表达式中的年份值,函数值为数值型
月份函数	MONTH(<日期表达式>)或 MONTH(<日期时间表达式>)	返回日期表达式或日期时间表达式中的月份值,函数值为数值型
日号函数	DAY(<日期表达式>)或 DAY(<日期时间表达式>)	返回日期表达式或日期时间表达式中的日号值,函数值为数值型

例 3.27 已知某人的出生日期为 1998 年 1 月 12 日,当前的系统日期是 2009 年 3 月 14 日,显示当前系统日期和它的月份值,求出此人的年龄,判断此人的生日是否在 3 月份。

在命令窗口中的输入和显示结果如图 3.17 所示。

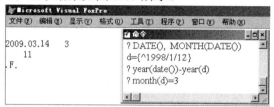

图 3.17 日期函数应用示例

3.3.4 数据类型转换函数

在数据处理过程中,经常要求转换数据的类型,这时就要用到数据类型转换函数。

(1) 字符型数据转换为数值型数据函数

【格式】VAL(<字符表达式>)

【功能】将字符表达式的值转换为对应的数值型数据。

【说明】

① VAL 函数按从左到右的顺序处理字符表达式,直到遇到第一个非数字字符(不包括科学计数法指示符 E)为止。

② 如果字符表达式中的第一个字符就不是数字,VAL 函数将返回数值 0。

例 3.28 使用 VAL 函数将字符型数据转换为对应的数值型数据。

在命令窗口中的输入和显示结果如图 3.18 所示。

图 3.18 VAL 函数应用示例

(2) 数值型数据转换为字符型数据函数

【格式】STR(<数值表达式1>[,<数值表达式2>][,<数值表达式3>])

【功能】把数值表达式1的值转换为对应的字符型数据,即转换为字符串。

【说明】

① 数值表达式2的值决定转换后的字符串总长度(包括小数点),默认为10。

② 数值表达式3的值决定转换后要保留的小数位数,默认为0。

③ 如果数值表达式2的值大于数值表达式1的实际长度,则在字符串左边补充空格。

④ 如果数值表达式2的值小于数值表达式1的实际长度,但大于或等于数值表达式1的整数部分(包括负号)的长度,则优先转换整数部分而自动调整小数部分(四舍五入)。

⑤ 如果数值表达式2的值小于数值表达式1的整数部分长度,则函数将按指定长度输出"*",表示指定的长度不够。

例 3.29 使用 STR 函数将数值数据转换为不同长度、不同小数位数的字符型数据。在命令窗口中的输入和显示结果如图 3.19 所示。

(3) 字符型数据转换为日期(日期时间)型数据函数
【格式】CTOD|CTOT(<字符表达式>)
【功能】把字符表达式转换为日期(日期时间)型数据。

图 3.19 STR 函数应用示例

【说明】
① 字符表达式是一个表示一个日期格式的字符串，该表达式的格式与"SET DATE"和"SET CENTURY"的设置有关。例如在美语日期格式下，字符串表达式可以为"MM/DD/YY"、"^YYYY/MM/DD"或"^YY/MM/DD"格式，否则转换为空日期；在 ANSI、SHORT、汉语等日期格式下，字符表达式可以为"YY/DD/MM"、"^YY/MM/DD"、"YYYY/MM/DD"或"^YYYY/MM/DD"格式。为避免出现错误，对字符串表达式应尽量使用各种设置都能准确解释的"^YYYY/MM/DD"格式。可以缺省世纪值，用"^YY/MM/DD"格式。

② 年份可以带有世纪值，也可以不带有世纪值。如果年份不带世纪值，默认世纪值为当前世纪值。

③ CTOD 函数的返回值也与"SET DATE"和"SET CENTURY"对日期字符串内容的解释相关。

例 3.30 图 3.20 显示了 SET DATE 设置和与其相关的 CTOD 函数的操作结果。注意字符表达式的写法。

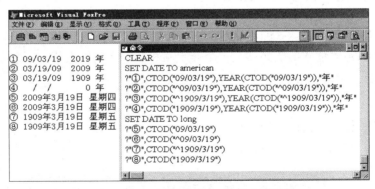

图 3.20 SET DATE 设置和 CTOD 函数应用示例

(4) 日期(日期时间)型数据转换为字符型数据函数
【格式】DTOC|TTOC(<日期表达式>|<日期时间表达式>[,1])
【功能】把日期表达式或日期时间表达式中的日期数据转换为对应的字符型数据。
【说明】缺省可选项"1"时，函数返回的字符串格式与当前设置的系统日期格式相同；选择可选项"1"时，则无论当前日期格式如何，函数返回的字符串都为一种标准格式"YYYYMMDD"。

例 3.31 把日期型数据{^2009/12/27}转换成月日年格式、汉语格式及标准格式的字符型数据。

在命令窗口中的输入和显示结果如图3.21所示。

图3.21 DTOC函数应用示例

(5) 字符数据转换为ASCII码值函数

【格式】ASC(<字符表达式>)

【功能】返回字符表达式中最左边字符的ASCII码值(0~255)。

【说明】函数仅返回字符表达式中第一个字符的ASCII码值，忽略其他字符。

例3.32 变量N中存放了一个字符串"ABCDEFG"，要求获取第一个字符的ASCII码值。
在命令窗口中输入：

  STORE "ABCDEFG" TO N

  ? ASC(N)

主窗口中显示结果：

  65

(6) ASCII码值转换为字符数据函数

【格式】CHR(<数值表达式>)

【功能】返回数值表达式的值所对应的ANSI字符。

【说明】数值表达式的值必须是一个介于0和255之间的数值。

例3.33 只用一条"?"命令显示下述的两行信息：

  肖红

  你好！你的英语成绩为：A

在命令窗口中的输入和显示结果如图3.22所示。

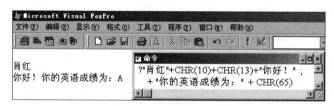

图3.22 CHR函数应用示例

【说明】ASCII码值10和13对应的字符分别为换行符和回车符。

3.3.5 逻辑函数和测试函数

(1) 逻辑函数

【格式】IIF(<逻辑表达式>,<表达式1>,<表达式2>)

【功能】当逻辑表达式的值为".T."时,返回表达式1的值,否则返回表达式2的值。

【说明】

① 逻辑表达式可以是一个逻辑常量、逻辑变量、返回逻辑值的函数、关系表达式及一般的逻辑表达式。

② 表达式1 和表达式2 的类型可以是字符型、数值型、货币型、日期型、日期时间型或逻辑型,它们可以是常量、有值的变量、表达式,甚至可以是函数(这称为函数嵌套)。

例3.34 假设学校根据学生的英语成绩发放奖金,成绩大于 90 分,发奖金 100 元;大于 80 分但小于或等于 90 分,发奖金 50 元;否则无奖金。三位学生的英语成绩分别为:93、86、70,显示他们应得的奖金。

在命令窗口中的操作及显示结果如图 3.23 所示。

图 3.23 IIF 函数应用示例

(2) 测试表达式数据类型函数

【格式1】VARTYPE(<表达式>)

【格式2】TYPE("<表达式>")

【功能】格式1、格式2 功能相同,用来测试表达式的值的数据类型,并返回其类型字符。

【说明】

① 表达式可以是一个变量、数组、字段、备注字段或可返回数据类型的其他表达式。如果表达式是一个数组的名称,则函数返回该数组第一个元素的数据类型。

② VARTYPE 函数与 TYPE 函数类似。但 VARTYPE 函数执行得更快,并且不需要用引号""""将指定表达式括起,而 TYPE 函数指定的表达式必须包含在引号""""之内,否则,系统将显示错误提示信息。

③ VARTYPE、TYPE 函数返回以字符表示的指定表达式的数据类型。表 3.10 列出了 VARTYPE 函数和 TYPE 函数的返回值,以及它们所对应的数据类型。

表 3.10 VARTYPE 函数和 TYPE 函数的返回值及对应的数据类型

返回值	对应的数据类型	返回值	对应的数据类型
C	字符型	L	逻辑型
N	数值型、浮点型、双精度型或整型	G	通用型
Y	货币型	M	备注型
D	日期型	U	未定义或未知的类型
T	日期时间型		

例3.35 分别测试表达式 "2009/2/21" ""2009/2/21"" "{^2009/2/21}" 的数据类型。

在命令窗口中的操作及显示结果如图 3.24 所示。

图 3.24 VARTYPE、TYPE 函数应用示例

(3) 空值测试函数

【格式】EMPTY(<表达式>)

【功能】测试表达式的值是否为空。如果为空,返回".T.";否则返回".F."。

【说明】

① 表达式可以是字符型、数值型、日期型、日期时间型或者逻辑型的常量、变量、字段名等。当出现表 3.11 第 2 列所示的情况时,该函数将返回".T.",即被测表达式为空;否则返回".F."。

表 3.11 各种类型数据为空的情况

数据类型	值为空的表达式
字符	空字符串,或只有空格、回车符等
数值、浮点、整数、货币、双精度	0
日期、日期时间	空日期或空日期时间,如 EMPTY(CTOD(")),EMPTY(CTOT())
逻辑	.F.
备注	空,即没有内容
通用型	空,即没有 OLE 对象

② EMPTY 函数常用来测试表中某个字段里的值是否为空。

(4) 空值(NULL 值)测试函数

VFP 9.0 提供了对 NULL 值的支持,它简化了描绘未知数据的任务,并方便了对可能包含 NULL 值的 Microsoft Access 或 SQL 数据库的使用。例如,在填写学生成绩表时,一位同学因某种原因需要缓考英语,而其英语成绩字段又不允许不填内容,此时就可以使用 NULL 值。使用 NULL 值时应注意:

① NULL 等于没有任何值。

② NULL 不同于零、空串("")或空白。

在命令和函数中,NULL 值用 ".NULL." 表示。利用 ISNULL 函数,即可确定字段、内存变量的内容是否包含一个 NULL 值。

【格式】ISNULL(<表达式>)

【功能】测试表达式的值是否为一个 NULL 值,如果是,返回".T.";否则返回".F."。

(5) 返回当前默认目录函数

【格式】CURDIR()

【功能】返回当前系统默认的目录,返回值类型为字符型。

例 3.36 在主窗口中显示当前系统默认的目录。

在命令窗口中输入:

? CURDIR()

3.3.6 显示信息函数

程序运行过程中，如果希望使用 Windows 提示对话框（也称为信息框）的形式来显示一些相关信息，如提示信息、错误信息等，则可以使用 VFP 9.0 提供的 MESSAGEBOX 函数。

【格式】MESSAGEBOX(<提示文本>[,<对话框类型>][,<标题文本>])

【功能】暂停程序的执行，弹出一个 Windows 提示对话框，等待用户做出选择。该函数返回值为一个数值，表示用户单击了哪个按钮。

【说明】

① Windows 提示对话框的形式如图 3.25 所示，一般由标题文本、提示文本、命令按钮（简称为按钮）、提示图标四部分组成。带深色边框的按钮称为默认按钮。

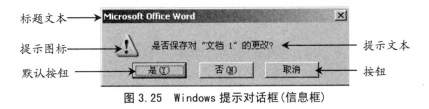

图 3.25 Windows 提示对话框（信息框）

② 提示文本用来指定在对话框中显示的信息，标题文本用来指定对话框标题栏上显示的标题文字。

③ 对话框类型由"按钮类型""提示图标类型"和"默认按钮"三项值组成。既可以用三项值相加的表达式"按钮类型值+提示图标类型值+默认按钮值"表示，如"1+16+0"；也可以用三项值相加的和表示。表 3.12 给出了它们的值及对应的含义。

表 3.12 MESSAGEBOX 对话框类型的值与含义

类 别	类型值	含 义
按钮类型	0	"确定"按钮
	1	"确定""取消"按钮
	2	"放弃""重试""忽略"按钮
	3	"是""否""取消"按钮
	4	"是""否"按钮
	5	"重试""取消"按钮
提示图标	16	"终止"图标
	32	"问号"图标
	48	"感叹号"图标
	64	"信息"图标
默认按钮	0	第 1 个按钮
	256	第 2 个按钮
	512	第 3 个按钮

④ MESSAGEBOX 函数的返回值有 7 种，分别用来表示用户单击了什么按钮。表 3.13 给出了单击各个按钮的返回值。

表 3.13　单击 MESSAGEBOX 函数中不同按钮分别返回的值

返回值	含　义
1	单击了"确定"按钮
2	单击了"取消"按钮
3	单击了"放弃"按钮
4	单击了"重试"按钮
5	单击了"忽略"按钮
6	单击了"是"按钮
7	单击了"否"按钮

例 3.37　在命令窗口中输入命令，使系统能够在主窗口中弹出如图 3.26 所示信息框；如果用户单击"确定"按钮，在主窗口中显示"你单击了'确定'按钮"；否则显示"你单击了'取消'按钮"。

图 3.26　信息框

在命令窗口中输入：

　　X=MESSAGEBOX("请单击某个按钮!", 33, "显示信息函数案例")
　　?IIF(X=1, "你单击了'确定'按钮", "你单击了'取消'按钮")

第一条命令中的 33 也可以用 "1+32" 表示。

VFP 9.0 提供了几百个函数，上面只介绍了进行数据处理时最常用的一些函数，另外一些与数据库操作有关的常用函数放在后面相应的章节中介绍。若读者需要进一步了解其他函数的功能和使用方法，请查看 VFP 9.0 系统提供的帮助。

3.4　习　　题

一、单项选择题

1. 下列四个函数中，函数值为数值型的是_____。
　　A. LEFT("ABCD",2)　　　　　　B. AT("人民","中华人民共和国")
　　C. CTOD("10/01/99")　　　　　D. SUBSTR(DTOC(DATE()), 7)

2. 关于内存变量和字段变量，下面叙述中错误的是_____。
　　A. 内存变量和字段变量统称为变量
　　B. 当内存变量和字段变量的名称相同时，系统优先引用字段变量
　　C. 当内存变量和字段变量的名称相同时，系统优先引用内存变量

D. 当内存变量和字段变量的名称相同时，如果要使用内存变量，可以对内存变量名加前缀"M."

3. 下面的VFP 9.0 表达式中，运算结果为".T."的是_____。
   A. EMPTY(.NULL.)　　　　　　B. LIKE("acd","ac")
   C. AT("a","123abc")　　　　　D. EMPTY(SPACE(2))

4. 逻辑运算符从高到低运算优先级是_____。
   A. NOT、OR、AND　　　　　　B. NOT、AND、OR
   C. AND、NOT、OR　　　　　　D. OR、NOT、AND

5. 设 N=886，M=345，K="M+N"，则表达式"1+&K"的值是_____。
   A. 1232　　　　B. 346　　　　C. 数据类型不匹配　　　D. 1+M+N

6. 假定 X 为 N 型变量，Y 为 C 型变量，则下列选项中符合VFP 9.0 语法要求的是_____。
   A. NOT X>=Y　　　　　　　　B. Y*2>10
   C. X.001　　　　　　　　　　D. STR(X)-Y

7. 下列函数中，返回值为数值型的是_____。
   A. DTOC({^2006-11-26},1)　　B. STR(123.456,6)
   C. AT("人","中华人民共和国")　D. UPPER("upper")

8. 如果想从字符串"菏泽市"中取出汉字"泽"，应该使用函数_____。
   A. SUBSTR("菏泽市",2,2)　　　B. SUBSTR("菏泽市",2,1)
   C. SUBSTR("菏泽市",3,1)　　　D. SUBSTR("菏泽市",3,2)

9. 若变量 X = "中国建设银行"，则函数 STUFF(X, 5, 4, "农业")的返回值为_____。
   A. "中国建设银行"　　　　　　B. "中国农业银行"
   C. "中国农业"　　　　　　　　D. "中国建设"

10. 下面 4 个关于日期或日期时间的表达式中，错误的是_____。
    A. {^2002.09.01 11:10:10 AM}-{^2001.09.01 11:10:10 AM}
    B. {^01/01/2002}+20
    C. {^2002.02.01}+{^2001.02.01}
    D. {^2002/02/01}-{^2001/02/01}

11. 在下列函数中，函数值为数值的是_____。
    A. YEAR(DATE())　　　　　　B. "AM" $ "I AM A STUDENT"
    C. STR(12.6)　　　　　　　　D. CHR(65)

12. 以下对变量赋值的命令中，正确的是_____。
    A. STORE 5 TO A, B, C　　　　B. A=B=C=5
    C. STORE 5,10,15 TO A, B, C　 D. A=5:B=10:C=15

13. 以下关于VFP 9.0 的数组的叙述中，错误的是_____。
    A. 在VFP 9.0 中使用 DIMENSION 命令定义数组
    B. VFP 9.0 中数组的下标下界默认从 1 开始
    C. 一个数组中各个数组元素不允许是不同的数据类型
    D. 定义数组后各个数组元素默认的初值为".F."

二、填空题

1. MOD(12,-9)的返回值是_____；""World" $ "World Wide Web""的结果是_____。
2. INT(4.9)的返回值是_____；"3+3>=6 AND "CARD">"CARE""的结果是_____。
3. 字符型常量的定界符包括_____、_____、_____。
4. ROUND(337.2007, 3)的返回值是_____，LEN("THIS IS MY BOOK")的返回值是_____，IIF(LEN("3")=3, 1, -1)的返回值是_____。
5. 在VFP 9.0中定义数组后，数组的每个元素在未赋值之前的默认值是_____。

三、简答题

1. VFP 9.0支持哪些数据类型？其中哪些可用于定义内存变量？
2. VFP 9.0的常量有哪几类？
3. VFP 9.0的变量有哪几类？内存变量的命名规则是什么？
4. 算术、字符、日期运算符中，"+"、"-"运算的含义各是什么？举例说明。
5. 下列各项中，哪些是合法的常量？如果合法，是什么类型的常量？
   -123、"2002-3-5"、{2002-3-5}、[123]、(123)、{ 123 }、.123.、3+6、.T.、"X-Y"
6. 写出符合下列要求的关系或逻辑表达式。
   ① 年龄(age)小于15，并且身高(h)不低于1.8米。
   ② 数值N同时能被3和5整除。
   ③ 40岁以下的教授或35岁以下的副教授。年龄用age表示，职称用zhch表示。
   ④ 出生日期(用birthday表示，日期型)介于1969年1月1日和1972年12月31日之间的教授(职称用zhch表示)。
   ⑤ 生日(用birthday表示，日期型)在3月份，性别(用sex表示，逻辑型，男性为".T."）为女。
7. 写出下列函数的运行结果。
   ① LEN(SUBSTR(SPACE(5), 2, 3))
   ② INT(-123.456)
   ③ AT("Window", "Microsoft Windows")
   ④ AT("中国", "中华人民共和国")
   ⑤ SUBSTR("abcde", 2, 3) $ "abcde"

第4章 关系数据库的基本操作

数据库是数据库应用系统的核心，设计数据库是开发数据库应用系统要解决的关键问题之一。在 VFP 中，数据库是包含表、视图等对象的容器，它可以用来组织包含数据信息的多个表，并允许在相互有联系的表之间建立永久关系。

4.1 数据库的创建

在关系数据库中，为了减少数据冗余，常常将一个复杂问题的数据分解为多个表，而这些表与表之间往往存在着这样或那样的关系(也称为联系)。将这些表组织成数据库，就能够完成更复杂的操作，更方便地实现数据库应用系统的功能。

创建数据库时，将创建扩展名为 DBC 的数据库文件，同时还会自动创建扩展名为 DCT 的数据库备份文件和扩展名为 DCX 的数据库索引文件。这三个文件供 VFP 数据库管理系统管理数据库使用，用户一般不直接操作这些文件。

4.1.1 设计数据库

数据库应用系统与其他计算机应用系统相比，一般都具有数据量庞大、数据保存时间长、数据关系比较复杂、用户要求多样化等特点。只有正确掌握了设计数据库的过程与步骤，才能设计出结构合理的数据库，从而提高开发数据库应用系统的效率。

设计数据库的一般步骤如下。

(1) 需求分析

明确建立数据库的目的，确定数据库应保存的信息，包括：信息需求，即用户要从数据库获得什么信息；处理需求，即确定对数据要完成什么处理功能和确定处理的方式；安全性和完整性要求，即在满足上述需求的同时必须确定安全性、完整性约束。

(2) 确定需要的表

仔细研究需要从数据库中获取的信息，遵从一个表描述一个实体或一种实体间联系的原则，把需求的信息划分成若干个独立的实体，对应每个实体建立一个表。

(3) 确定所需字段

确定在每个表中要保存哪些字段。原则是通过处理和显示这些字段，能得到所有需求的信息。确定字段时要注意以下 5 点。

① 每个字段都直接和表对应的实体相关。一个表中的每个字段都用来直接描述该表所对应的实体。如果多个表中有重复的信息，应删除不必要的字段。

② 以最小的逻辑单位存储信息。表中的字段必须是基本数据元素，而不是多项数据的组合体。

③ 表中的字段必须是原始数据。不要把计算结果存储在表中，例如在"学生"表中如果有了"出生日期"字段，"年龄"就不要作为字段放在表里，需要时可通过计算得到。

④ 确定主关键字。为了避免数据重复，每个表里的各条记录都应该不完全相同，这就要求每个表都有一个或一组字段可以用来唯一确定存储在表中的每条记录，它们称为主关键字。另外，为了使关系型数据库管理系统能够查找存储在多个相互间有联系的表中的数据并组合这些信息，也需要利用主关键字关联多个表。

⑤ 确定联系。确定联系的目的是使数据库中的表结构更合理，不仅能存储所需要的实体信息和反映出实体之间客观存在的联系，还能保证参照完整性。

4.1.2 建立数据库

(1) 使用项目管理器建立数据库

例 4.1 在"学生管理系统"项目中创建"学生管理"数据库。

① 打开"学生管理系统"项目的"项目管理器"窗口，选中"数据"选项卡中的**数据库**选项，单击 **新建(N)..** 按钮后，打开"新建数据库"对话框，如图 4.1 所示。

② 单击"新建数据库"对话框中的"新建数据库"按钮，打开"创建"对话框，假设要在"D:\04"文件夹中创建"学生管理"数据库，则输入内容如图 4.2 所示。

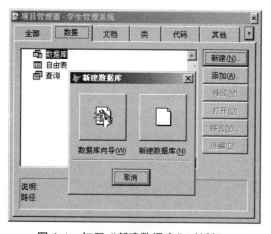

图 4.1 打开"新建数据库"对话框

图 4.2 "创建"对话框

③ 单击 **保存(S)** 按钮后，弹出"数据库设计器"窗口，如图 4.3 所示。

由于新创建的数据库里面还没有内容，所以"数据库设计器"窗口是空的。与此同时将显示数据库设计器工具栏(如果未显示，可执行"显示"→"工具栏"菜单命令调出)。

图 4.3 "数据库设计器"窗口和数据库设计器工具栏

【说明】如果单击图 4.1 中的"数据库向导"按钮,则会出现如图 4.4 所示的"数据库向导"对话框,指导用户一步步创建数据库。这里不详细叙述这种创建过程。

图 4.4 "数据库向导"对话框

作为练习,请在"学生管理系统"项目中建立一个"教师管理"数据库。

(2) 使用"新建"对话框建立数据库

执行"文件"→"新建"菜单命令,在弹出的"新建"对话框里选中"数据库"单选项,如图 4.5 所示。其后的操作与使用项目管理器新建数据库的步骤相似。

(3) 使用命令方式建立数据库

可以通过在命令窗口中输入和执行命令创建数据库。

【格式】CREATE DATABASE [<数据库文件名>|?]

【功能】创建一个数据库文件。

【说明】

① 命令中若未指定"数据库文件名",或使用了可选项"?",将打开"创建"对话框,要求输入一个数据库文件名,并确定保存位置。

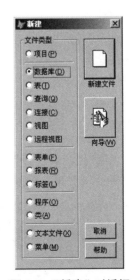

图 4.5 "新建"对话框

② 利用命令建立了数据库后，数据库文件自动处于打开状态，但是不会自动打开"数据库设计器"窗口。

【注意】使用以上三种方法建立一个新数据库时，如果在指定的位置中已经存在指定名称的数据库，该数据库可能被覆盖掉。如果系统环境参数 SAFETY 被设置为 OFF 状态，会直接覆盖，否则会出现对话框请用户确认。

实际输入命令时，可能因为命令行太长需要换行输入，这时除了最后一行之外，其余各行的行尾要使用续行符";"。本章为使命令格式的表述显得更清晰，在格式表述中一律省略续行符。

4.1.3 打开和关闭数据库

在数据库中建立表或使用数据库中的表时，都必须先打开数据库。

（1）使用项目管理器打开数据库

在"项目管理器"窗口中选中相应的数据库，单击 修改(M) 按钮即可打开数据库。

（2）使用"打开"对话框打开数据库

执行"文件"→"打开"菜单命令，出现"打开"对话框。在"文件类型"下拉列表框中选择"数据库(*.DBC)"，选中要打开的数据库后单击 确定 按钮。

（3）使用命令打开数据库

【格式】OPEN DATABASE ［<数据库文件名>|?］［EXCLUSIVE|SHARED］

【功能】打开一个数据库文件。

【说明】

① "数据库文件名"可省略，文件扩展名为 DBC。如不指定数据文件库文件名或使用问号"?"，系统会显示"打开"对话框，让用户选择数据库文件。

② 使用 EXCLUSIVE 选项将以独占方式打开数据库，即不允许其他用户在同一时刻也使用此数据库，与使用"打开"对话框时选中"独占打开"复选框等效。

③ 使用 SHARED 选项将以共享方式打开数据库，即允许其他用户在同一时刻也使用此数据库。默认打开方式由"SET EXCLUSIVE ON|OFF"设置确定，系统默认状态为 ON，即不允许共享打开。

【注意】

① 打开数据库后，包含在数据库中的所有表都可以使用，但这些表不会自动打开。

② VFP 在同一时刻可以打开多个数据库，但在同一时刻只有一个当前数据库。指定当前数据库的命令是：

SET DATABASE TO ［<数据库文件名>］

可以通过常用工具栏的数据库下拉列表指定当前数据库。假设当前打开了"学生管理"和"教师管理"两个数据库，可以通过下拉列表指定当前库为"学生管理"，如图 4.6 所示。

图 4.6　指定当前数据库

(4) 关闭数据库

针对数据库的所有操作结束后，应关闭数据库。关闭数据库的命令如下。

【格式1】CLOSE DATABASE

【功能】关闭当前的数据库文件及其包含的表文件，若没有打开的数据库，则关闭所有的自由表(不属于任何数据库的表)。

【格式2】CLOSE ALL

【功能】关闭所有打开的项目、数据库文件表及其他各种类型的文件。

4.1.4 修改数据库

VFP 在建立数据库时建立了扩展名分别为 DBC、DCT 和 DCX 的三个文件，用户不能直接对这些文件进行修改，但是可以在"数据库设计器"窗口中完成各种数据库中对象的建立、修改和删除等操作。可以用三种方法打开"数据库设计器"窗口，除了前面介绍的用项目管理器或用"打开"对话框打开外，还可以使用命令方式打开。

【格式】MODIFY DATABASE [<数据库文件名>|?]

【功能】打开指定的数据库的"数据库设计器"窗口。

【说明】数据库文件名用来指定要修改的数据库名。如果省略数据库文件名或用"?"代替数据库文件名，系统会显示"打开"对话框，让用户选择数据库。

4.1.5 删除数据库

在项目的开发过程中，如果一个数据库不再使用了，可以随时删除它。

(1) 使用项目管理器删除数据库

在"项目管理器"窗口中选择要删除的数据库，然后单击 移去(r) 按钮，这时会出现如图 4.7 所示的对话框。

单击 移去(r) 按钮，从项目中移去数据库，但并不从磁盘上删除相应的数据库文件。

单击 删除(d) 按钮，从项目中删除数据库，同时从磁盘上删除相应的数据库文件。

单击 取消 按钮，取消当前操作。

图 4.7 移去或删除数据库的对话框

【注意】以上所说的数据库文件是指扩展名为 DBC 的文件及主名相同、扩展名为 DCT 和 DCX 的文件。

VFP 的数据库文件中只保存了表或其他数据对象相关的信息条目，数据库中的表对象独立存放在磁盘上，所以上述操作中，不管是"移去"还是"删除"，都没有删除数据库中包含的表对象。

(2) 用命令方式删除数据库

【格式】DELETE DATABASE [<数据库文件名>|?][DELETETABLES][RECYCLE]

【功能】删除数据库文件。

【说明】

① 要删除的数据库必须处于关闭状态。

② 使用 DELETETABLES 选项，将在删除数据库文件的同时从磁盘上删除该数据库所含的表（扩展名为 DBF）文件。

③ 使用 RECYCLE 选项，将把被删除的数据库文件和表文件等放入 Windows 回收站中，如果需要的话，还可以还原它们。

【注意】如果"SET　SAFETY"被设置为 ON 状态，则 VFP 会提示用户确认是否要删除数据库，否则不出现提示，直接进行删除。

4.2 表的建立

4.1 节介绍了数据库的概念及基本操作，还没有真正与表打交道，一个数据库在含有表之前没有实际用途。

（1）表的存在方式

VFP 由 dBASE、FoxBASE、FoxPro 等数据库产品发展而来。在 FoxPro 2.X 及更早的版本中直接建立、管理和使用的是扩展名为 DBF 的表文件，那时所说的数据库文件就是表文件，各个表文件之间彼此独立，直到发展到 VFP 3.0 版本时才引入了现在的数据库的概念，把多个表文件组织到一起，形成一个完整的数据库进行管理。尽管如此，单个的表文件在 VFP 9.0 系统中仍可独立使用。因此，按照表的存在形式，VFP 系统中的表可分为自由表和数据库表。关于这两种表，在本章的 4.8 节还要详细介绍。

（2）表名的定义

VFP 系统中无论是数据库表文件还是自由表文件，扩展名均为 DBF，而其主名则由创建表的用户指定，命名规则与 Windows 操作系统中给文件命名的一般规定相同。但由于在 VFP 中 A、B、C……J 十个字母和 W11、W12、W13……W32767 有特定的意义，所以不能用它们作为表名，否则会引起错误。

4.2.1 设计表结构

一个表由表结构和数据记录组成，因此建立一个表要分成两步进行：设计、创建表结构和输入数据记录。

所谓表结构是指表中包含哪些字段和每一个字段的字段名、字段类型、字段宽度、小数位数、是否允许保存 NULL（空）值等。

（1）字段名

字段名用来标识字段，数据处理中通过字段名来访问字段。字段名以汉字或字母开头，后面跟若干个字母、汉字、数字或下画线，但不允许包含空格；定义字段名时，最好让它能反映字段所存放的数据内容，即尽量遵循"见名知意"的原则。

另外，系统规定自由表中的字段名长度不能超过 10 个字符，数据库表中的字段名长度不能超过 128 个字符。

(2) 字段类型

在表中各条记录同一个字段的数据类型必须相同，应根据保存的数据进行设置。

(3) 字段宽度

字段宽度是指以字节为单位的列宽。字段宽度的设置以保证能存放所有记录相应字段值的最大宽度为原则，没有必要设置得过宽，否则将占用过多的存储空间。另外，VFP 对表中有些类型的字段规定了默认的字段宽度。例如，日期型、逻辑型和备注型字段的宽度分别为 8、1 和 4。

(4) 小数位数

只有数值型和浮点型字段有小数位数，其取值范围为 0～15。

(5) NULL 值

指定字段是否允许保存 NULL（空）值。请注意，NULL 值与空字符串或 0 是不同的，NULL 不对应任何一种数据类型，当一个字段的值被设置为 NULL 时，其数据类型并不发生改变。

例如，若在 VFP 中建立如表 4.1 所示的 STUDENT 表，则设计的表结构如表 4.2 所示。

表 4.1 STUDENT 表的记录

学号	姓名	性别	籍贯	出生日期	专业	党员否	入学成绩	简历	照片
40501002	赵子博	男	山东	1989-2-3	计算机应用	T	532	memo	gen
40402002	钱丑学	男	山西	1988-7-5	工商管理	T	498	memo	gen
40402003	孙寅笃	男	河南	1988-4-6	工商管理	F	543	memo	gen
40501003	李卯志	女	山东	1989-9-7	计算机应用	T	568	memo	gen
41501001	周辰明	男	湖南	1988-10-4	日语	F	531	memo	gen
41501002	吴巳德	女	湖南	1989-7-7	日语	F	524	memo	gen
40402001	郑戊求	男	山西	1988-3-3	工商管理	T	498	memo	gen
42501002	王未真	男	黑龙江	1988-5-9	应用物理	T	510	memo	gen
40402004	冯申守	女	云南	1989-7-9	工商管理	F	526	memo	gen
42501001	陈酉正	女	江苏	1990-8-7	应用物理	F	538	memo	gen
41501003	诸戌出	男	湖北	1990-5-20	日语	F	546	memo	gen
40501001	魏亥奇	男	山东	1990-8-25	计算机应用	T	511	memo	gen

表 4.2 STUDENT 表的结构

字段名	字段类型	字段宽度	小数位数
学号	字符型(C)	8	
姓名	字符型(C)	8	
性别	字符型(C)	2	
籍贯	字符型(C)	16	
出生日期	日期型(D)	8	
专业	字符型(C)	10	

(续表)

字段名	字段类型	字段宽度	小数位数
党员否	逻辑型(L)	1	
入学成绩	数值型(N)	5	1
简历	备注型(M)	4	
照片	通用型(G)	4	

4.2.2 创建表

在 VFP 中，一个表对应一个扩展名为 DBF 的文件，如果表中有备注型或通用型字段，还会对应一个扩展名为 FPT 的文件。

(1) 使用表设计器创建表

例 4.2 在"学生管理"数据库中，创建 STUDENT 表。

① 在"学生管理系统"项目的"项目管理器"窗口中选择"数据库"→"学生管理"→"表"选项，单击 新建(N) 按钮，弹出"新建表"对话框，如图 4.8 所示，单击"新建表"按钮，出现"创建"对话框。也可以执行"文件"→"新建"菜单命令或单击常用工具栏的"新建"按钮，弹出如图 4.5 所示的"新建"对话框，选择其中的"表"单选项，单击"新建文件"按钮，同样能出现"创建"对话框。

② 在"创建"对话框中，输入表名 STUDENT 和设置保存表文件的位置，然后单击 保存(S) 按钮，弹出"表设计器"对话框，如图 4.9 所示。

图 4.8 "新建表"对话框

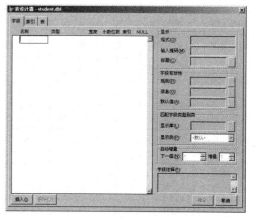

图 4.9 "表设计器"对话框

③ 设置字段，操作过程如下。

单击图 4.9 中"名称"列下的空白文本框，输入第一个字段的字段名。

通过按 Tab 键或单击操作，把插入点光标移到"类型"列，定义字段类型。这时"类型"框中会出现一个默认的类型："字符型"。可以直接按 ↑ 或 ↓ 方向键设置类型；也可以单击"类型"框右面的下拉箭头 ▼，打开下拉列表选择字段的类型。

通过按 Tab 键或单击操作，把插入点光标移到"宽度"列，定义宽度。可以直接从键盘输入宽度值，也可以使用"宽度"框右面的微调按钮，调节宽度。

如果字段类型为数值型，通过按 Tab 键或单击操作，把插入点光标移到"小数位数"列，在这里设置小数的位数。

通过按 Tab 键或单击操作,把插入点光标移到"索引"列,可以选择一种"索引"排序方案(有关索引的概念在后面详细介绍)。

通过按 Tab 键或单击操作,把插入点光标移到 NULL 列,如果字段可以保存空值,则单击该处的 ,使其中出现"√"符号。

本例中根据表 4.2 建立表的结构,结果如图 4.10 所示。

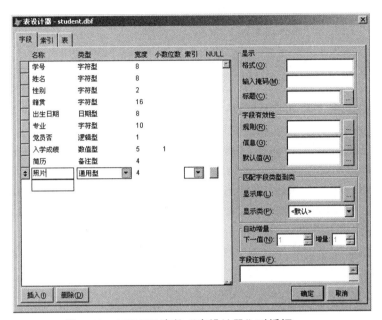

图 4.10　STUDENT 表的"表设计器"对话框

④ 设置字段的显示属性。

"表设计器"对话框的"字段"选项卡右侧有"显示""字段有效性""匹配字段类型到类""自动增量"和"字段注释"5 个区域,如图 4.10 所示,它们用来设置数据库表字段的属性。

"显示"区域用来设置字段的显示属性,有格式、输入掩码、标题三项。

❖"格式"框用来设置格式码,以确定字段在"浏览"窗口、表单中显示时采用的格式,常用的格式码如表 4.3 所示。

表 4.3　常用的格式码

格式码字符	功　　能
A	表示只允许输出文字字符(禁止数字、空格和标点符号)
D	使用当前系统设置的日期格式
L	在数值前显示前导 0,而不是空格字符
T	禁止输入字段的前导空格字符和结尾空格字符
!	把输入的小写字母转换为大写字母

例如把某字段的格式码设置为"A!",表示只允许输出文字字符(禁止数字、空格和标点符号)并且把字段中的小写字母转换为大写字母显示。

❖ "输入掩码"框用来设置输入掩码,以设置字段输入值的格式。使用输入掩码可屏蔽非法输入,减少人为的数据输入错误,提高输入效率,保证输入的数据格式统一有效,常用的输入掩码如表 4.4 所示。

表 4.4 常用的输入掩码

掩码字符	功　　能
X	允许输入任何字符
9	允许输入数字和正负符号
#	允许输入数字、空格和正负符号
*	在值的左侧显示星号
$	在固定位置上显示当前货币符号

输入掩码必须按位指定,例如可以把"入学成绩"字段的输入掩码设置为"999.9",表示该字段只能输入数字,且只能接受 3 位整数和 1 位小数的数值输入。

❖ "标题"框用来设置在表的"浏览"窗口(参见图 4.16)中显示数据时,字段列标题显示的内容。若用户不设置标题,则"浏览"窗口中的字段标题显示为字段名,例如假设用 XM 作为字段名表示"姓名"字段,"浏览"窗口中的字段标题将显示为"XM",这样不直观。如果在"标题"框中输入"姓名",则"浏览"窗口中相应字段的标题将显示为"姓名"。

⑤ 设置字段的有效性属性。

在具体讲述怎样设置字段有效性属性前,先介绍有效性规则的一般概念。

有效性规则是一个与字段或记录相关的关系或逻辑表达式,提供对数据是否有效的检查规则,用来对输入的数据加以约束。根据激活方式的不同,有效性规则分为两种:字段级有效性规则和记录级有效性规则。

在"字段有效性"区域中可以设置字段级有效性规则,它用来对字段进行约束,即用规则对所输入的值进行检验,确定该字段中输入的数据是否有效。若输入的数据不满足规则要求,则视为无效,并拒绝接受。

❖ "规则"框用来设置有效性规则表达式。

❖ "信息"框用来设置违背上述规则时显示的提示信息。

❖ "默认值"框用来设置某一字段数据的默认值。输入记录时,经常会遇到有多条记录的某个字段值相同的情况,设置默认值可以提高输入的速度和准确性,在向表输入数据时,除非输入新值,否则将保存默认值。

例如可以把"性别"字段的有效性规则设置为"性别="男" OR 性别="女"",在"信息"框中输入""只能输入男或女"",把默认值设置为""男"",如图 4.11 所示。

在用户给该字段输入数据时,若违反了规则,将弹出一个提示信息对话框,如图 4.12 所示。此时,用户只要单击 还原R 按钮,即可恢复原有的数据。

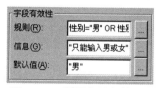

图 4.11 设置字段有效性

图 4.12 提示信息对话框

⑥ 设置记录的有效性属性。

在"表设计器"对话框的"表"选项卡，可以设置记录级的有效性规则，用来对一条记录进行约束，当插入或修改记录时该规则被激活，用来检验数据记录输入的有效性。只有在整条记录输完后，才开始按记录级有效性规则检查数据的有效性，对所输入的值按定义的规则进行检验，若不满足规则要求，则拒绝接受。

记录级的有效性规则通常用来检验同一记录中两个或多个字段的值，看它们组合在一起是否有效。

❖ "规则"框用来设置有效性规则表达式。
❖ "信息"框用来设置违背上述规则时显示的提示信息。

例如要保证表中的学生均为1986年后出生且入学成绩最低为490分，可以设置有效性规则为"出生日期>={^1986/01/01} AND 入学成绩>=490"，如果不满足规则，让系统提示"记录无效"出错信息，如图4.13所示。

⑦ 设置触发器属性。

在输入数据后，有时要进行修改、删除等操作。为了杜绝对已存在记录的非法操作，可以在"表"选项卡的"触发器"区域中进行有关设置。

如图4.14所示，"插入触发器"框中的设置表示对表执行插入记录操作时，系统将检查插入的记录是不是男生记录，若满足条件，则允许插入，否则不能执行插入操作；"更新触发器"框中的设置表示只允许更新籍贯为"山西"的学生的记录；"删除触发器"框中的设置表示只允许删除专业为"计算机应用"的学生的记录。

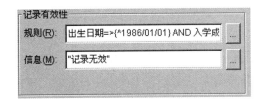

图4.13 设置记录有效性

图4.14 设置触发器

设计完表结构后，可以单击"表设计器"对话框中的 确定 按钮，关闭"表设计器"对话框，这样就可以建立一个只有结构而没有数据的空表。

【注意】
❖ 上述步骤④到步骤⑦设置的都是数据库表的属性，对自由表不能设置这些属性。如果没有必要，从步骤④到步骤⑦的数据库表属性的设置可以省略。
❖ 若从数据库中移去或删除了某个表，则该表从步骤④到步骤⑦建立的属性都将消失。

(2) 使用表向导创建表

表向导是VFP提供的众多向导中的一个向导。单击如图4.8中所示的"表向导"按钮，就会弹出如图4.15所示的"表向导"对话框，使用它可以依据系统给出的一些"示例表"(也称为模板)或者用户已定义过的表(需添加到示例表中)，建立新表的结构。这样用户可以不用逐个字段重新定义，只要对选取的示例表的结构适当进行修改，就可以建立一个新表的结构，使用"表向导"创建新表的过程比较简单，这里不再详细介绍。

(3) 使用命令创建数据库表

步骤如下。

① 使用 OPEN DATABASE 命令打开数据库

② 使用 CREAT 命令建立表

【格式】CREATE ＜表文件名＞

【功能】打开"表设计器"窗口，建立一个新表的结构。

【注意】

① 不经过步骤①,直接用步骤②也可建立新表，不过这样建立的是自由表而非数据库表。

② 新建立的表处于打开状态,这时

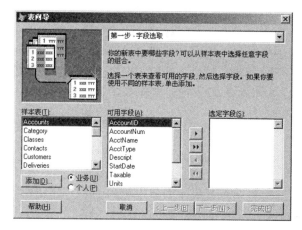

图 4.15 "表向导"对话框

可以直接进行输入或修改记录的操作。若以后再进行输入或修改记录的操作，则要先用打开表命令打开表。

4.2.3 向表中输入数据记录

建立表结构后，就可以向表中输入记录了，操作步骤如下。

① 在"项目管理器"窗口选中要操作的表(例如 STUDENT 表)，单击 浏览(B) 按钮，或执行"显示"→"浏览"菜单命令，都将弹出表的"浏览"窗口。

② 执行"显示"→"追加方式"菜单命令或"表"→"追加新记录"菜单命令，则"浏览"窗口中自动添加一条空白记录，等待输入记录数据，如图 4.16 所示。

图 4.16 表的"浏览"窗口

【说明】执行"显示"→"追加方式"菜单命令和执行"表"→"追加新记录"菜单命令的区别是：前者可连续追加多条记录，每条记录输入完后，自动出现新记录的输入行；后者每输入一条记录后，若要继续输入一条记录，需再次执行"表"→"追加新记录"菜单命令或按 Ctrl+Y 键。

操作②结束后，如果执行"显示"→"编辑"菜单命令，则切换到如图 4.17 所示的表的"编辑"窗口进行数据输入。

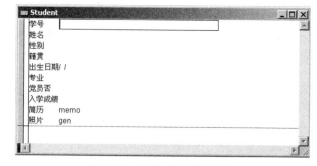

图 4.17 表的"编辑"窗口

输入记录数据的过程中,应注意以下几点:

① 输入备注型和通用型字段的内容时,可以双击字段中显示的"memo"和"gen",或把插入点光标移到"memo"和"gen"上以后,按 Ctrl+Page Up (或 Ctrl+Page Down)键,打开如图4.18所示的输入窗口输入内容,输完后,单击输入窗口的关闭按钮,或按 Ctrl+W 键即可保存输入的内容(若按 Ctrl+Q 键则不保存输入的内容),返回到数据记录输入窗口。输入内容后,"memo"和"gen"分别变为"Memo"和"Gen"。

② 备注型字段的内容可直接输入;对通用型字段,一般采用插入对象的方法来输入数据。打开通用型字段的输入窗口后,执行"编辑"→"插入对象"菜单命令,打开如图4.19所示的"插入对象"对话框,选择或创建插入到字段中的对象后,按 Ctrl+W 键保存插入的对象。

图4.18 备注型字段输入窗口

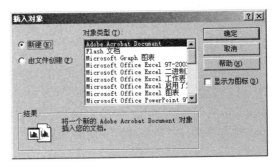

图4.19 "插入对象"对话框

③ 如果需要在一个字段上输入空值 NULL,则按 Ctrl+0 组合键。

④ 输入数据过程中,可随时移动插入点光标,对输入的错误进行修改。

所有数据记录输完后,要关闭输入窗口,保证将记录保存到磁盘上。

【注意】

① 备注型字段和通用型字段的内容都被保存在一个与表文件主名同名,但扩展名为 FPT 的文件中。

② 输入数据记录时,系统根据输入顺序,自动为每条记录赋一个称为记录号的顺序号。例如,表中第 1 条记录的记录号为 1,第 2 条记录的记录号为 2……

为学习下面的内容,请按表 4.1 所示完成 STUDENT 表中记录的输入和完成本章习题中第三题的第 1、2、3 小题。

4.3 表的打开、关闭、显示与维护

对表进行操作前,首先应打开表;操作结束,应及时关闭表,以保证有关数据能及时保存到表中。

4.3.1 表的打开和关闭

(1) 用菜单操作打开表

① 执行"文件"→"打开"菜单命令,弹出"打开"对话框,如图 4.20 所示。

② 使用"打开"对话框中的"查找范围"下拉列表，选择需要打开的表文件所在的文件夹；在"文件类型"列表中选择"表(*.dbf)"，对话框中间的框中会出现当前文件夹中所有表文件名的列表。选中要打开的表文件后单击 确定 按钮，即可打开表。

【注意】在"打开"对话框中有"以只读方式打开"和"独占打开"两个复选框。如果选中"以只读方式打开"，则不允许对表进行修改；如果选中"独占打开"，则不允许其他用户在同一时刻也使用该表。

图 4.20 "打开"对话框

(2) 用命令操作打开表

【格式】USE〈表文件名〉[NOUPDATE] [EXCLUSIVE|SHARED]

【功能】打开指定的表文件。

【说明】使用 NOUPDATE 选项，指定以只读方式打开表；使用 EXCLUSIVE 选项，指定以独占方式打开表；使用 SHARED 选项，指定以共享方式打开表。

例 4.3 用命令方式打开当前目录下的 STUDENT 表。

在命令窗口中输入：

　　USE STUDENT

【说明】为简化叙述，以后类似的例题中将直接列出命令，不再注明"在命令窗口中输入："。

(3) 用菜单操作关闭表

执行"窗口"→"数据工作期"菜单命令，弹出"数据工作期"窗口，在该窗口中选择要关闭的表，然后单击 关闭(C) 按钮。

(4) 用命令操作关闭表

【格式】USE

【功能】关闭当前工作区中打开的表(有关工作区的内容在后面详细介绍)。

4.3.2 表的显示

(1) 显示表结构命令

【格式】LIST|DISPLAY STRUCTURE [TO PRINTER [PROMPT]|TO FILE〈文件名〉]

【功能】在主窗口中显示当前表的结构。

【说明】

① 执行命令前应先打开表，否则系统将显示"打开"对话框，让用户选择要打开的表。

② LIST 和 DISPLAY 两个命令中可以任选一个。若表中的记录较多，一屏显示不下，使用 LIST 命令将连续显示，直到显示完为止；使用 DISPLAY 命令则采用分屏方式显示，即显示满一屏内容后暂停，按任意键或单击主窗口继续显示后面的内容。

③ 若选择"TO PRINTER"子句，则一边显示一边打印。若包含 PROMPT 选项，则在

打印前显示一个对话框，用来设置打印机。

④ 若选择“TO FILE 〈文件名〉”子句，则在显示的同时将表结构输出到指定的文本文件中。

例 4.4 使用命令显示 STUDENT 表的结构。

```
USE STUDENT
LIST STRUCTURE
```

执行这两条命令后，系统主窗口中显示的表结构如图 4.21 所示。

```
表结构:              D:\04\STUDENT.DBF
数据记录数:          12
最近更新的时间:      03/23/09
备注文件块大小:      64
代码页:              936
  字段  字段名      类型      宽度  小数位  索引  排序    Nulls
     1  学号        字符型       8                         否
     2  姓名        字符型       8                         否
     3  性别        字符型       2                         否
     4  籍贯        字符型      16                         否
     5  出生日期    日期型       8                         否
     6  专业        字符型      10                         否
     7  党员否      逻辑型       1                         否
     8  入学成绩    数值型       5       1                 否
     9  简历        备注型       4                         否
    10  照片        通用型       4                         否
** 总计 **                      67
```

图 4.21　STUDENT 表的结构

从显示的信息中可以看出，字段宽度的总计数比各字段宽度之和多 1，这是因为系统保留了一个字节用来存放逻辑删除标记。

(2) VFP 9.0 命令中常用的子句

利用 VFP 的 LIST 或 DISPLAY 命令，可以在主窗口中以列表的方法显示表的记录。当在一行中输不完一条命令时，可以在行尾输入续行符“;”，然后在下一行继续输入命令中其余的部分。在讲述用命令方式对表记录进行操作前，先介绍 VFP 命令中常用的一些子句(也称为短语)。

①“[FIELDS] 〈表达式表〉”子句。

表达式表可以包含一个或多个表达式，各表达式可以是常量、变量、字段名或由它们组成的表达式，如果有多个表达式，各表达式之间要用逗号“,”隔开。本子句用来指定对表中字段的操作范围，完成关系的投影运算。缺省本子句为所有字段。引导词 FIELDS 可以省略。

②“范围”子句。

用来限定命令对表记录的作用范围，范围的取值有四种：

ALL——表示对表中的所有记录进行操作。

NEXT 〈n〉——表示对包含当前记录在内的以下 n 条记录进行操作。

RECORD 〈n〉——表示对第 n 条记录进行操作。

REST——表示对从当前记录开始到文件尾的所有记录进行操作。

③“FOR 〈表达式〉”子句或“WHILE 〈表达式〉”子句。

上述子句中的“表达式”可以是逻辑常量、关系表达式、逻辑表达式，用来表示记录中数据应满足的条件。本子句与“范围”子句一起，用来设置对某些范围内满足条件的记录进行操作，实现关系的选择运算。其中：

"FOR〈表达式〉"子句表示对指定范围内所有满足条件的记录进行操作。缺省"范围"子句时，默认范围是 ALL。

"WHILE〈表达式〉"子句从指定范围内第一条记录开始检查，满足条件就进行操作，当遇到第一个不满足条件的记录就停止操作。缺省"范围"子句时，默认为 REST。

注意：如果同时使用 FOR 和 WHILE 子句，后者优于前者。

④ TO 子句。

VFP 9.0 的一般输出去向是标准的输出设备，即显示器，使用本子句可以改变输出去向。
TO PRINTER——输出到打印机。
TO FILE〈文件名.txt〉——输出到文本文件。
TO ARRAY〈数组名〉——输出到数组。

(3) 显示表记录命令

【格式】LIST|DISPLAY [[FIELDS]〈字段名表〉][〈范围〉][FOR〈表达式〉] [OFF] [TO PRINTER]

【功能】显示当前打开的表的记录。

【说明】

① "[FIELDS]〈字段名表〉"子句指定要显示的字段，各字段名之间用逗号分隔。若缺省本子句，则显示表中的所有字段，但备注型、通用型字段除外。

② "范围"和"FOR〈表达式〉"子句限定显示的记录的范围和应满足的条件，这里的表达式是条件表达式或逻辑表达式。

③ 选 OFF 子句时，不显示记录号只显示记录内容。

④ LIST 和 DISPLAY 的区别有两点：一是若"范围"和"FOR〈表达式〉"均缺省时，LIST 显示所有记录，DISPLAY 仅显示当前记录；二是若记录很多，一屏显示不下时，LIST 连续显示，DISPLAY 分屏显示。

例 4.5 打开 STUDENT 表，进行如下操作。

① 显示前 5 条记录。
② 显示记录号为偶数的记录。
③ 显示男党员的学生记录。
④ 显示山东或山西学生记录中的姓名、性别、年龄、籍贯和专业。
⑤ 显示所有姓孙的学生的记录。

为实现上述要求，在命令窗口中输入的操作命令如图 4.22 所示。

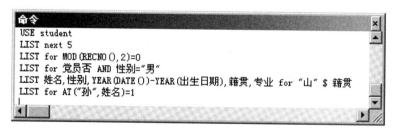

图 4.22　在命令窗口中输入的操作命令

4.3.3 表的修改

在修改某个表之前，必须先打开这个表。

(1) 修改表结构

打开指定表的"表设计器"对话框后就可以修改表的结构。除了可以用前面介绍的方法打开"表设计器"对话框外，还可以使用命令打开"表设计器"对话框。

【格式】MODIFY　STRUCTURE

【功能】打开当前表的"表设计器"对话框。

【说明】在修改表结构时，"表设计器"对话框中会显示出原有表的结构。

① 若要修改字段名、类型、宽度和小数位数，可以选中被修改的字段，直接进行修改。

② 若要改变字段在表中的排列顺序，例如调换"学号"字段与"姓名"字段的位置顺序，只要单击"学号"字段左边的■按钮，然后按住鼠标左键把它拖到"姓名"字段上松开鼠标即可。

③ 若要插入字段，可先单击选中要插入的位置(例如，要在"姓名"与"性别"字段之间插入一个新字段，可以先选中"性别"字段)，再单击 插入(I) 按钮，则会插入名为"新字段"的字段，把"新字段"三个字换成插入的字段名，再定义其他属性即可插入新字段。

④ 若要删除某字段，先选中该字段，然后单击 删除(D) 按钮。

⑤ 修改完毕，单击 确定 按钮，系统会给出一个提示对话框，让用户确认所做的修改；若单击 取消 按钮，系统也会给出一个提示对话框，让用户确定是否放弃对表结构进行的修改。

(2) 使用菜单操作打开"浏览"窗口(或"编辑"窗口)修改表的记录

执行"显示"→"浏览"菜单命令后，可以打开表的"浏览"窗口修改记录。

若要修改字符型字段、数值型字段、逻辑型字段、日期型字段或日期时间型字段中的内容，可以把插入点光标移动到字段中直接进行修改。

若要编辑修改备注型字段和通用型字段的内容，可以采用上面介绍过的输入该字段内容的方法打开"编辑"窗口，显示原来的内容，然后进行编辑修改。

修改结束后，关闭窗口或按 Ctrl + W 键可以保存修改结果，按 Esc 键或 Ctrl + Q 键则放弃修改。

打开"浏览"窗口后，若执行"显示"→"编辑"菜单命令，"浏览"窗口就会变为"编辑"窗口，这时同样可以用上面叙述的方法对记录进行修改。

(3) 使用 BROWSE 命令打开"浏览"窗口修改表的记录

【格式】BROWSE [FIELDS <字段名表>] [FOR <表达式>] [FREEZE <字段名>]
　　　　　[LOCK <字段序号>]

【功能】打开表的"浏览"窗口，显示或修改数据记录。

【说明】

① "FIELDS <字段名表>"子句指定窗口中显示的字段，缺省时默认为全部字段。

② "FOR <表达式>"子句指定记录的显示条件，缺省时默认为全部记录。

③ "FREEZE <字段名>"子句指定可以编辑的字段。

④ "LOCK <字段序号>"子句指定锁定的字段序号。

例 4.6 浏览 STUDENT 表中男学生的“学号”“姓名”“性别”“入学成绩”字段，且只允许修改“入学成绩”字段。

```
USE STUDEN
BROWSE FIELDS 学号,姓名,性别,入学成绩 FREEZE 入学成绩 FOR 性别="男"
```

命令的执行结果如图 4.23 所示。

学号	姓名	性别	入学成绩
40501002	赵子博	男	532.0
40402002	钱丑学	男	498.0
40402003	孙寅笃	男	543.0
41501001	周辰明	男	531.0
40402001	郑戊求	男	498.0
42501002	王未真	男	510.0
41501003	诸戌出	男	546.0
40501001	魏亥奇	男	511.0

图 4.23 命令的执行结果

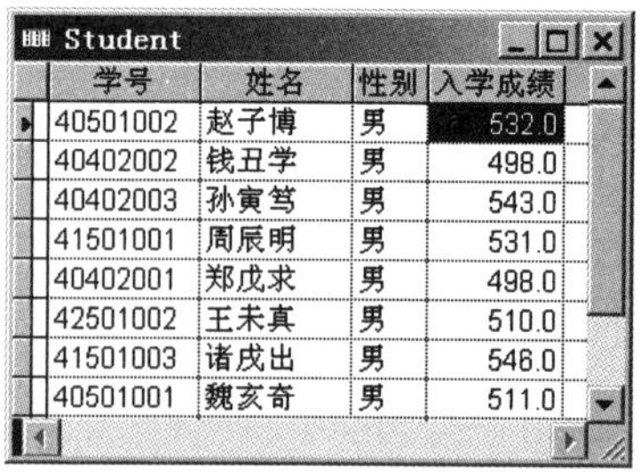

(4) 使用菜单操作批量修改表的记录

上面介绍了用手工一条一条修改记录的方法，若表中的记录很多，且许多记录的修改是有规律的(例如入学成绩全部上调 20%等)，可以使用批量修改数据的方法。

例 4.7 将 STUDENT 表中的每条记录的“入学成绩”字段的值都增加 10。

打开 STUDENT 表的“浏览”窗口后，执行“表”→“替换字段”菜单命令，弹出“替换字段”对话框。单击“字段”框右边的下拉箭头，从弹出的下拉列表中选择被替换的“入学成绩”字段。在“替换”框中输入“入学成绩+10”表达式(也可以单击该框右侧的按钮，在弹出的“表达式生成器”对话框中生成该表达式)。在“替换条件”栏中的“范围”下拉列表中选择“ALL”，表示所有记录(默认情况下是“NEXT 1”，仅替换当前一条记录)，如图 4.24 所示。单击 替换 按钮，将执行替换操作。还可以在“For”框和“While”框中输入条件。

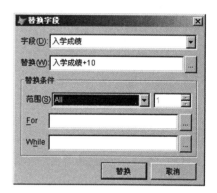

图 4.24 “替换字段”对话框

(5) 利用 REPLACE 命令批量修改记录

可以在程序或命令窗口中使用 REPLACE 命令对数据记录进行批量修改。

【格式】REPLACE <字段名1> WITH <表达式1>[,<字段名2> WITH <表达式2>][,…][<范围>][FOR <表达式 3>]

【功能】对当前表中指定范围内满足条件的记录用各表达式的值分别替换相应字段原来的值。

【说明】

① 如果不选用“范围”和“FOR <表达式>”子句，则只修改当前记录的字段。

② 如果只选用“范围”子句，则对指定范围内的所有记录的字段进行修改。

③ 如果只选用“FOR <表达式>”子句，则默认范围为 ALL。

④ 表达式的值的数据类型必须和被修改字段的数据类型相同。

例 4.8 写出对 SCORE 表、STUDENT 表进行如下操作的命令。

① 使用 REPLACE 命令，按下式计算 SCORE 表中所有记录“总评成绩”字段的值：

总评成绩 =ROUND(平时成绩*0.2+期末成绩*0.8, 0)

② 把 STUDENT 表中 6 号记录“出生日期”字段的值修改为 1984 年 9 月 8 日。

```
USE SCORE
```

REPLACE ALL 总评成绩 WITH ROUND(平时成绩*0.2+期末成绩*0.8, 0)
USE STUDENT
REPLACE 出生日期 WITH {^1984-09-08} RECORD 6

4.3.4 记录定位

(1) 当前记录

在对表进行处理时，经常需要先定位到某条记录再对它进行操作。

在 VFP 中每打开一个表，系统就为它设置一个记录指针。记录指针在某一时刻只能指向某一条记录或数据表的首尾。当记录指针指向某一条记录时，该记录就被称为当前记录。当前记录的概念非常重要，它直接关系到操作的结果。刚打开一个表时，记录指针(在不引起误解的情况下也简称为指针)指向第一条记录(假如没有指定索引)，随着命令的执行，指针不断移动。不管一个表有多少条记录，记录指针只有一个，当前记录也只有一条。

(2) 记录指针的绝对移动和相关的测试函数

所谓记录指针的绝对移动，就是不考虑目前指针指向的位置，直接让其指向指定的记录。

把记录指针指向某条记录，称为记录定位。实际上在"浏览"或"编辑"窗口中，利用鼠标或 ↑ 、↓ 、← 、→ 、Tab 键等在不同记录间移动插入点光标时，就是对指针定位。此外还可以通过记录指针移动命令来实现记录指针的移动操作。

【格式1】GO|GOTO TOP|BOTTOM

【格式2】[GO|GOTO] <数值表达式>

【功能】将记录指针定位到第一条、最后一条或指定的记录上。

【说明】

① 命令中的 GO、GOTO 可任选一种，二者的作用等价。

② 使用格式1 中的 TOP 选项可以把记录指针定位在表的第一条记录上，但此时表文件首测试函数 BOF()的值为 ".F."。

③ 使用格式1 中的 BOTTOM 选项可以把记录指针定位在表的最后一条记录上，但此时表文件尾测试函数 EOF()的值为 ".F."。

④ 格式2 中的 GO 或 GOTO 为可选项，为了增强可读性，一般选用 GO，数值表达式的值就是记录指针要指向的记录号。

定位记录时，经常用到表文件首测试函数 BOF()和表文件尾测试函数 EOF()。当记录指针移到第一条记录之前(不是第一条记录)时，BOF()的值为 ".T."，否则为 ".F."。当记录指针移到最后一条记录之后(不是最后一条记录)时，EOF()的值为 ".T."，否则为 ".F."。当且仅当表中没有一条记录时，BOF()和 EOF()的值才同时为 ".T."。图 4.25 显示了表的起始标志、一般记录(包括首记录和尾记录)、表的结束标志在表中的位置。

| 表的起始标志(BEGINNING OF FILE) |
| 首记录(TOP) |
| …… |
| 尾记录(BOTTOM) |
| 表的结束标志(END OF FILE) |

图 4.25 表的起始标志、一般记录、表的结束标志在表中的位置

另外，系统还提供了一个用于测试当前记录的记录号的函数 RECNO()，该函数的返回值为当前记录指针所指向记录的记录号。

(3) 记录指针的相对移动

所谓记录指针的相对移动，就是基于当前指针的位置，向前或向后移动指针。

【格式】SKIP [[+|-]<数值表达式>]

【功能】以当前记录为基准，把记录指针向前或向后移动"数值表达式"条记录。

【说明】

① 若"数值表达式"的值是一个正数(此时"+"号可以省略)，表示把指针从当前位置向下(表的尾部)移动"数值表达式"条记录。

② 若"数值表达式"的值是一个负数，表示把指针从当前位置向上(表的头部)移动"数值表达式"条记录。

③ 如果使用不带选项的 SKIP 命令，默认"数值表达式"的值为+1。

④ SKIP 命令按记录的逻辑顺序定位，如果使用索引，则按索引项的顺序定位。

例4.9 假设 STUDENT 表有 10 条记录，进行如下操作，观察主窗口显示的结果。

```
USE STUDENT
? RECNO(), BOF()            &&结果为1，.F.
SKIP -1
? RECNO(), BOF()            &&结果为1，.T.
GO 4
? RECNO()                   &&结果为4
GO BOTTOM
? RECNO(), EOF()            &&结果为10，.F.
SKIP
? RECNO(), BOF(), RECCOUNT()  &&结果为11，.T.，10
```

【说明】"&&"符号后面的内容是对命令的注释，函数 RECCOUNT() 的返回值是表的总记录数。

(4) 用 LOCATE 命令定位记录

LOCATE 命令用来按条件定位记录。

【格式】LOCATE [<范围>][FOR<表达式1>|WHILE<表达式2>]

【功能】在当前表中将记录指针定位在指定范围内满足给定条件的第一条记录上。

【说明】

① LOCATE 命令在表中按顺序查找满足条件的记录，即从第一条记录开始按记录号的顺序依次进行查找。

② 缺省"范围"子句时，默认为 ALL。

③ 缺省"范围"子句时，如果找到符合条件的记录，则将记录指针指向该记录，此时 EOF() 函数的值为".F."，FOUND() 函数的值为".T."；如果未找到符合条件的记录，则记录指针指向最后一条记录的后面(即表尾)，FOUND() 的值为".F."。

④ 在程序中常常用测试函数 FOUND() 或 EOF() 的值来判断是否找到满足条件的记录。

【注意】系统提供的 FOUND()函数专门用于测试 LOCATE 和 SEEK、FIND 等查找命令的结果。若查找到记录，则函数的返回值为".T."，否则为".F."。

LOCATE 命令只能将记录指针定位到第一条符合条件的记录上，若要继续查找满足条件的其他记录，可以执行 CONTINUE 继续查找命令。

【格式】CONTINUE

【功能】继续按 LOCATE 命令中指定的条件，查找下一条符合条件的记录。

【说明】

① CONTINUE 命令必须在 LOCATE 命令之后使用，用来继续查找满足条件的记录。

② CONTINUE 命令可以多次使用，直到记录指针移到表尾或超出范围。

例 4.10 在 STUDENT 表中查询党员男生的姓名、入学成绩和年龄。

    USE STUDENT
    LOCATE FOR 党员否 AND 性别="男"
    DISPLAY 姓名,入学成绩,YEAR(DATE())-YEAR(出生日期)
    CONTINUE
    ?RECNO(),姓名,入学成绩,YEAR(DATE())-YEAR(出生日期)

在主窗口中显示的结果如图 4.26 所示。

记录号	姓名	入学成绩	YEAR(DATE())-YEAR(出生日期)
1	赵子博	542.0	20
2	钱丑学	508.0	21

图 4.26 在主窗口中显示的结果

4.3.5 表记录的增加

(1) 插入记录的命令

【格式】INSERT［BEFORE］［BLANK］

【功能】在当前表中插入新记录，并使之成为当前记录。

【说明】

① 如果使用 BEFORE 选项，则在当前记录之前插入新记录；否则在当前记录之后插入新记录。

② 若使用 BLANK 选项，则插入一条空白记录后，并且不立即进入新记录数据的输入状态；否则立即弹出新记录的"编辑"窗口，让用户输入记录数据。

【注意】如果表中的记录已按索引次序排列，使用本命令则只在表的最后添加记录。

(2) 追加记录的命令

【格式】APPEND［BLANK］

【功能】在当前表中追加新记录，并使之成为当前记录。

【说明】

① 不使用 BLANK 选项，则打开记录"编辑"窗口，这时可以追加若干条记录。

② 使用 BLANK 选项，只是在表的尾部添加一条空白记录,不打开新记录"编辑"窗口。

例4.11 对STUDENT表执行如下操作：

① 插入新的6号记录（学号："111111"，姓名："王晓"，性别："男"）。
② 在表的尾部追加一条空白记录。

```
USE STUDENT
GO 6
INSERT BEFORE BLANK        && 此时新增的6号记录变成当前记录
REPLACE 学号 WITH "111111", 姓名 WITH "王晓", 性别 WITH "男"
APPEND BLANK               && 在表的最后追加一条空白记录
```

4.3.6 删除与恢复记录

在VFP中有"逻辑删除"和"物理删除"两种删除表中记录的方式。逻辑删除只对记录加上删除标记，被逻辑删除的记录仍然保存在表中，还可以恢复成正常的记录；物理删除是将已加上逻辑删除标记的记录真正从表中删除，被物理删除的记录不能再恢复。

(1) 逻辑删除记录

① 直接在"浏览"窗口中逻辑删除记录。

在表的"浏览"窗口中单击每个要逻辑删除的记录左边的小方框，使小方框变黑，即可对记录设置逻辑删除标记。对第6、14条记录进行逻辑删除（即设置逻辑删除标记）后的状态，如图4.27所示。

② 用菜单操作逻辑删除记录。

打开表的"浏览"窗口后，执行"表"→"删除记录"菜单命令，在弹出的"删除"对话框中设置要删除的记录的范围和满足的条件后，单击 ![删除] 按钮。例如要删除所有女同学的记录，则输入的信息如图4.28所示。

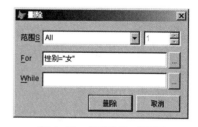

图4.27 设置逻辑删除标记   图4.28 "删除"对话框

【注意】 若"SET DELETE"状态为OFF（即没有执行过"SET DELETE ON"命令），则逻辑删除的记录和其他记录一样可以参与操作；否则，被逻辑删除的记录将被隐藏起来，不参与有关的操作。"SET DELETE"的默认情况是OFF状态。

用LIST或DISPLAY命令显示数据记录时，被逻辑删除的记录的第一个字段前会显示一个"*"号，表示该记录被逻辑删除。

③ 用命令方式逻辑删除记录。

【格式】 DELETE [<范围>][FOR <表达式>]

【功能】在当前表中逻辑删除指定的记录。
【说明】"范围"和"FOR <表达式>"均不选时，仅逻辑删除当前记录。

例 4.12 逻辑删除 STUDENT 表中女生的记录。
  USE STUDENT
  DELETE ALL FOR 性别="女"

(2) **恢复被逻辑删除的记录**

对已经被逻辑删除的记录，可以将其恢复为正常记录。

① 直接在"浏览"窗口中恢复。

在表的"浏览"窗口中，单击已被逻辑删除记录的逻辑删除标记方块，小方块即恢复成正常的颜色，表明该记录已恢复为正常记录。

② 用菜单操作恢复。

打开表的"浏览"窗口后，执行"表"→"恢复记录"菜单命令，在弹出的"恢复记录"对话框(类似如图 4.28 所示的"删除"对话框)中设置范围、条件，然后单击 恢复记录 按钮，即可批量恢复被逻辑删除的记录。

③ 用命令方式恢复。

【格式】RECALL [<范围>][FOR <表达式>]
【功能】将当前表中已经被逻辑删除的记录恢复为正常记录。
【说明】"范围"子句和"FOR <表达式>"子句均不选时，仅将当前记录恢复成正常记录，这时若当前记录无删除标记则什么都不做。

例 4.13 恢复 STUDENT 表中女生的记录。
  USE STUDENT
  RECALL ALL FOR 性别="女"

(3) **物理删除记录**

① 用菜单操作物理删除记录。

打开表的"浏览"窗口，执行"表"→"彻底删除"菜单命令，VFP 将弹出一个让用户确认的对话框，单击对话框中的 确定 按钮即可物理删除已经被逻辑删除的记录。

② 用命令方式物理删除记录。

【格式】PACK
【功能】将当前表中所有已经被逻辑删除的记录真正从表中物理删除。

例 4.14 把 STUDENT 表中已经被逻辑删除的第 6、14 号记录物理删除掉。
  USE STUDENT
  PACK

(4) **物理删除表中的所有记录**

【格式】ZAP
【功能】一次性地物理删除当前表中的所有记录，不管记录是否被逻辑删除。
【说明】ZAP 命令与连用"DELETE ALL"和 PACK 两条命令等效。

由于使用 ZAP 命令删除的记录不能恢复，所以要慎用该命令。执行 ZAP 命令时，默认情况下 VFP 将弹出对话框，提示用户确认后，再进行删除。

4.3.7 表的复制

（1）复制表的结构

可以使用命令复制已有表的结构，产生一个只有结构没有任何记录的表。

【格式】COPY STRUCTURE TO ＜表文件名＞ [FIELDS ＜字段名表＞]

【功能】复制当前表的结构，生成一个只有结构的自由表。

【说明】

① 不使用"FIELDS＜字段名表＞"子句，则新表的结构与当前表的结构完全相同，若使用"FIELDS＜字段名表＞"子句，则新表结构中只包含"字段名表"中的字段。

② 新表的文件名由命令中的"表文件名"指定，复制后，新表处于未打开状态。

例 4.15　复制 STUDENT 表的结构生成 ST2 新表，新表中只包含"姓名"和"入学成绩"两个字段，然后打开 ST2 表，查看它的结构。

　　　USE STUDENT
　　　COPY STRUCTURE TO ST2 FIELDS 姓名,入学成绩
　　　USE ST2
　　　LIST STRUCTURE

在主窗口中显示的 ST2 表的结构如图 4.29 所示。

```
表结构:              D:\04\ST2.DBF
数据记录数:          0
最近更新的时间:      03/25/09
代码页:              936
    字段  字段名     类型      宽度    小数位   索引    排序         Nulls
     1    姓名       字符型      8                                    否
     2    入学成绩   数值型      5        1                           否
**  总计 **                    14
```

图 4.29　新复制的 ST2 表的结构

（2）复制表

为了防止数据丢失或受到破坏，需要定期对重要的表制作备份；另外，有时也需要根据已有的表间接地建立其他表。在 VFP 中可以通过 COPY 命令复制表。

【格式】COPY TO ＜表文件名＞ [＜范围＞][FOR ＜表达式＞][FIELDS ＜字段名表＞]

【功能】将当前表的全部或部分记录复制成"表文件名"指定的新表。

【说明】

① 执行命令后复制成的新表处于未打开的状态。

② 新表的结构由"FIELDS＜字段名表＞"子句指定，若缺省则默认为全部字段。

③ 复制的记录由"范围"和"FOR＜表达式＞"子句指定，若缺省则默认为全部记录。

例 4.16　把 STUDENT 表中男生的"姓名""性别""籍贯"字段复制到 ST1 新表中，然后打开 ST1 表，查看它的数据。

　　　USE STUDENT

```
COPY TO ST1 FIELDS 姓名, 性别, 籍贯 FOR 性别="男"
USE ST1
LIST
```

在主窗口中显示的结果如图 4.30 所示。

记录号	姓名	性别	籍贯
1	赵子博	男	山东
2	钱丑学	男	山西
3	孙寅笃	男	河南
4	周辰明	男	湖南
5	郑戊求	男	山西
6	王未真	男	黑龙江
7	诸戌出	男	湖北
8	魏亥奇	男	山东

图 4.30　复制成的 ST1 新表中的记录

(3) 从其他表中追加记录

可以使用命令把保存在另外一个表(源表)中的数据记录追加到当前表(目标表)的尾部。

【格式】APPEND FROM 〈文件名〉 [FIELDS 〈字段名表〉] [FOR 〈表达式〉]

【功能】将“文件名”指定的源表中的记录追加到当前表(目标表)中。

【说明】

① 执行命令前要首先打开目标表，而源表则不需要打开。

②“FIELDS 〈字段名表〉”子句用来指定追加记录的字段；“FOR 〈表达式〉”子句用来指定要追加的记录应满足的条件，不使用该选项，则将源表的所有记录追加到当前表中。

③ 不指定“字段名表”时，源表中的字段至少要有一个与当前表(目标表)的字段同名、同类型，否则将不能添加记录。

④ 省略“FIELDS 〈字段名表〉”子句时，若当前表(目标表)中的字段多于源表中指定的字段，则多出的字段数据为空；若源表中的字段多于当前表，则多出的字段被忽略。

例 4.17 把 STUDENT 表中男生的记录的“姓名”“入学成绩”字段追加到 ST2 表中。

```
USE ST2
APPEND FROM STUDENT FIELDS 姓名, 入学成绩 FOR 性别="男"
```

观察 ST2 表，可以发现男生的“姓名”“入学成绩”字段已经追加到该表中了。

4.4　表的排序和索引

4.4.1　排序

排序用来对当前表根据字段内容对记录顺序做出不同排列后产生一个新表。

【格式】SORT TO 〈文件名〉 ON 〈字段 1〉[/A|/D][/C][, 〈字段 2〉][/A|/D][/C]…]
[FIELDS 〈字段名表〉][〈范围〉][FOR 〈表达式〉][WHILE 〈表达式〉]

【功能】对当前表中的记录按指定的字段排序并输出到新表。

【说明】

① 命令中的“文件名”是排序后产生的新表文件名，其扩展名默认为 DBF。

② 可以按多个字段排序，“字段1”为首要排序字段，当“字段1”的值相等时再按“字段 2”的值进一步排序，以此类推。根据各种类型数据的比较规则实现排序。不能按备注型或通用型字段的内容排序。

③ 对于排序中使用的每个字段，可以指定升序或降序。“/A”表示升序，“/D”表示降序，默认为升序。如果在字符型字段后加上“/C”，则忽略大小写区别；缺省时，字符型字段中的字母大小写被认为是不同的。可以把“/C”“/A”“/D”选项结合在一起使用，例如“/AC”

或“/DC”。

④ 由“FIELDS <字段名表>”子句指定新表中包含的字段名。如果省略该子句，当前表中的所有字段都包含在新表中。

⑤ 若省略“范围”“FOR <表达式>”和“WHILE <表达式>”等子句，表示对所有记录排序。

例 4.18 打开 STUDENT 表，根据“入学成绩”字段的值，按降序生成 RXCJ 新表，新表中包含“学号”“姓名”“入学成绩”字段。

```
USE STUDENT
SORT TO RXCJ ON 入学成绩 /D FIELDS 学号, 姓名, 入学成绩
USE RXCJ
BROWSE
```

结果如图4.31所示。

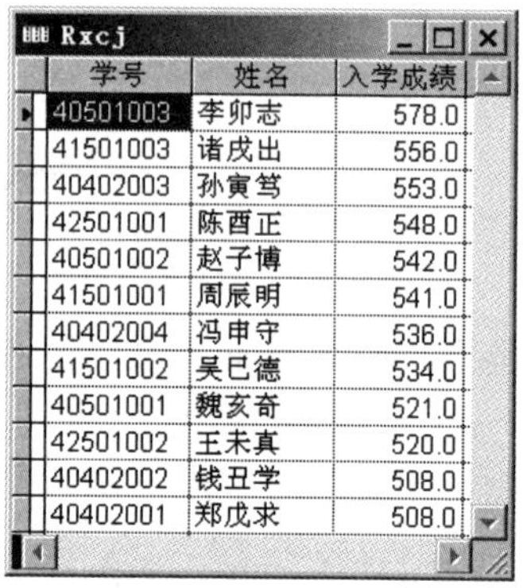

学号	姓名	入学成绩
40501003	李卯志	578.0
41501003	诸戌出	556.0
40402003	孙寅笃	553.0
42501001	陈酉正	548.0
40501002	赵子博	542.0
41501001	周辰明	541.0
40402004	冯申守	536.0
41501002	吴巳德	534.0
40501001	魏亥奇	521.0
42501002	王未真	520.0
40402002	钱丑学	508.0
40402001	郑戊求	508.0

图 4.31 排序结果

4.4.2 索引的基本概念

在 VFP 中，排序操作后产生一个新表，不同的排序操作产生不同的新表。而索引是根据表另外建立索引文件，每个表都可以建立多个不同的索引。一般来说，索引文件比表文件要小。

索引是数据库中的一个重要概念。对于已经建好的表，使用索引对其中的数据排序，可以提高检索数据的速度，创建索引后，还可以用它来支持表间的关系操作。

(1) 索引与索引文件

最简单的索引文件可以看成这样一个文件：它仅由两个字段组成，一个字段是建立索引的关键字段(表中用来作为索引依据的字段，这里以“学号”字段为例)，它按索引关键字段的值排序；另一个字段是该关键字段所在的记录在原表中对应的记录号。下面通过分析如图4.32 所示的索引文件与表文件间的关系来理解索引的机制(图中只显示了部分记录)。

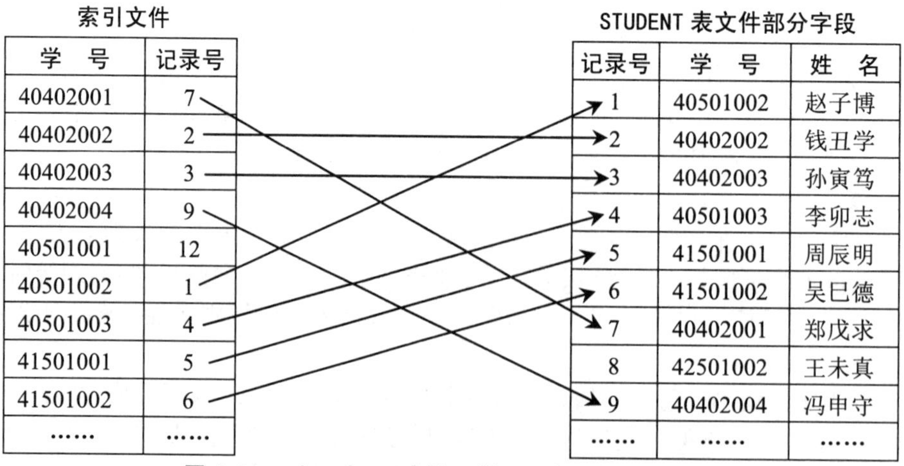

索引文件

学 号	记录号
40402001	7
40402002	2
40402003	3
40402004	9
40501001	12
40501002	1
40501003	4
41501001	5
41501002	6
……	……

STUDENT 表文件部分字段

记录号	学 号	姓 名
1	40501002	赵子博
2	40402002	钱丑学
3	40402003	孙寅笃
4	40501003	李卯志
5	41501001	周辰明
6	41501002	吴巳德
7	40402001	郑戊求
8	42501002	王未真
9	40402004	冯申守
……	……	……

图 4.32 对 STUDENT 表按“学号”字段索引示意图

由图 4.32 可以看到，索引文件大致上由两列组成，第 1 列是索引的关键字段，第 2 列是记录号。索引文件根据索引关键字段的值排序，因此若需要查找 STUDENT 表中"学号"字段值为 40501003 的记录，可先在索引文件中快速找到它的记录号 4，然后在 STUDENT 表中按记录号找到该记录，从而得到查询的结果。

索引不改变原表中所存储数据的顺序，它只改变 VFP 访问每条记录的逻辑顺序。

(2) 索引文件的分类

① 单项索引文件：这种文件的扩展名为 IDX，它是为了与 Foxbase+ 开发的应用程序相兼容而保留下来的非结构单项索引文件。每个单项索引文件中只包含一个索引。

② 非结构复合索引文件：这种文件的扩展名为 CDX，文件主名与表文件的主名不同，必须用命令打开。

一个复合索引文件可以包含多个索引，每一索引代表一种处理记录的顺序。为了区分不同的索引，每个索引需要用一个索引名标识。

③ 结构复合索引文件：这种文件的扩展名也是 CDX，文件主名与表文件主名相同，它随着表的打开而自动打开。本书主要介绍结构复合索引文件。

如果在表中添加、更改或删除记录时，希望自动更新对应的索引文件，则必须同时打开该索引文件。

(3) 索引的种类

VFP 中的索引有主索引、候选索引、普通索引和唯一索引 4 种类型的索引，用户可以根据表中数据的实际情况和使用上的要求进行选择。

① 主索引：主索引是不同记录在指定的索引字段或表达式中不允许出现重复值的索引。设置主索引，可确保字段中输入值的唯一性，并决定处理记录的顺序，如果建立主索引的字段有重复值，VFP 将给出出错提示。一个表只能创建一个主索引，自由表不能建立主索引。

② 候选索引：与主索引一样要求唯一性，并决定处理记录的顺序。在数据库表和自由表中均可以为每个表建立多个候选索引。

③ 二进制：这种索引使用得较少，本书不详细介绍。

④ 普通索引：普通索引也可以决定记录的处理顺序，但是允许不同记录的索引字段出现重复值。一个表可以建立多个普通索引。

主索引与候选索引一样，拒绝不同记录中出现重复的字段值，具有关键字的特性，不同的是一个表中主索引只能有一个，而候选索引可以有多个。通常主索引用于主关键字字段，候选索引用于不当作主关键字，但字段值又必须唯一的字段。

4.4.3 创建索引

(1) 用表设计器创建索引

① 单字段索引。

在"表设计器"对话框的"字段"选项卡中定义字段时，可以直接指定某些字段是否为索引项。打开"索引"下拉列表，可以看到 3 个选项："（无）""升序"和"降序"（默认是"（无）"），如图 4.33 所示。如果选定"升序"或"降序"，则在对应的字段上建立一个普通索引，索引名与字段名同名，索引表达式就是对应的字段。用这种方法只能建立基于一个字段的索引。

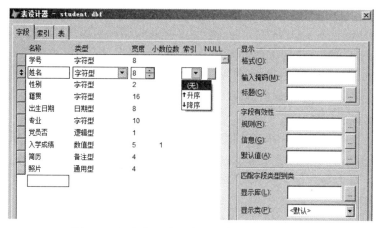

图 4.33 "字段"选项卡和"索引"下拉列表

如果要将索引定义为其他类型,可进入"索引"选项卡,从"类型"下拉列表中选择索引类型,如图 4.34 所示。注意,只有数据库表才能指定主索引。

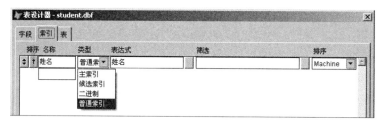

图 4.34 "索引"选项卡和"类型"下拉列表

② 复合字段索引。

在 VFP 中还可以按照多个字段建立索引,建立在多个字段上的索引称为复合字段索引。

进入"表设计器"对话框的"索引"选项卡,在"名称"框中输入索引的名称(以下简称为索引名),从"类型"下拉列表选择索引类型。在"表达式"框中输入作为记录排序依据的字段名或表达式(称为索引关键字),如图 4.35 所示。也可以通过单击"表达式"框右面的 按钮,打开"表达式生成器"对话框建立表达式。

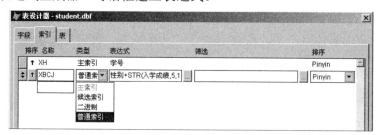

图 4.35 建立复合字段索引

若想有选择地输出记录,可在图 4.35 中的"筛选"框中输入筛选表达式,或者单击该框右面的 按钮来建立表达式。

索引名左侧的箭头按钮用来表示升序还是降序,箭头方向向上表示升序,向下则表示降序。可以通过用单击该按钮进行选择。

建立索引后,可以对其进行修改,方法与建立时基本相同。

(2) 用命令方式创建索引

【格式】INDEX ON <索引表达式> TO <单项索引文件名>|TAG <索引名> [OF <复合索引文件名>] [FOR <表达式>] [COMPACT] [ASCENDING|DESCENDING] [UNIQUE|CANDIDATE] [ADDITIVE]

【功能】为当前表建立索引。

【说明】

① 使用"TO<单项索引文件名>"选项建立一个包含指定索引项的单项索引文件,即建立包含指定索引项的、扩展名为 IDX 的文件。

② 使用"TAG <索引名> [OF <复合索引文件名>]"选项表示索引建立在复合索引文件中。"OF <复合索引文件名>"选项用于指定非结构复合索引文件的名字,省略此选项,指定结构复合索引文件。

③ 命令中的"索引表达式""索引名"项和"FOR <表达式>"子句分别对应图 4.35 中"表达式""名称""筛选"列中进行的设置。

④ 使用 COMPACT 子句时,如果使用"TO <单项索引文件名>",说明建立一个压缩的扩展名为 IDX 的单项索引文件,复合索引总是压缩的。

⑤ "ASCENDING|DESCENDING"子句用来指定升序或降序,缺省时为 ASCENDING,即升序。

⑥ UNIQUE 选项指定创建唯一索引,即如果有多条记录具有相同的索引关键字段值,索引时只取其中的第一条记录;CANDIDATE 选项指定创建候选索引;不指明这两项时,建立普通索引。

⑦ 选用 ADDITIVE 子句建立索引时,以前打开的索引文件仍保持打开状态。

例 4.19 用建立单项索引文件的方法,按"入学成绩"字段的值,用降序对 STUDENT 表建立索引,然后观察索引结果。

  USE STUDENT
  INDEX ON -1*入学成绩 TO DXSY
  BROWSE FIELDS 学号,姓名,入学成绩

例 4.20 对 STUDENT 表建立包含 3 个索引的结构复合索引文件并观察索引结果,要求如下。

① 按入学成绩降序索引。
② 先按性别升序,性别相同时再按入学成绩降序索引。
③ 先按性别升序,性别相同时再按出生日期升序索引。

  USE STUDENT
  INDEX ON 入学成绩 TAG CJ DESC
  BROWSE &&结果如图 4.36 所示
  INDEX ON 性别+STR(1000-入学成绩) TAG XBCJ
  BROWSE &&结果如图 4.37 所示
  INDEX ON 性别+DTOC(出生日期,1) TAG XBRQ
  BROWSE &&结果如图 4.38 所示

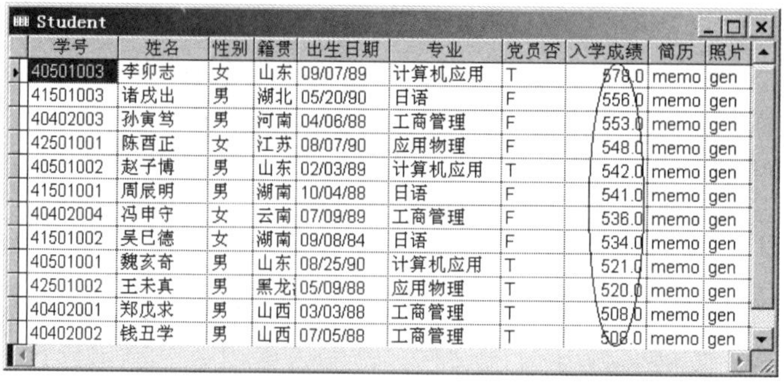

Student

学号	姓名	性别	籍贯	出生日期	专业	党员否	入学成绩	简历	照片
40501003	李卯志	女	山东	09/07/89	计算机应用	T	578.0	memo	gen
41501003	诸戌出	男	湖北	05/20/90	日语	F	556.0	memo	gen
40402003	孙寅笃	男	河南	04/06/88	工商管理	F	553.0	memo	gen
42501001	陈酉正	女	江苏	08/07/90	应用物理	F	548.0	memo	gen
40501002	赵子博	男	山东	02/03/89	计算机应用	T	542.0	memo	gen
41501001	周辰明	男	湖南	10/04/88	日语	F	541.0	memo	gen
40402004	冯申守	女	云南	07/09/89	工商管理	F	536.0	memo	gen
41501002	吴巳德	女	湖南	09/08/84	日语	F	534.0	memo	gen
40501001	魏亥奇	男	山东	08/25/90	计算机应用	T	521.0	memo	gen
42501002	王未真	男	黑龙	05/09/88	应用物理	T	520.0	memo	gen
40402001	郑戌求	男	山西	03/03/88	工商管理	T	508.0	memo	gen
40402002	钱丑学	男	山西	07/05/88	工商管理	T	508.0	memo	gen

图 4.36 对 STUDENT 表按入学成绩降序索引后的结果

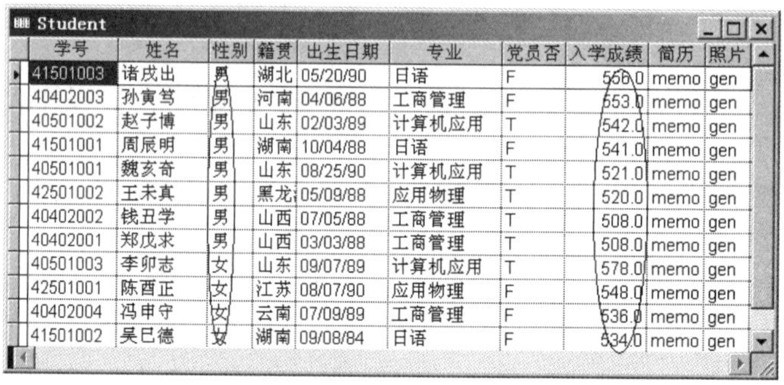

Student

学号	姓名	性别	籍贯	出生日期	专业	党员否	入学成绩	简历	照片
41501003	诸戌出	男	湖北	05/20/90	日语	F	556.0	memo	gen
40402003	孙寅笃	男	河南	04/06/88	工商管理	F	553.0	memo	gen
40501002	赵子博	男	山东	02/03/89	计算机应用	T	542.0	memo	gen
41501001	周辰明	男	湖南	10/04/88	日语	F	541.0	memo	gen
40501001	魏亥奇	男	山东	08/25/90	计算机应用	T	521.0	memo	gen
42501002	王未真	男	黑龙	05/09/88	应用物理	T	520.0	memo	gen
40402002	钱丑学	男	山西	07/05/88	工商管理	T	508.0	memo	gen
40402001	郑戌求	男	山西	03/03/88	工商管理	T	508.0	memo	gen
40501003	李卯志	女	山东	09/07/89	计算机应用	T	578.0	memo	gen
42501001	陈酉正	女	江苏	08/07/90	应用物理	F	548.0	memo	gen
40402004	冯申守	女	云南	07/09/89	工商管理	F	536.0	memo	gen
41501002	吴巳德	女	湖南	09/08/84	日语	F	534.0	memo	gen

图 4.37 对 STUDENT 表先按性别升序，再按入学成绩降序索引后的结果

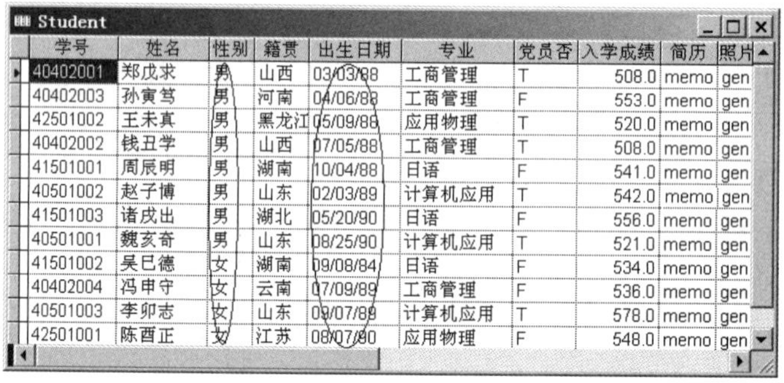

Student

学号	姓名	性别	籍贯	出生日期	专业	党员否	入学成绩	简历	照片
40402001	郑戌求	男	山西	03/03/88	工商管理	T	508.0	memo	gen
40402003	孙寅笃	男	河南	04/06/88	工商管理	F	553.0	memo	gen
42501002	王未真	男	黑龙江	05/09/88	应用物理	T	520.0	memo	gen
40402002	钱丑学	男	山西	07/05/88	工商管理	T	508.0	memo	gen
41501001	周辰明	男	湖南	10/04/88	日语	F	541.0	memo	gen
40501002	赵子博	男	山东	02/03/89	计算机应用	T	542.0	memo	gen
41501003	诸戌出	男	湖北	05/20/90	日语	F	556.0	memo	gen
40501001	魏亥奇	男	山东	08/25/90	计算机应用	T	521.0	memo	gen
41501002	吴巳德	女	湖南	09/08/84	日语	F	534.0	memo	gen
40402004	冯申守	女	云南	07/09/89	工商管理	F	536.0	memo	gen
40501003	李卯志	女	山东	09/07/89	计算机应用	T	578.0	memo	gen
42501001	陈酉正	女	江苏	08/07/90	应用物理	F	548.0	memo	gen

图 4.38 对 STUDENT 表先按性别升序，再按出生日期升序索引后的结果

4.4.4 使用索引文件

(1) 打开和关闭索引文件

索引文件必须打开后才能使用。结构复合索引文件随着主名相同的表的打开而自动打开，单项索引文件和非结构复合索引文件必须由用户自己打开。

只要关闭了表，就可以关闭相应的索引文件。若想在不关闭表的情况下关闭单项索引文件和非结构复合索引文件，可使用下面介绍的命令(结构复合索引文件只有关闭了对应的表后，才能自动关闭)。

【格式 1】SET INDEX TO [<索引文件名表>]

【功能】打开或关闭索引文件。

【说明】

① "索引文件名表"是用逗号分开的索引文件列表,第一个文件为主控索引文件。

② 缺省"索引文件名表"时,表示关闭索引文件。

【格式2】CLOSE INDEX

【功能】关闭索引文件

(2) 指定主控索引

在使用索引时,必须指定哪一个索引对表记录顺序起作用,即必须指定主控索引。

表的"浏览"窗口中记录的排列顺序会根据主控索引发生变化。用 LIST、DISPLAY 命令输出的记录顺序也是主控索引后的顺序。主控索引只改变记录的输出顺序,不改变记录在表中的物理顺序。

需要特别注意的是,主控索引与主索引是完全不同的概念。主索引用来控制数据的实体完整性,而主控索引用于指定当前记录的排列顺序。

① 菜单操作。

打开表的"浏览"窗口,执行"表"→"属性"菜单命令,打开"工作区属性"对话框。打开"索引顺序"下拉列表,选择一个索引名(其中"无顺序"表示不按任何索引排列记录,即按物理顺序排列记录),如图4.39所示。最后单击 确定 按钮,即可将相应的索引设置为主控索引。

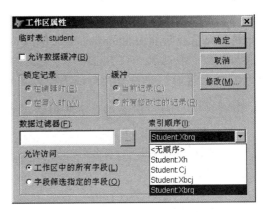

图 4.39 "工作区属性"对话框

② 命令操作。

【格式1】SET ORDER TO [<索引文件顺序号>|<单项索引文件名>] | [TAG] <索引名> [OF <复合索引文件名>]

【功能】指定表的主控索引文件或主控索引。

【说明】

① "索引文件顺序号"表示已打开的索引文件的序号,用以指定主控索引。首先按单项索引文件的打开先后顺序计数,其次按结构复合索引文件的索引生成顺序计数,最后按非结构复合索引文件的索引生成顺序计数。

② 使用"单项索引文件名"指定一个单项索引文件为主控索引文件,比使用"索引文件顺序号"更直观和方便。

③ "[TAG]<索引名>[OF<复合索引文件名>]"选项用来指定一个已经打开的复合索引文件中的一个索引名为主控索引。

④ 使用不带任何参数的"SET ORDER TO"命令将取消已设置的主控索引,使用户按原物理顺序访问表的记录。

【格式2】USE <表名> ORDER [TAG] <索引名>

【功能】在打开表的同时,指定其结构复合索引文件中索引名对应的索引为主控索引,其中 TAG 是任选项。

例 4.21 使用索引文件对 STUDENT 表进行浏览操作。
```
USE STUDENT           &&打开表的同时也打开对应的结构复合索引文件
BROWSE                &&按物理顺序显示记录
SET ORDER TO CJ       &&把例 4.20 中创建的 CJ 索引设置为主控索引
BROWSE                &&按入学成绩降序显示记录，如图 4.36 所示
SET ORDER TO XBRQ
BROWSE                &&显示记录，如图 4.38 所示
SET ORDER TO          &&取消主控索引
BROWSE                &&按物理顺序显示记录
```

【注意】指定主控索引后执行"GO〈数值表达式〉"命令，记录指针按"数值表达式"的值所表示的记录号指向具体记录，与索引无关；而执行"GO TOP"和"GO BOTTOM"命令将使记录指针指向索引排序后逻辑上的第一条记录和最后一条记录，即排序后的第一条记录和最后一条记录；用 SKIP 命令也是按索引排序后的逻辑顺序移动记录指针；记录指针指向 TOP 位置时，不一定指向记录号为 1 的记录。

例 4.22 通过下述操作，了解指定主控索引后记录指针的移动规律。
```
USE STUDENT
SET ORDER TO CJ
GO 6
?RECNO(),姓名
SKIP
?RECNO(),姓名
```
在主窗口中显示的结果为：
```
 6    吴巳德
12    魏亥奇
```

(3) 删除索引

可以用"表设计器"对话框删除索引，也可以使用命令删除索引。

【格式1】DELETE FILE〈索引文件名〉

【功能】删除一个单项索引文件。

【格式2】DELETE TAG ALL|〈索引名表〉

【功能】删除打开的复合索引文件的所有索引或指定的索引。

(4) 使用索引快速定位记录

建立了索引并指定主控索引以后，就可以在表中快速查找记录，而且由于索引关键字段值相同或相近的记录在逻辑上连续排列在一起，还可以实现连续访问。例如，若已经按"姓名"字段对 STUDENT 表建立了索引并指定其为主控索引后，要查找所有张姓学生的记录，只要找到第一个张姓学生的记录，其他张姓学生的记录都紧跟在其后。

在 VFP 中，使用 FIND 命令和 SEEK 命令都可以在指定主控索引的情况下进行记录的索引查找操作。由于 FIND 命令主要用来与旧版本兼容且使用不方便，所以本书只介绍 SEEK 命令。

【格式】SEEK <表达式>

【说明】

① 使用 SEEK 命令之前，一定要打开相应的表，并指定主控索引，主控索引的类型、含义与命令中"表达式"的类型、含义相匹配。

② 若找到了相应的记录，则 FOUND() 函数的值为 ".T."，EOF() 的值为 ".F."，并将记录指针定位于表中索引关键字与指定表达式的值匹配的第一条记录上；若未找到相应的记录，则 FOUND() 的值为 ".F."，EOF() 值为 ".T."。

例 4.23 在 STUDENT 表中查询 1984 年 9 月 8 日出生的学生记录。

```
USE  STUDENT
INDEX ON  出生日期 TAG RQ        &&向结构复合索引文件添加索引
D={^1984-09-08}
SEEK D
DISP
```

显示结果如图 4.40 所示。

记录号	学号	姓名	性别	籍贯	出生日期	专业	党员否	入学成绩	简历	照片
6	41501002	吴巳德	女	湖南	09/08/84	日语	.F.	534.0	memo	gen

图 4.40　出生日期为 1984 年 9 月 8 日的学生记录

4.5　表的统计操作

(1) 累加求和

对于表中的记录可以用累加求和命令实现纵向求和。

【格式】SUM [<表达式表>] [<范围>] [FOR <表达式>] [TO <内存变量名表>]｜[TO <数组变量名>]

【功能】对当前表中指定"范围"内满足"表达式"的记录的数值型(或货币型)字段进行纵向求和计算。

【说明】

① "表达式表"子句指定进行求和的字段表达式或字段名，如果省略，则对所有数值型(或货币型)字段求和。

② "范围"和"FOR <表达式>"子句用来指定参加求和的记录，缺省则对所有记录进行求和。

③ TO 子句指定将求和结果存入内存变量或数组中，内存变量的个数要与求和字段个数相同，并且用逗号分隔。缺省该选项时，只在屏幕上显示结果。

(2) 求平均值

【格式】AVERAGE [<表达式表>] [<范围>] [FOR <表达式>] [TO <内存变量名表>]｜[TO <数组变量名>]

【功能】对当前表中指定"范围"内满足"表达式"的记录的数值型(或货币型)字段进行纵向求平均值计算。

【说明】各选项的作用同 SUM 命令。

(3) 统计记录个数

【格式】COUNT ［＜范围＞］［FOR＜表达式＞］［TO＜内存变量名＞］|［TO＜数组变量名＞］

【功能】统计当前表中指定"范围"内满足"表达式"的记录的个数。

【说明】不指定内存变量时，统计结果显示在状态栏上。其他子句的作用同 SUM 命令。

例 4.24 在 STUDENT 表中，求男生的入学成绩之和、全体学生的平均年龄，统计男生的人数。

```
USE STUDENT
SUM FOR 性别="男"
AVERAGE YEAR(DATE())-YEAR(出生日期) TO Y
?Y
COUNT FOR 性别="男" TO A1
?A1
```

(4) 分类汇总求和

对已经指定了主控索引的表可以按索引关键字进行分类汇总求和。

【格式】TOTAL ON ＜关键字＞ TO ＜新表名＞ ［FIELDS ＜字段名表＞］［＜范围＞］［FOR ＜表达式＞］

【功能】在当前表中，对关键字值相同记录的数值型(或货币型)字段分别纵向求和，并将结果存储到一个新表中。

【说明】

① 当前表必须按命令中的"关键字"建立了索引，并指定该索引为主控索引，以保证对具有相同关键字值的记录能连续进行访问。

② "FIELDS＜字段名表＞"子句给出需分类求和的字段名，这些字段只能是数值型(或货币型)的，如果缺省，则对当前表中的所有数值型(或货币型)字段分类求和。不管选不选该子句，新表与当前表的结构都是一样的。

③ 执行命令后，根据当前表中的若干个关键字相同的记录，生成新表中的一条记录。这条记录的非数值型和非货币型字段取自关键字相同的一组记录中首记录的对应字段，参加求和的字段值取自求和结果。

④ 必选项"新表名"指定存储分类汇总结果的表。执行命令后，该表处于未打开状态。

例 4.25 在 STUDENT 表中，按专业对"入学成绩"字段的值进行分类汇总，分别统计各个专业学生入学成绩的总和，结果保存到 CJHZ 表中。

```
USE STUDENT
INDEX ON 专业 TAG ZY                &&按"专业"字段建立索引
SET ORDER TO ZY                     &&指定主控索引
TOTAL ON 专业 TO CJHZ FIELDS 入学成绩
USE CJHZ                            &&打开汇总结果数据表
BROWSE                              &&浏览分类汇总结果，如图 4.41 所示
```

图 4.41 分类汇总结果

4.6 多个表的同时使用

在实际处理数据的过程中,经常需要同时使用几个表中的数据,即同时操作多个表。VFP 用工作区提供了强大的多表操作能力。

4.6.1 工作区的基本概念

所谓"打开"表,实际上就是在内存中开辟一个与磁盘上保存的表之间建立映射关系的区域(亦称缓冲区),VFP 通过缓冲区访问磁盘上表中的数据,这个内存中的缓冲区就称为工作区。

在 VFP 中最多可以开辟 32767 个工作区。在每一个工作区中可以打开一个表,即 VFP 最多可以同时打开 32767 个表。每一个打开的表都有一个独立的记录指针,指向表中的当前记录。在没建立关联的情况下,一个表的记录指针的移动不会影响另一个表的记录指针。

内存变量与工作区无关,即内存变量一旦定义,可以在所有工作区中使用。

(1) 工作区的编号和别名

为了区分不同的工作区,系统为每一个工作区指定了一个编号,分别是 1、2、3……32767。系统还为各工作区规定了一个名字,称为工作区的别名,其中 1 至 10 号工作区的别名分别用 A、B……J 十个字母表示;11 至 32767 号工作区的别名分别用 W11、W12……W32767 表示。为避免混淆,在给表命名时,注意不要与上述工作区别名重复。

(2) 当前工作区

一般情况下,对某个表进行操作时,应该先选择该表所在的工作区。这个被选择的工作区称为当前工作区。如果不特别声明被操作表所在的工作区,VFP 只对当前工作区中的表进行操作。例如,不带任何短语的 USE 命令仅关闭当前工作区中的表。

任一时刻只有一个当前工作区,在当前工作区打开的表,称为当前表。启动 VFP 后,自动指定 1 号工作区为当前工作区。

(3) 表的别名

前面曾简单介绍过打开表的 USE 命令,下面介绍怎样使用该命令在指定的工作区中打开表和怎样在打开表的同时为表起一个别名。

【格式】USE <表名> [ALIAS <表别名>] [IN 0|<工作区编号>|<工作区别名>]

【功能】在指定的工作区中打开表并为之指定别名。

【说明】

① 若不指定"工作区编号"或"工作区别名",则默认为在当前工作区中打开由"表名"指定的表,并同时关闭此前在当前工作区中打开的表。

② "ALIAS <表别名>"子句为可选项,用来在打开表的同时为它指定别名。若没有指定别名,则表的主文件名即为它的别名。

③ 若选择了"IN 0"子句,表示在当前没有使用的标号最小的工作区中打开表。

④ 执行本命令只是在指定的工作区中打开表,并不能改变当前工作区。改变当前工作区需要另外使用 SELECT 命令。

⑤ 一旦在一个工作区中打开了一个表,该表就和该工作区建立起对应的关系,所以打开表后可以用表的别名来代替工作区别名。

4.6.2 选择工作区

由于 VFP 一般情况下是针对当前工作区中的表进行操作,因此如果想对另外一个工作区中的表进行操作,应该先选择工作区,将该工作区设置为当前工作区。

(1) 选择工作区

【格式】 SELECT <工作区编号>|<工作区别名>|<表别名>

【功能】 选择当前工作区。

例 4.26 分析下列命令的执行结果。

① USE STUDENT
② USE SCORE IN 0
③ SELECT D
④ USE COURSE
⑤ USE TEACHER ALIAS TE
⑥ SELECT SCORE

第 1 条命令:在默认的当前工作区中打开 STUDENT 表。

第 2 条命令:在当前未使用的工作区号最小的工作区中打开 SCORE 表。

第 3 条命令:选择 4 号工作区为当前工作区。

第 4 条命令:在当前(4 号)工作区中打开 COURSE 表。

第 5 条命令:在当前工作区中打开 TEACHER 表(与此同时也关闭了执行第 4 条命令时打开的 COURSE 表),指定表的别名为 TE。

第 6 条命令:选择打开 SCORE 表的工作区为当前工作区。

VFP 系统允许用户在不同的工作区打开同一个表文件,方法是在打开表的 USE 命令后加上关键字 AGAIN。

(2) 访问非当前工作区中表的数据

用户可以访问非当前工作区中打开的表的数据,方法是在命令或程序中表示非当前工作区表的字段名前加注工作区别名或表的别名。

【格式】 <别名>-><字段名> 或 <别名>.<字段名>

【说明】 符号"->"由"-"和">"两个符号(均为半角字符)组合而成。

4.6.3 建立表之间的临时关联

(1) 表之间的临时关联

在系统默认的情况下,移动当前工作区表中的记录指针并不能带动其他工作区表中的记录指针一起移动。

实际应用中往往希望一个表(子表)的记录指针能自动随另一个表(父表)的记录指针移动。例如,希望 STUDENT 表和 ROOM 表之间建立关联,在 STUDENT 表中浏览某个学生的基本信息时能快速在 ROOM 表中浏览到他的住宿情况。这就需要在表之间建立关联。

建立关联的两个表要有相同的字段(称为关联字段),或者能建立起关联的相同的字段表达式,一般来说,这种字段或字段表达式为父表的主索引,为子表的主控索引。

一旦建立了这种关联,当移动父表中的记录指针时,子表能根据索引快速将自己的记录指针移动到和父表关联字段值相匹配的记录上。

这种关联是临时关联,一旦退出 VFP 或关闭了父表、子表,所建立的关联自动取消,在下次使用时还需要重新建立。

(2) 用命令建立表之间的临时关联

【格式】SET RELATION TO [<关键字表达式1>|<数值表达式1>
INTO <工作区号1>|<表别名1>[,<关键字表达式2>|<数值表达式2>
INTO <工作区号2>|<表别名2>…][ADDITIVE]]

【功能】建立当前工作区中的表(父表)与另外工作区中打开的表(子表)间的关联。

【说明】

① 必须以父表所在的工作区为当前工作区,然后再使用本命令与非当前工作区(用"工作区号"或"表别名"指定)中的表(子表)建立关联。一个父表可以与多个子表建立关联。

② 使用 ADDITIVE 选项在父表与子表之间建立关联时,原先已存在的关联仍然保留。如果不选用该项,则建立新关联时将取消原有的关联。

③ 若选择"关键字表达式",则子表必须按"关键字表达式"建立索引,且被指定为主控索引。若选择"数值表达式",则两个表按照记录号相关联,此时子表不要求索引。通常情况下,用两个表都具有的相同字段作为建立临时关联的"关键字表达式"。

④ 不选任何可选项,则取消已与当前表建立的关联。

⑤ 建立临时关联后,父表和子表记录指针的移动规则是:父表指针每移动到一条记录,子表则按关键字表达式的值进行索引查找,并将记录指针定位到相对应的记录上。若子表中有多条记录和父表的当前记录相对应,则子表的记录指针指向第一个相匹配的记录。

例 4.27 建立 STUDENT 表(父表)和 ROOM 表(子表)间的临时关联,显示指定字段内容,可采用如下的命令序列来实现(假设有关索引已经建立,如果此前已经打开了 STUDENT 表和 ROOM 表,在执行下述命令前应先关闭这两个表)。

```
USE ROOM ORDER XH IN 0        &&打开 ROOM 表,指定 XH(学号)为主控索引
USE STUDENT IN 0 ORDER XH     &&打开 STUDENT 表,指定 XH(学号)为主控索引
SELE STUDENT                  &&选择打开STUDENT 表的工作区为当前工作区
SET RELA TO 学号 INTO ROOM    &&通过"学号"关键字建立两个表的临时关联
LIST STUDENT.学号,STUDENT.姓名,ROOM.宿舍楼号,ROOM.房间号,ROOM.电话
```

在主窗口显示的运行结果如图 4.42 所示。

记录号	Student->学号	Student->姓名	Room->宿舍楼号	Room->房间号	Room->电话
7	40402001	郑戊求			
2	40402002	钱丑学	3	207	93201
3	40402003	孙寅笃	2	108	94108
9	40402004	冯申守			
12	40501001	魏亥奇			
1	40501002	赵子博	3	206	93206
4	40501003	李卯志	1	201	91201
5	41501001	周辰明	2	302	94302
6	41501002	吴巳德			
11	41501003	诸戌出			
10	42501001	陈酉正			
8	42501002	王未真			

图 4.42　建立关联后两个表对应的记录显示结果

此外，还可以使用"数据工作期"窗口建立表之间的临时关联。

4.7　表之间的永久关系与参照完整性

在 VFP 中可以非常方便地在数据库表之间创建永久性的关系(也称为联系)，然后就可以利用这些关系来操作各数据库表中有联系的数据。

4.7.1　建立表之间的永久关系

表之间的关系有两种：永久关系和临时关系。永久关系存储在数据库文件中，一旦创建，便一直保存在数据库中；而上一节介绍的表之间的临时关联(也就是临时关系)不保存在数据库中，往往根据操作的需要临时建立，一旦数据库或表关闭了，表之间的临时关联也就消失了。

在两个表之间建立永久关系的前提是这两个表要有公共的字段，并且分别用公共字段(或公共字段组合)建立了索引。这种字段(或字段组合)在父表中是主关键字(主索引)，在子表中是外部关键字(如果一个字段或字段组合不是本表的主关键字，却是另外一个表的主关键字，则这样的字段或字段组合称为该表的外部关键字)。

可以使用"数据库设计器"窗口建立数据库表之间的永久关系，永久关系被作为数据库的一部分保存在数据库中。下面为简化叙述，把永久关系简称为关系。

(1) 创建表之间的一对一关系

若建立的是一对一的关系，则两个表都必须具有相同的关键字，并且父表根据该关键字建立了主索引，子表根据该关键字建立了主索引或候选索引。

创建表之间一对一关系的操作过程如下。

① 打开需要建立表之间关系的数据库的"数据库设计器"窗口。

② 确定父表和子表。右击父表，打开快捷菜单后执行"修改"命令，这时将打开该表的"表设计器"对话框，利用表设计器在父表中根据公共的关键字建立主索引，用同样的方法在子表中根据相同的关键字建立主索引或候选索引。

③ 返回"数据库设计器"窗口后，单击选中父表中的主索引(该索引前有一个钥匙符号)，然后按住鼠标左键并拖至与其建立关系的子表中的主索引或候选索引处松开鼠标，两个表之

间将出现了一条连线，表示在这两个表之间建立了一对一关系。

根据 STUDENT 表的 XH 主索引和 ROOM 表的 XH 候选索引建立了一对一关系后的"数据库设计器"窗口如图 4.43 所示。

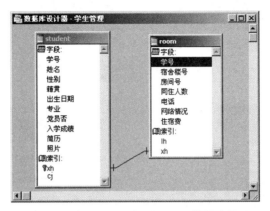

图 4.43　在表之间建立一对一关系后的"数据库设计器"窗口

(2) 创建表之间的一对多关系

若要根据共同字段(或字段组合)在两个表之间建立一对多的关系，则"一"方必须根据共同的字段(或字段组合)建立一个主索引，"多"方必须根据相同的字段(或字段组合)建立一个普通索引。由于两个表中同一字段(或字段组合)值是一对多的关系，因此两个表之间就具有了一对多的关系。建立表之间一对多关系的操作过程和建立表之间一对一关系的操作过程基本相同。

例如一个学生可以学习多门课程并有多门课程成绩，所以在 STUDENT 表和 SCORE 表之间可以创建一对多关系，在 STUDENT 表和 SCORE 表之间创立了一对多关系后的"数据库设计"窗口如图 4.44 所示。STUDENT 表是父表，根据 XH 建立主索引；SCORE 表是子表，根据 XH 建立普通索引。其中表示关系的连线有一端分成三叉，表示它是一对多关系。

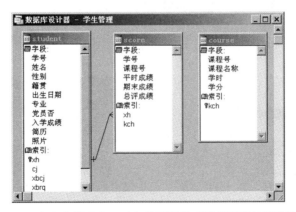

图 4.44　在表之间建立一对多关系后的"数据库设计器"窗口

(3) 创建表之间的多对多关系

建立两个表之间的多对多的关系，往往需要通过第 3 个表(中介表)，将其转化为两个一对多的关系。

例如学生管理数据库中的 STUDENT 表与 COURSE 表之间就存在多对多关系，STUDENT 表中的一条记录可以与 COURSE 表的多条记录对应，即一个学生可以学习多门课程；COURSE 表中的一条记录同样也可以对应 STUDENT 表中的多条记录，即一门课程可以被多个学生学习。而 SCORE 表就可以作为一个中介表，通过 STUDENT 表（用"学号"字段做桥梁）、COURSE 表（用"课程号"字段做桥梁）和 SCORE 表建立一对多关系，就可以在 STUDENT 表和 COURSE 表之间形成多对多关系，如图 4.45 所示。

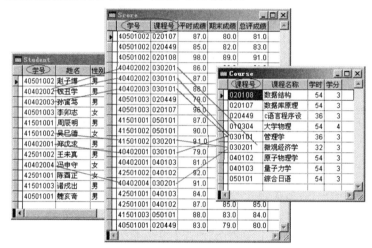

图 4.45 多对多关系示意图

（4）编辑数据库表之间的关系

对已经建立好的表之间的关系可以进行修改，其方法是在"数据库设计器"窗口中右击表示表之间关系的连线，在弹出如图 4.46 中所示的快捷菜单后，执行相应的命令进行处理。

例如，若想通过其他索引建立两个表之间的关系，可执行其中的"编辑关系"命令，打开如图 4.47 所示的"编辑关系"对话框后进行操作。

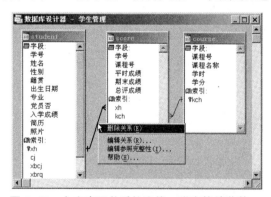

图 4.46 右击表示关系的连线，弹出快捷菜单

图 4.47 "编辑关系"对话框

4.7.2 设置参照完整性

在数据库表之间建立了永久关系后，就可以在此基础上设置表之间数据的参照完整性。在设置参照完整性之前要清理数据库，即物理删除被逻辑删除的记录。

在"数据库设计器"窗口中右击表示表之间关系的连线，在弹出的快捷菜单中单击"编辑参照完整性"命令,即可打开如图 4.48 所示的"参照完整性生成器"对话框,用来设置表之间数据的参照完整性。该对话框中有 3 个选项卡,分别用来设置记录的更新、删除和插入规则。

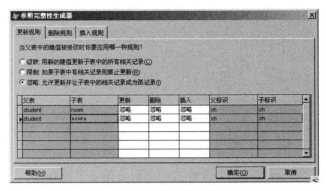

图 4.48 "参照完整性生成器"对话框

① "更新规则"选项卡用来设置当父表中的关键字被修改时如何更新相关记录。

选择"级联"选项,自动用新的关键字值更新子表中所有相关的记录。

选择"限制"选项,若子表中有相关的记录,则禁止更新父表。

选择"忽略"选项,允许更新父表,但忽略子表中的相关记录。

② "删除规则"选项卡用来设置当父表中的记录被删除时如何删除相关记录。

选择"级联"选项,自动删除子表中所有相关的记录。

选择"限制"选项,若子表中有相关的记录,则禁止删除父表中的记录。

选择"忽略"选项,允许删除父表中的记录,忽略子表中的相关记录。

③ "插入规则"选项卡用来设置在子表中插入记录或更新记录时系统如何处理。

选择"限制"选项,若父表中不存在相匹配的记录,则禁止在子表中进行插入。

选择"忽略"选项,忽略父表中的记录,允许在子表中进行插入。

【注意】设置了参照完整性规则后,在操作中将受到一些约束。例如将插入规则设为限制,若父表中不存在匹配的关键字则在子表中禁止插入。

4.8 自 由 表

VFP 中的表有两种存在状态,即自由表状态和数据库表状态。前面主要介绍了数据库表。不属于任何数据库的表是自由表。自由表不具备数据库表的一些属性。所有由 Foxbase 或早期版本的 FoxPro 创建的表文件(扩展名为 DBF)都是自由表。VFP 中保留自由表是为了与早期版本兼容。

4.8.1 自由表的创建和特性

创建自由表的方法与创建数据库表类似,有以下几种:

① 在"项目管理器"窗口中,选择"数据"→"自由表"选项后单击"新建"按钮,打开表设计器建立自由表。

② 确认当前没有打开的数据库，使用 CREATE 命令打开表设计器，建立自由表。

③ 确认当前没有打开的数据库，执行"文件"→"新建"菜单命令，打开如图 4.5 所示的"新建"对话框，在"文件类型"选项按钮组中选择"表"单选项，单击"新建文件"按钮打开表设计器，建立自由表；也可以单击"向导"按钮，使用表向导建立自由表。

建立自由表的表设计器和建立数据库表的表设计器基本相同，如图 4.9 所示，只是右侧属性区域中的内容呈暗色显示，表示不可设置。

数据库表与自由表相比有以下主要特点。

① 数据库表可以使用长表名。
② 可以为数据库表中的字段设置标题和添加注释。
③ 可以为数据库表中的字段设置默认值和输入掩码。
④ 数据库表的字段有默认的控件类型。
⑤ 可以为数据库表设置字段级有效性规则和记录级有效性规则。
⑥ 数据库表支持主关键字、表之间的关系和参照完整性。
⑦ 数据库表可以有主索引，自由表只可以创建其他类型索引。
⑧ 数据库表支持触发器。

4.8.2 向数据库添加表和从数据库中移去表

可以将自由表添加到数据库中使其成为数据库表，也可以将数据库表从数据库中移出使其成为自由表。

(1) 向数据库添加表

在"数据库设计器"窗口中右击空白处，在弹出的快捷菜单中执行"添加表"命令(或单击数据库设计器工具栏中的"添加表"工具按钮)，然后从弹出的"选择表名"对话框中选择要添加到当前数据库的自由表，最后单击 确定 按钮。自由表即被添加到当前数据库中成为数据库表。

【注意】一个表只能属于一个数据库，不能把已经属于某个数据库的表添加到另一个数据库中，否则会有出错提示。

(2) 从数据库中移去表

在"数据库设计器"窗口中右击需要移去的表，执行快捷菜单中的"删除"命令(或单击数据库设计器工具栏中的"移去表"工具按钮)，然后在弹出的如图 4.49 所示的提示框中单击 移去(r) 按钮，选择的数据库表即成为自由表；如果单击 删除(d) 按钮，则不仅从数据库中移去该表，还从磁盘上删除该表。

图 4.49 从数据库中移去或删除表的提示框

某个数据库表一旦从数据库中被移出，与之联系的与数据库表相关的属性都将随之消失，因此，移去表的操作会影响当前数据库与该表有关系的其他表。如果移出的表使用了长表名，那么一旦移出数据库，将不能再使用长表名。

4.9 习 题

一、单项选择题

1. 下列命令中，不具有修改记录功能的命令是_____。
   A. EDIT   B. REPLACE
   C. BROWSE   D. MODI STRU

2. 假设表中有100条记录，当前记录号为10，则执行"LIST NEXT 5"命令后，当前记录的记录号为_____。
   A. 10   B. 14
   C. 15   D. EOF

3. 当前工作区打开的表中包含字段名为"基本工资"的数值型字段，若要将记录指针定位到第一个基本工资高于2000的记录上，应使用命令_____。
   A. SEEK 基本工资>2000   B. FIND 基本工资>2000
   C. FIND FOR 基本工资>2000   D. LOCATE FOR 基本工资>2000

4. 执行SORT命令时，如果生成的新表与原表同名，则_____。
   A. 覆盖原表   B. 没有任何反应
   C. 提示"参数或命令错误"   D. 提示"文件正在使用"

5. 在VFP的命令中，"FIELDS<字段名>"子句和"FOR<表达式>"子句对应的两种关系运算分别是_____。
   A. 投影和连接   B. 选择和替换
   C. 统计和筛选   D. 投影和选择

6. 若STUDENT表中包含"姓名"（字符型）、"出生日期"（日期型)字段，则要显示1990年出生的学生名单，正确的命令是_____。
   A. LIST 姓名 FOR 出生日期 = 1990
   B. LIST 姓名 FOR 出生日期 = "1990"
   C. LIST 姓名 FOR YEAR(出生日期)= 1990
   D. LIST 姓名 FOR 出生日期>{^1990-01-01} AND 出生日期<{^1990-12-31}

7. 下列关于VFP自由表的叙述中，正确的是_____。
   A. 自由表和数据库表是完全相同的
   B. 自由表可以添加到数据库中，数据库表也可以从数据库中移出成为自由表
   C. 自由表可以添加到数据库中，数据库表不能从数据库中移出成为自由表
   D. 自由表不可以添加到数据库中

8. 如果要控制数据库表中的"学号"字段只能输入数字，则对该字段应设置_____。
   A. 显示格式   B. 输入掩码
   C. 字段有效性   D. 记录有效性

9. "SET RELATION"命令是一种_____命令。
   A. 逻辑排序   B. 物理排序
   C. 逻辑关联   D. 物理关联

10. 在 VFP 中，为了使"工资"字段输入的值在 2000 到 5000 之间，应定义_____。
    A. 实体完整性   B. 域完整性
    C. 参照完整性   D. 以上都是
11. 下面有关索引的描述中，正确的是_____。
    A. 建立索引后，原来的数据库表文件中记录的物理顺序将被改变
    B. 索引与数据库表的数据存储在一个文件中
    C. 索引文件中包含指向数据库文件记录的指针
    D. 使用索引不能加快对表的查询操作
12. 下列关于父表与子表的叙述中，正确的是_____。
    A. 父表与子表是由表结构决定的
    B. 父表与子表的地位是相对的
    C. 父表只能有主索引，子表一定不能有主索引
    D. 一个表不可能既是父表又是子表
13. 不能用来当作索引字段的是_____字段。
    A. 日期型   B. 通用型
    C. 数值型   D. 逻辑型
14. 假设已经建立了两个表之间的临时关联，在与第三个表建立关联时，为了保持原有的关联，必须在"SET RELATION"命令中使用_____子句。
    A. UNIQUE   B. FIELDS
    C. ADDITIVE   D. RANDOM

二、填空题

1. 在 VFP 中，数据库文件的扩展名是_____，表文件的扩展名是_____。
2. 指定主控索引后，该索引将决定表中记录的_____顺序。
3. 在当前工作区中打开 STUDENT 表的同时指定 ST1 为它的表别名的命令为_____。
4. 若当前表（未指定主控索引）中包含 10 条记录，依次执行"GO BOTTOM"和 SKIP 命令后，RECNO() 的返回值为_____，EOF() 的返回值为_____。
5. 用 LOCATE 命令将记录指针定位到满足条件的第一条记录后，连续执行_____命令可找到满足条件的其他记录。
6. VFP 中一条命令可以分多行书写，在一行未写完整条命令时，行尾必须用一个续行标志，续行标志是_____。
7. 在 VFP 表中如果包含备注型字段，则备注型字段内容会自动保存在一个与表文件主名相同，但扩展名为_____的文件中。
8. 在 VFP 表中设置主索引和候选索引可以保证数据记录的_____完整性。
9. 在 VFP 中，实现表之间临时关联的命令是_____。

三、操作题

1. 在"学生管理"数据库中建立 SCORE 表，表结构和记录如下所示。

字段名	类型	宽度	小数位
学号	字符型	8	
课程号	字符型	6	
平时成绩	数值型	5	1
期末成绩	数值型	5	1
总评成绩	数值型	5	1

学号	课程号	平时成绩	期末成绩	总评成绩
40501002	020107	87.0	80.0	81.0
40501002	020449	85.0	82.0	83.0
40501002	020108	98.0	89.0	91.0
40402002	030201	86.0	80.0	81.0
40402002	030101	87.0	79.0	81.0
40402003	030101	88.0	81.0	82.0
40501003	020449	79.0	62.0	65.0
40501003	020107	96.0	90.0	91.0
41501001	050101	87.0	84.0	85.0
41501002	050101	90.0	92.0	92.0
41501002	030201	91.0	93.0	93.0
40402001	030101	60.0	55.0	56.0
40402001	040103	81.0	80.0	80.0
42501002	040102	92.0	85.0	86.0
40402004	030201	91.0	88.0	89.0
42501001	040103	84.0	81.0	82.0
42501001	040102	87.0	85.0	85.0
41501003	050101	88.0	83.0	84.0
40501001	020449	83.0	79.0	80.0

2. 在"学生管理"数据库中建立 COURSE 表，表结构和记录如下所示。

字段名	类型	宽度	小数位
课程号	字符型	8	
课程名称	字符型	14	
学时	整型	4	
学分	整型	4	

课程号	课程名称	学时	学分
020108	数据结构	54	3
020107	数据库原理	54	3
020449	c语言程序设计	36	2
010304	大学物理	54	4
030101	管理学	36	3
030201	微观经济学	32	3
040102	原子物理学	54	3
040103	量子力学	54	3
050101	综合日语	54	3

3. 在"学生管理"数据库中建立 ROOM 表，表结构和记录如下所示。

字段名	类型	宽度	小数位
学号	字符型	10	
宿舍楼号	字符型	10	
房间号	字符型	10	
同住人数	数值型	2	
电话	字符型	10	
网络情况	字符型	10	
住宿费	数值型	4	

学号	宿舍楼号	房间号	同住人数	电话	网络情况	住宿费
41501001	2	302	4	94302	无	800
40501003	1	201	4	91201	宽带	800
40501002	3	206	6	93206	宽带	600
40402002	3	207	6	93207	宽带	600
40402003	2	108	4	94108	无	800
60103007	1	201	4	91201	宽带	800
60103011	1	101	4	91101	宽带	800

4. 建立 TEACHER 自由表，表结构和记录如下所示。

字段名	类型	宽度	小数位
编号	字符型	6	
姓名	字符型	8	
职称	字符型	6	
性别	字符型	2	
工作时间	日期型	8	
婚否	逻辑型	1	
部门代码	字符型	2	
基本工资	数值型	7	1
照片	通用型	4	
简历	备注型	4	

编号	姓名	职称	性别	工作时间	婚否	部门代码	基本工资	照片	简历
020101	赵剑锋	教授	男	02/03/86	.T.	01	4800.0	Gen	Memo
110303	王立	副教授	男	07/05/97	.T.	03	3600.0	gen	memo
040303	孙小东	助教	男	04/06/05	.F.	03	1800.0	gen	memo
090102	李茜	教授	女	09/07/88	.T.	01	4821.0	gen	memo
060203	周明	副教授	男	10/04/98	.T.	02	3800.0	gen	memo
070201	吴玥	讲师	女	07/07/01	.F.	02	2100.0	gen	memo
080402	王晨	讲师	男	03/03/03	.T.	04	2000.0	gen	memo
050102	王子浩	讲师	男	05/09/92	.T.	01	2300.0	gen	memo
100403	冯丽丽	副教授	女	07/09/92	.T.	04	3600.0	gen	memo
030100	陈雪梅	讲师	女	08/07/00	.F.	01	2000.0	gen	memo
120202	李宏睿	助教	男	05/20/07	.F.	02	1890.0	gen	memo
010102	魏征	教授	男	08/25/89	.T.	01	4810.0	gen	memo

5. 建立 BUMEN 自由表,表结构和记录如下所示。

字段名	类型	宽度	小数位
部门代码	字符型	2	
部门名称	字符型	12	
部门电话	字符型	5	

部门代码	部门名称	部门电话
01	信息工程学院	59535
02	外语学院	53711
03	物理科学学院	53478
04	国际商学院	53641
05	文学院	53685

6. 把 TEACHER 表和 BUMEN 表添加到"教师管理"数据库中。
7. 在"教师管理"数据库中,建立如图 4.50 所示的永久关系。

图 4.50 "教师管理"数据库中表之间的关系

8. 统计 TEACHER 表中已婚女性人数,并存入内存变量 MM 中。
9. 将 TEACHER 表男教授的记录复制到一个 NEW 新表中,新表中只有"姓名""性别"和"基本工资"字段。
10. 对 TEACHER 表按"部门代码"字段对基本工资进行汇总,生成 HZ 新表。
11. 对 TEACHER 表用 LOCATE 命令和 CONTINUE 命令,分别逐条显示职称为"讲师"的人员的全部信息。

第5章 SQL 语言及应用

SQL 是结构化查询语言（Structured Query Language）的缩写，其主要功能包括数据查询、数据定义、数据操作和数据控制 4 个部分。

5.1 SQL 语言概述

最早的结构化查询语言是 IBM 的圣约瑟研究实验室为其"SYSTEM R"关系数据库管理系统开发的一种查询语言，它的前身是 SQUARE 语言。由于 SQL 语言结构简洁、功能强大、简单易学，所以自从 IBM 公司 1981 年推出 SQL 语言以来，得到了广泛的应用。如今无论是 Oracle、Sybase、Informix、SQL Server 这些大型的数据库管理系统，还是 Visual FoxPro、Access、PowerBuilder 这些微机上常用的数据库管理系统，都支持 SQL 语言作为查询语言。

SQL 语言有以下特点。

① SQL 语言的结构类似于英语的自然语言，虽然它的功能极强，但由于设计巧妙，只用了 9 个动词就可以完成数据查询、数据定义、数据操作和数据控制等功能。

② SQL 语言是一种非过程化的语言，使用这种语言时，用户只需要明确提出做什么，而不必指明具体的操作过程，这大大减轻了用户的负担，提高了工作效率。

③ SQL 语言既是自含式语言，又是嵌入式语言。所谓自含式语言是指可以像对待一般的 FoxPro 命令一样，按交互方式使用它，即直接在命令窗口中输入 SQL 语句，对数据库进行操作，并且立即得到执行结果；所谓嵌入式语言是指 SQL 语句能够嵌入到其他语言的程序中使用，例如可以把 SQL 语句用在 FoxPro 的程序中，运行程序过程中执行到它的时候完成其指定的任务。

④ SQL 语言是一种面向集合的语言，每个语句的操作对象是一个或多个关系，结果也往往是一个关系。

SQL 语言包含 4 个部分 9 个命令动词：

数据查询——SELECT；

数据定义——CREATE、DROP、ALTER；

数据操作——INSERT、UPDATE、DELETE；

数据控制——GRANT、REVOKE。

FoxPro 关系数据库管理系统从 FoxPro 2.5 For DOS 版本开始就支持 SQL 语言，VFP 9.0 版本又进一步完善了对 SQL 语言的支持，它完全支持数据查询、数据定义和数据操作功能，但是它不支持数据控制功能。

5.2 数据查询

　　SQL 的核心是数据查询，SQL 的数据查询语句也称为 SQL SELECT 语句，它的基本形式由 SELECT…FROM…WHERE…语句块组成，且多个语句块可以嵌套执行。SQL SELECT 语句使用起来非常简单，但功能却非常丰富和强大，掌握了 SQL SELECT 语句就基本掌握了 SQL 语言的精髓。SQL SELECT 语句的完整语法解释如下（如果因为 SQL SELECT 语句太长，实际输入过程中需要换行时，除了最后一行之外，其余各行的行尾要使用续行符";"，本章为使语句的表述更清晰，在格式表述中一律省略续行符）。

　　【格式】SELECT［ALL｜DISTINCT］［TOP〈数值表达式〉［PERCENT］］
　　　　　　〈查询序列项〉［AS〈显示列名〉］［,…］
　　　　　　FROM［FORCE］〈表序列项〉［,…］
　　　　　　[[〈联接类型〉]JOIN〈数据库名〉!]〈表名〉[[AS]〈本地别名〉]
　　　　　　［ON〈联接条件〉［AND｜OR［〈联接条件〉］…］］
　　　　　　［WHERE〈筛选条件〉［AND｜OR〈联接条件〉｜〈筛选条件〉］…］
　　　　　　［GROUP BY〈分组选项〉［,…］］［HAVING〈筛选条件〉［AND｜OR…］］
　　　　　　［UNION［ALL］〈SELECT 语句〉］
　　　　　　［ORDER BY〈排序选项〉［ASC｜DESC］［,…］］
　　　　　　［INTO ARRAY〈数组名〉｜DBF〈表名〉｜TABLE〈表名〉｜CURSOR〈临时表〉］
　　　　　　［TO FILE〈文件名〉｜PRINTER｜SCREEN］
　　　　　　［PLAIN］［NOWAIT］

　　【功能】从 FROM 子句的表序列项中指定的一个或多个表中检索数据。

　　【说明】SQL SELECT 语句的格式看起来有些复杂，实际上只要理解了语句中各个子句（也称为短语）的含义，还是比较容易掌握的。

　　① SELECT 子句（格式中的第 1、2 行）指定要在查询结果中显示的字段、常量和表达式，即指定查询要输出的数据项，用来解决查询什么的问题，完成关系的投影运算。

　　② FROM 子句（格式中的第 3、4、5 行）指定查询用来检索数据的一个或多个表，即指定查询输出的数据来自哪个（哪些）表或视图，解决从哪查询的问题。

　　③ WHERE 子句指定联接和筛选条件,用于决定查询返回的行。即选择哪些记录（元组），完成关系的选择运算。使用该子句还可以在多表查询时指定关联条件。

　　④ "GROUP BY"子句指定一个或多个对查询结果用来分组的列，即用来对查询结果进行分组。可以利用它进行分组汇总。

　　⑤ UNION 子句合并两个或更多的具有相同字段个数的 SQL SELECT 语句的结果，即将几个 SQL SELECT 语句的查询结果通过合并运算组合成一个查询结果，为了进行合并运算，要求参与运算的两个查询结果具有相同的字段个数。

　　⑥ "ORDER BY"子句指定用来对最后查询输出结果排序的一个或多个数据项，使查询结果按顺序排列。

　　⑦ INTO 或 TO 子句指定输出选项，它确定 SQL SELECT 语句存储或发送最终结果的位置，缺省时为"浏览"窗口。

⑧ 其他为附加显示选项。

❖ 选择 PLAIN 选项将不让列标题出现在查询显示的结果中。

❖ 当把 SQL SELECT 语句用在程序中时,如果选择 NOWAIT 选项,可以在打开查询并将查询结果输出到"浏览"窗口之后,继续运行程序,即不等待关闭"浏览"窗口就立即继续执行 SELECT 语句后面的程序行。如果包含 INTO 子句,VFP 将忽略 NOWAIT 选项。

VFP 系统支持的 SQL SELECT 查询语句功能非常强大,往往执行一条 SQL SELECT 语句完成的数据查询操作相当于执行多条一般的 VFP 命令。

5.2.1 简单查询

所谓简单查询是指基于单个表,并设置了简单筛选记录条件的查询。它是以 SELECT、FROM、WHERE 三个子句即可完成的查询。

【格式】SELECT [ALL|DISTINCT] [TOP <数值表达式>[PERCENT]]
   *|[<别名>.]<查询列表>[[AS]<显示列名>][, …]
  FROM [<数据库名>!]<表名>[[AS]<别名>]
  WHERE <筛选条件>

【说明】

① SELECT 子句(格式中的第 1、2 行)指定要在查询结果中显示的字段、常量和表达式。其各选项的含义如下。

❖ ALL——默认选项。输出所有满足条件的记录,包括重复的记录。

❖ DISTINCT——从查询结果中排除所有的重复行。每条 SELECT 子句只能使用一次 DISTINCT。

❖ TOP <数值表达式>[PERCENT]——指定查询结果中包含<数值表达式>确定的行数,或查询结果行数的百分比。数值表达式的值的范围是 1~32,767;如果包含了 PERCENT 选项,可以指定 0.01~99.99 的百分比。VFP 首先检索所有的记录,然后摘录出符合"TOP <数值表达式>[PERCENT]"的记录。值得注意的是 TOP 子句必须与"ORDER BY"子句同时使用才有效,说明显示前几个记录。

❖ *——代表表中所有字段。

❖ [<别名>.]<查询列表>[[AS] <显示列名>]——指定包含在查询结果中的列项目,这里指定的每一项都在查询结果中生成一列。查询列表可以是常量(将会在查询结果的每一行中显示)、表达式、字段。值得注意的是,从多个表中检索同名的一个或多个字段时,一定要在这类字段的前面标注表的别名,以避免重复列;当查询列表项是一个表达式时,最好给该列一个有意义的名称,即指定一个显示列名;可以在表达式中使用 SQL 提供的聚集函数,但不能嵌套使用聚集函数。表 5.1 列出了可以在查询列表的表达式中使用的聚集函数。

表 5.1   SQL SELECT 语句中的聚集函数

聚集函数	说 明
AVG()	用法:AVG(字段)。计算数值型数据列的平均值
COUNT()	用法:COUNT(字段|*)。统计某列中选定项的数目,即统计查询输出的行数,使用 DISTINCT 不重复统计,忽略空值

(续表)

聚集函数	说明
MIN()	用法：MIN(字段)。确定数据列中的最小值，忽略空值
MAX()	用法：MAX(字段)。确定数据列中的最大值，忽略空值
SUM()	用法：SUM(字段)。统计数值型数据列的总和

② FROM 子句用"[<数据库名>!]<表名>"指出查询数据的来源表，可以用"[[AS] <别名>]"给表另起别名(AS 单词可以缺省)。如果表名指定的表不是当前数据库中的表，则必须包含数据库名，数据库名与表名之间用一个惊叹号"!"分隔。

③ WHERE 子句用筛选条件指定包含在查询结果中的记录必须满足的条件，筛选条件可以是关系表达式或逻辑表达式。表 5.2 列出了筛选条件中可以出现的运算符。

表 5.2 表示筛选条件的表达式中的运算符

选 项	说 明
=、== 、<>(!=、#)、>、>=、<、<=	比较运算符：等于、精确等于、不等于、大于、大于或等于、小于、小于或等于
BETWEEN	用法：<字段名><BETWEEN><下界值> AND <上界值> 字段值在指定的下界值和上界值之内为满足条件
LIKE	用法：<字段名><LIKE><字符表达式> 字段值与字符表达式的值相匹配为满足条件。字符表达式中可以包含通配符"%"和"_"，"%"表示 0 个或多个字符，"_"表示 1 个字符
IS [NOT] NULL	用法：<字段名> IS [NOT] NULL 字段值是(不是).NULL.为满足条件
NOT (=)	用法：NOT (A=B) 含义与 A<>B 或 A!=B 相同

例 5.1 对 STUDENT 表完成下列简单查询。

① 查询所有学生的所有信息。

在命令窗口中输入语句：

SELECT * FROM 学生管理!STUDENT

结果如图 5.1 所示：

图 5.1 STUDENT 表中所有学生的所有信息

【说明】为节省篇幅，在下面的例题叙述中将省略"在命令窗口中输入语句："。

② 查询非党员女生的学号、姓名、性别和专业，结果如图 5.2 所示。
   SELECT 学号，姓名，性别，专业 FROM STUDENT；
   WHERE 性别="女" AND NOT 党员否

③ 查询学生的专业信息，要求去掉重复记录，结果如图 5.3 所示。
   SELECT DISTINCT 专业 FROM STUDENT

图 5.2 第②题查询输出结果　　　　图 5.3 第③题查询输出结果

④ 查询所有学生的姓名和年龄，结果如图 5.4 所示。
   SELECT 姓名，YEAR(DATE())-YEAR(出生日期) 年龄 FROM STUDENT

⑤ 查询女生的人数、最高入学成绩、最低入学成绩、入学成绩平均分及入学成绩总和，结果如图 5.5 所示。
   SELECT "女" AS 性别，COUNT(*) AS 人数，MAX(入学成绩) 最高分，；
   MIN(入学成绩) 最低分，AVG(入学成绩) 平均分，SUM(入学成绩) 总成绩；
   FROM STUDENT WHERE 性别="女"

图 5.4 第④题查询输出结果　　　　图 5.5 第⑤题查询输出结果

⑥ 统计 STUDENT 表中学生所学专业的数目。
   SELECT COUNT(DISTINCT 专业) AS 专业数 FROM STUDENT
查询结果是 4。

【注意】除非对关系中的记录个数进行计数，一般在 COUNT 函数中应该使用 DISTINCT。

⑦ 查询入学成绩在 540 分到 650 分之间的学生信息，结果如图 5.6 所示。
   SELECT * FROM STUDENT WHERE 入学成绩 BETWEEN 540 AND 650

图 5.6 第⑦题查询输出结果

⑧ 查询所有籍贯为山西或山东学生的学号、姓名、籍贯和专业，结果如图 5.7 所示。

```
SELECT 学号, 姓名, 籍贯, 专业 FROM STUDENT WHERE 籍贯 LIKE "山%"
```

⑨ 查询非计算机应用专业的学生的信息，结果如图 5.8 所示。

```
SELECT * FROM STUDENT WHERE NOT (专业="计算机应用")
```

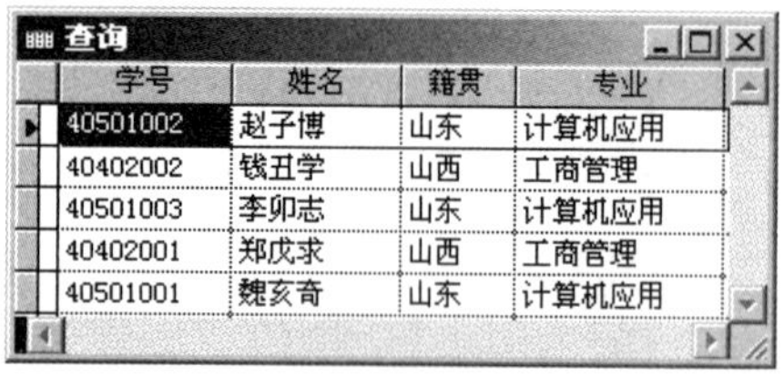

学号	姓名	籍贯	专业
40501002	赵子博	山东	计算机应用
40402002	钱丑学	山西	工商管理
40501003	李卯志	山东	计算机应用
40402001	郑戌求	山西	工商管理
40501001	魏亥奇	山东	计算机应用

图 5.7 第⑧题查询输出结果

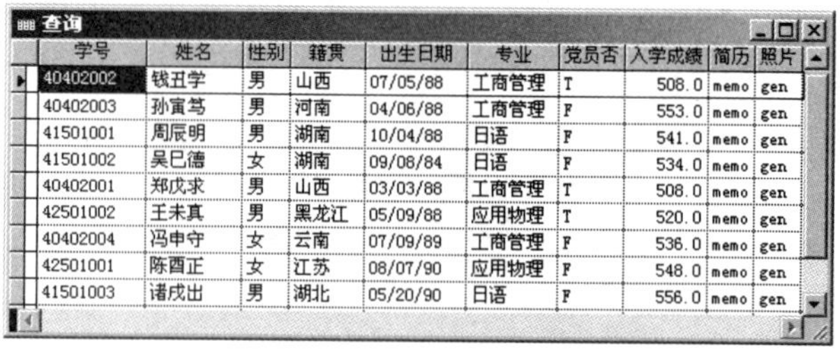

学号	姓名	性别	籍贯	出生日期	专业	党员否	入学成绩	简历	照片
40402002	钱丑学	男	山西	07/05/88	工商管理	T	508.0	memo	gen
40402003	孙寅笃	男	河南	04/06/88	工商管理	F	553.0	memo	gen
41501001	周辰明	男	湖南	10/04/88	日语	F	541.0	memo	gen
41501002	吴巳德	女	湖南	09/08/84	日语	F	534.0	memo	gen
40402001	郑戌求	男	山西	03/03/88	工商管理	T	508.0	memo	gen
42501002	王未真	男	黑龙江	05/09/88	应用物理	T	520.0	memo	gen
40402004	冯申守	女	云南	07/09/89	工商管理	F	536.0	memo	gen
42501001	陈酉正	女	江苏	08/07/90	应用物理	F	548.0	memo	gen
41501003	诸戌出	男	湖北	05/20/90	日语	F	556.0	memo	gen

图 5.8 第⑨题查询输出结果

5.2.2 嵌套查询

嵌套查询是一类基于多个关系的查询，即检索关系 X 中的记录时，它的查询条件依赖于相关的关系 Y 中记录的属性值，其中关系 X 和关系 Y 可以是同一个关系，也可以是相关联的不同的关系。实现嵌套查询的方法是：在一个 SQL SELECT 语句的 WHERE 子句中出现另一个 SQL SELECT 子查询语句，即以一个子查询的结果作为主查询的条件。

【格式】SELECT … FROM … WHERE [〈筛选条件〉] [AND|OR]
〈字段名〉运算符 (SELECT … FROM … WHERE …)

【说明】在 VFP 9.0 以前的版本中，当子查询嵌套层次多于一个时会产生“1842 错误(SQL：子查询嵌套太多)”信息。VFP 9.0 支持关联父查询的多重子查询嵌套，嵌套深度没有限制。表 5.3 列出了几个和嵌套查询或子查询有关的运算符。

表 5.3 可以出现在嵌套查询中的运算符

选　项	说　明
=	用法：字段名 = (〈子查询〉) 表示字段值等于子查询返回的单值
[NOT] IN	用法：〈字段名〉[NOT] IN (〈子查询〉) 表示字段值是(或不是)子查询结果集中的内容
ANY 或 SOME	用法：〈字段名〉关系运算符 ANY|SOME (〈子查询〉) 表示字段值只要满足子查询结果集中任意的一个值即可
ALL	用法：〈字段名〉关系运算符 ALL (〈子查询〉) 表示字段值要满足子查询结果集中所有的值
[NOT] EXISTS	用法：[NOT] EXISTS (〈子查询〉) 用来返回子查询结果集中存在(或不存在)的内容

例 5.2 完成下列嵌套查询。

① 子查询返回单值的情况：查询选修“数据库原理”的学生的学号、课程号、平时成绩、期末成绩和总评成绩，结果如图 5.9 所示。

分析：在 COURSE 表中“数据库原理”课程号是唯一的(COURSE 表的数据见图 5.15)；而在 SCORE 表中需要检索所有与该课程号相同(相等)的学生学号。

```
SELECT * FROM SCORE WHERE 课程号 =;
(SELECT 课程号 FROM COURSE WHERE 课程名称 ="数据库原理")
```

② 子查询返回一组值的情况：查询选修了“数据库原理”或“管理学”的学生的学号、姓名、性别、专业和籍贯，结果如图 5.10 所示。

```
SELECT 学号, 姓名, 性别, 专业, 籍贯 FROM STUDENT WHERE 学号 IN;
(SELECT 学号 FROM SCORE WHERE 课程号 IN;
(SELECT 课程号 FROM COURSE;
WHERE 课程名称="数据库原理" OR 课程名称="管理学"))
```

查询

学号	课程号	平时成绩	期末成绩	总评成绩
40501002	020107	87.0	80.0	81.0
40501003	020107	96.0	90.0	91.0

图 5.9 第①题查询输出结果

查询

学号	姓名	性别	专业	籍贯
40501002	赵子博	男	计算机应用	山东
40402002	钱丑学	男	工商管理	山西
40402003	孙寅笃	男	工商管理	河南
40501003	李卯志	女	计算机应用	山东
40402001	郑戊求	男	工商管理	山西

图 5.10 第②题查询输出结果

例 5.3 已知选修了 030101 号和 050101 号课程的学生的学号和成绩分别如图 5.11 和图 5.12 所示。

查询

学号	课程号	平时成绩	期末成绩	总评成绩
40402002	030101	87.0	79.0	81.0
40402003	030101	88.0	81.0	82.0
40402001	030101	60.0	55.0	56.0

图 5.11 选修了 030101 号课程学生的学号和成绩

查询

学号	课程号	平时成绩	期末成绩	总评成绩
41501001	050101	87.0	84.0	85.0
41501002	050101	90.0	92.0	92.0
41501003	050101	88.0	83.0	84.0

图 5.12 选修了 050101 号课程学生的学号和成绩

① 查询选修了 050101 号课程的学生中，平时成绩比选修了 030101 号课程的最低平时成绩(60)高的学生的学号、课程号和成绩，结果如图 5.13 所示。

```
SELECT * FROM SCORE WHERE 课程号="050101" AND 平时成绩>;
ANY (SELECT 平时成绩 FROM SCORE WHERE 课程号="030101")
```

② 查询选修了 050101 号课程的学生中，平时成绩比选修了 030101 号课程的最高平时成绩(87)还要高的学生的学号、课程号和成绩，结果如图 5.14 所示。

```
SELECT * FROM SCORE WHERE 课程号="050101" AND 平时成绩>;
ALL (SELECT 平时成绩 FROM SCORE WHERE 课程号="030101")
```

查询

学号	课程号	平时成绩	期末成绩	总评成绩
41501001	050101	87.0	84.0	85.0
41501002	050101	90.0	92.0	92.0
41501003	050101	88.0	83.0	84.0

图 5.13 第①题查询输出结果

查询

学号	课程号	平时成绩	期末成绩	总评成绩
41501002	050101	90.0	92.0	92.0

图 5.14 第②题查询输出结果

例 5.4 COURSE 表中的记录信息如图 5.15 所示。

Course

课程号	课程名称	学时	学分
020108	数据结构	54	3
020107	数据库原理	54	3
020449	c语言程序设计	36	3
010304	大学物理	54	4
030101	管理学	36	3
030201	微观经济学	32	3
040102	原子物理学	54	3
040103	量子力学	54	3
050101	综合日语	54	3

图 5.15 COURSE 表的记录信息

① 查询有学生选修的课程信息，结果如图 5.16 所示。

SELECT * FROM COURSE WHERE EXISTS ;
(SELECT DISTINCT 课程号 FROM SCORE WHERE 课程号=COURSE.课程号)

② 查询没有学生选修的课程的信息，结果如图 5.17 所示。

SELECT * FROM COURSE WHERE NOT EXISTS ;
(SELECT DISTINCT 课程号 FROM SCORE WHERE 课程号=COURSE.课程号)

查询

课程号	课程名称	学时	学分
020108	数据结构	54	3
020107	数据库原理	54	3
020449	c语言程序设计	36	3
030101	管理学	36	3
030201	微观经济学	32	3
040102	原子物理学	54	3
040103	量子力学	54	3
050101	综合日语	54	3

图 5.16 第①题查询输出结果

查询

课程号	课程名称	学时	学分
010304	大学物理	54	4

图 5.17 第②题查询输出结果

5.2.3 多表查询

(1) 简单联接查询

简单联接查询是指一种基于多个表的等值联接查询，即以关联字段值对应相等为条件进行联接的查询。

【格式】SELECT …
FROM [数据库名 1!]<表 1> [[AS] 别名 1],
[数据库名 2!]<表 2> [[AS] 别名 2] [,…]
WHERE <联接条件 1> [AND|OR <联接条件 2> …] [AND|OR <筛选条件> …]

【说明】

① 在 FROM 子句中指定多个表时，表名之间要用逗号隔开，可以给每个表分别起一个别名，多表操作时使用表的别名会带来很多方便。

② 联接条件的写法为：“表 1.公共字段名 = 表 2.公共字段名”，或者“别名 1.公共字段

名 = 别名2.公共字段名"。当使用多个联接或筛选条件时，必须使用 AND 或 OR 运算符。

③ 联接不仅可以建立在不同的表之间，也可以建立在同一个表上，即让表与其自身进行联接，就像对待两个表一样，称为自联接。此时必须在 FROM 子句中为表定义别名。

例 5.5 完成下列简单联接查询。

① 用查询形成男生的成绩单。成绩单中包括：学号、姓名、性别、课程号、课程名称和总评成绩，结果如图 5.18 所示。

　　SELECT A.学号, 姓名, 性别, B.课程号, C.课程名称, 总评成绩；
　　FROM STUDENT A, SCORE B, COURSE C；
　　WHERE A.学号=B.学号 AND B.课程号=C.课程号 AND 性别="男"

② 查询既选修了 020107 号课程又选修了 020449 号课程的学生的学号、姓名、性别和专业，结果如图 5.19 所示。

　　SELECT A.学号, 姓名, 性别, 专业 FROM STUDENT A, SCORE B, SCORE C；
　　WHERE A.学号=B.学号 AND B.学号=C.学号 AND；
　　　　B.课程号="020107" AND C.课程号="020449"

图 5.18　第①题查询输出结果　　　　图 5.19　第②题查询输出结果

(2) 复杂联接查询

复杂联接查询是通过在 SQL SELECT 语句的 FROM 子句中提供一种称为联接的子句来实现的查询，分为内部联接和外部联接。内部联接等价于等值联接，外部联接分为左(外部)联接、右(外部)联接和完全(外部)联接。如果想要在结果中包含任何不匹配联接条件的行，可以在表间使用外部联接。在使用一个外部联接时，查询结果中不匹配行的字段用空值".NULL."填充。

【格式】SELECT …
　　　　FROM 〈表1〉[INNER]|LEFT|RIGHT|FULL JOIN 〈表2〉
　　　　[INNER|LEFT|RIGHT|FULL JOIN 〈表3〉] [, …]
　　　　[ON 〈联接条件1〉] [ON 〈联接条件2〉] [, …]
　　　　WHERE 〈筛选条件〉

【说明】
① 表 5.4 给出了各种复杂联接的类型及使用说明。
② 联接条件的写法同前："表1.公共字段名=表2.公共字段名"。

③ 在 ON 子句中出现联接条件后，在 WHERE 子句中就不能再出现关联条件。

表 5.4　复杂联接类型及使用说明

联接类型	说　　明
INNER JOIN	默认的联接方式。用法：〈表 1〉INNER JOIN〈表 2〉。等价于：〈表 1〉JOIN〈表 2〉。该类型为普通联接，在 VFP 中称为内部联接。查询结果中仅包含左边表 1 与右边表 2 联接条件相匹配的一行或多行，等价于等值联接
LEFT JOIN	用法：〈表 1〉LEFT JOIN〈表 2〉。查询结果中包含 JOIN 关键字左边表 1 的所有行，以及 JOIN 关键字右边表 2 匹配的行。联接后不匹配行的字段用空值(.NULL.)填充
RIGHT JOIN	用法：〈表 1〉RIGHT JOIN〈表 2〉。查询结果中包含 JOIN 关键字右边表 2 的所有行，以及 JOIN 关键字左边表 1 匹配的行。联接后不匹配行的字段用空值(.NULL.)填充
FULL JOIN	用法：〈表 1〉FULL JOIN〈表 2〉。查询结果中包含两张表中所有匹配和不匹配的行。联接后不匹配行的字段用空值(.NULL.)填充

例 5.6 针对如图 5.20 所示的两个表，用 4 种复杂联接方式完成联接查询操作，查询结果包括：学号、姓名、专业、宿舍楼号、房间号、电话。

Student

学号	姓名	性别	籍贯	出生日期	专业	党员否	入学成绩
40501002	赵子博	男	山东	02/03/89	计算机应用	T	542.0
40402002	钱丑学	男	山西	07/05/88	工商管理	T	508.0
40402003	孙寅笃	男	河南	04/06/88	工商管理	F	553.0
40501003	李卯志	女	山东	09/07/89	计算机应用	T	578.0
41501001	周辰明	男	湖南	10/04/88	日语	F	541.0
41501002	吴巳德	女	湖南	09/08/84	日语	F	534.0
40402001	郑戌求	男	山西	03/03/88	工商管理	T	508.0
42501002	王未真	男	黑龙江	05/09/88	应用物理	T	520.0
40402004	冯申守	女	云南	07/09/89	工商管理	F	536.0
42501001	陈酉正	女	江苏	08/07/90	应用物理	F	548.0
41501003	诸戌出	男	湖北	05/20/90	日语	F	556.0
40501001	魏亥奇	男	山东	08/25/90	计算机应用	T	521.0

Room

学号	宿舍楼号	房间号	同住人数	电话	网络情况	住宿费
41501001	2	302	4	94302	无	800
40501003	1	201	4	91201	宽带	800
40501002	3	206	6	93206	宽带	600
40402002	3	207	6	93207	宽带	600
40402003	2	108	4	94108	无	800
60103007	1	201	4	91201	宽带	800
60103011	1	101	4	91101	宽带	800

图 5.20　STUDENT 表和 ROOM 表的数据

① 内部联接，等价于等值联接，结果如图 5.21 所示。

```
SELECT A.学号, B.学号, A.姓名, A.专业, B.宿舍楼号, B.房间号, B.电话 ;
FROM STUDENT A INNER JOIN ROOM B ON A.学号=B.学号
```

查询

学号_a	学号_b	姓名	专业	宿舍楼号	房间号	电话
41501001	41501001	周辰明	日语	2	302	94302
40501003	40501003	李卯志	计算机应用	1	201	91201
40501002	40501002	赵子博	计算机应用	3	206	93206
40402002	40402002	钱丑学	工商管理	3	207	93207
40402003	40402003	孙寅笃	工商管理	2	108	94108

图 5.21　内部联接查询输出结果

② 左联接，结果如图 5.22 所示。

```
SELECT A.学号, B.学号, A.姓名, A.专业, B.宿舍楼号, B.房间号, B.电话 ;
FROM STUDENT A LEFT JOIN ROOM B ON A.学号=B.学号
```

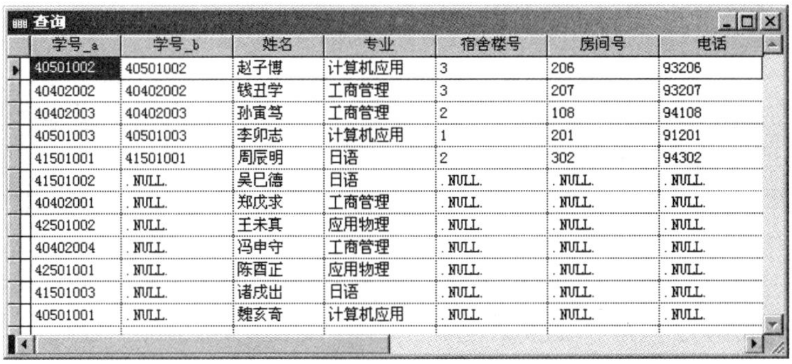

学号_a	学号_b	姓名	专业	宿舍楼号	房间号	电话
40501002	40501002	赵子博	计算机应用	3	206	93206
40402002	40402002	钱丑学	工商管理	3	207	93207
40402003	40402003	孙寅笃	工商管理	2	108	94108
40501003	40501003	李卯志	计算机应用	1	201	91201
41501001	41501001	周辰明	日语	2	302	94302
41501002	.NULL.	吴巳德	日语	.NULL.	.NULL.	.NULL.
40402001	.NULL.	郑戊求	工商管理	.NULL.	.NULL.	.NULL.
42501002	.NULL.	王未真	应用物理	.NULL.	.NULL.	.NULL.
40402004	.NULL.	冯申守	工商管理	.NULL.	.NULL.	.NULL.
42501001	.NULL.	陈酉正	应用物理	.NULL.	.NULL.	.NULL.
41501003	.NULL.	诸戌出	日语	.NULL.	.NULL.	.NULL.
40501001	.NULL.	魏亥奇	计算机应用	.NULL.	.NULL.	.NULL.

图 5.22　左联接查询输出结果

③ 右联接，结果如图 5.23 所示。

```
SELECT A.学号, B.学号, A.姓名, A.专业, B.宿舍楼号, B.房间号, B.电话 ;
FROM STUDENT A RIGHT JOIN ROOM B ON A.学号=B.学号
```

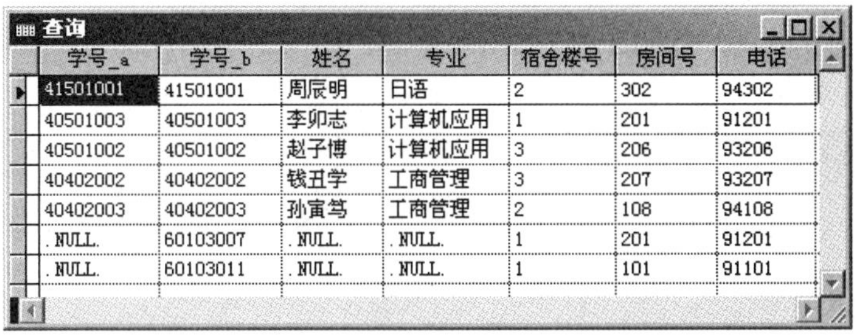

学号_a	学号_b	姓名	专业	宿舍楼号	房间号	电话
41501001	41501001	周辰明	日语	2	302	94302
40501003	40501003	李卯志	计算机应用	1	201	91201
40501002	40501002	赵子博	计算机应用	3	206	93206
40402002	40402002	钱丑学	工商管理	3	207	93207
40402003	40402003	孙寅笃	工商管理	2	108	94108
.NULL.	60103007	.NULL.	.NULL.	1	201	91201
.NULL.	60103011	.NULL.	.NULL.	1	101	91101

图 5.23　右联接查询输出结果

④ 完全联接，结果如图 5.24 所示。

```
SELECT A.学号, B.学号, A.姓名, A.专业, B.宿舍楼号, B.房间号, B.电话 ;
FROM STUDENT A FULL JOIN ROOM B ON A.学号=B.学号
```

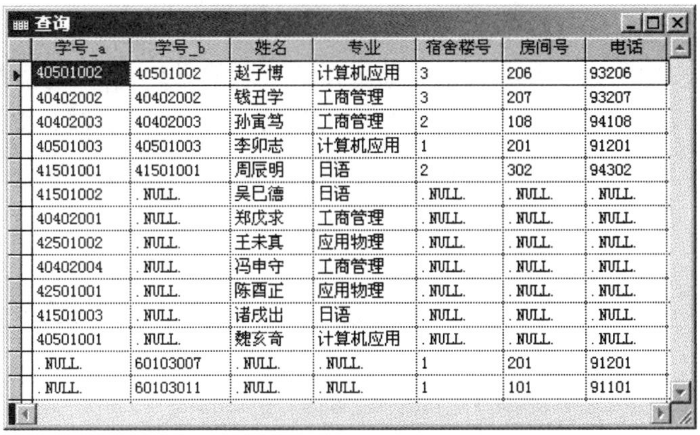

学号_a	学号_b	姓名	专业	宿舍楼号	房间号	电话
40501002	40501002	赵子博	计算机应用	3	206	93206
40402002	40402002	钱丑学	工商管理	3	207	93207
40402003	40402003	孙寅笃	工商管理	2	108	94108
40501003	40501003	李卯志	计算机应用	1	201	91201
41501001	41501001	周辰明	日语	2	302	94302
41501002	.NULL.	吴巳德	日语	.NULL.	.NULL.	.NULL.
40402001	.NULL.	郑戊求	工商管理	.NULL.	.NULL.	.NULL.
42501002	.NULL.	王未真	应用物理	.NULL.	.NULL.	.NULL.
40402004	.NULL.	冯申守	工商管理	.NULL.	.NULL.	.NULL.
42501001	.NULL.	陈酉正	应用物理	.NULL.	.NULL.	.NULL.
41501003	.NULL.	诸戌出	日语	.NULL.	.NULL.	.NULL.
40501001	.NULL.	魏亥奇	计算机应用	.NULL.	.NULL.	.NULL.
.NULL.	60103007	.NULL.	.NULL.	1	201	91201
.NULL.	60103011	.NULL.	.NULL.	1	101	91101

图 5.24　完全联接查询输出结果

5.2.4　排序

排序是将查询结果的输出行按指定的字段值从小到大(升序)或从大到小(降序)排列。使用 SQL SELECT 语句可以对查询最终结果排序，其方法就是使用“ORDER BY”子句。子句的格式和说明如下。

【格式】ORDER BY 〈排序列〉[ASC|DESC] [, …]

【说明】

① 排序列可以是 SELECT 子句中的查询列名，也可以是 SELECT 子句中查询列的位置数值表达式，最左边列的编号是 1。

② 使用 ASC 选项，为查询结果指定升序，它是默认顺序；使用 DESC 选项，为查询结果指定降序。

③ 允许按一列或多列排序，如果有多个排序列，首先按第 1 排序列排序，第 1 排序列的值相同时再按第 2 排序列排序，依此类推。

④“ORDER BY”子句用来对最终的查询结果进行排序，在子查询中不能使用该子句。

⑤ 如果和 TOP 子句一起使用，可以选出前几条或前百分之几条记录。

例 5.7 显示 STUDENT 表中学生信息。要求对所有记录先按专业排序，专业相同时按入学成绩降序排序，结果如图 5.25 所示。

SELECT * FROM STUDENT ORDER BY 专业, 入学成绩 DESC

也可以写为下列格式：

SELECT * FROM STUDENT ORDER BY 6, 8 DESC

查询

学号	姓名	性别	籍贯	出生日期	专业	党员否	入学成绩	简历	照片
40402003	孙寅笃	男	河南	04/06/88	工商管理	F	553.0	memo	gen
40402004	冯申守	女	云南	07/09/89	工商管理	F	536.0	memo	gen
40402002	钱丑学	男	山西	07/05/88	工商管理	T	508.0	memo	gen
40402001	郑戊求	男	山西	03/03/88	工商管理	T	508.0	memo	gen
40501003	李卯志	女	山东	09/07/89	计算机应用	T	578.0	memo	gen
40501002	赵子博	男	山东	02/03/89	计算机应用	T	542.0	Memo	Gen
40501001	魏亥奇	男	山东	08/25/90	计算机应用	T	521.0	memo	gen
41501003	诸戌出	男	湖北	05/20/90	日语	F	556.0	memo	gen
41501001	周辰明	男	湖南	10/04/88	日语	F	541.0	memo	gen
41501002	吴巳德	女	湖南	09/08/84	日语	F	534.0	memo	gen
42501001	陈酉正	女	江苏	08/07/90	应用物理	F	548.0	memo	gen
42501002	王未真	男	黑龙江	05/09/88	应用物理	T	520.0	memo	gen

图 5.25 查询结果的排序输出

例 5.8 显示 STUDENT 表中入学成绩排在前五名的学生信息，结果如图 5.26 所示。

SELECT * TOP 5 FROM STUDENT ORDER BY 入学成绩 DESC

查询

学号	姓名	性别	籍贯	出生日期	专业	党员否	入学成绩	简历	照片
40501003	李卯志	女	山东	09/07/89	计算机应用	T	578.0	memo	gen
41501003	诸戌出	男	湖北	05/20/90	日语	F	556.0	memo	gen
40402003	孙寅笃	男	河南	04/06/88	工商管理	F	553.0	memo	gen
42501001	陈酉正	女	江苏	08/07/90	应用物理	F	548.0	memo	gen
40501002	赵子博	男	山东	02/03/89	计算机应用	T	542.0	Memo	Gen

图 5.26 入学成绩前五名的学生信息

例 5.9 显示 STUDENT 表中入学成绩名列前 30%的学生信息，结果如图 5.27 所示。

SELECT * TOP 30 PERCENT FROM STUDENT ORDER BY 入学成绩 DESC

查询

学号	姓名	性别	籍贯	出生日期	专业	党员否	入学成绩	简历	照片
40501003	李卯志	女	山东	09/07/89	计算机应用	T	578.0	memo	gen
41501003	诸戌出	男	湖北	05/20/90	日语	F	556.0	memo	gen
40402003	孙寅笃	男	河南	04/06/88	工商管理	F	553.0	memo	gen
42501001	陈酉正	女	江苏	08/07/90	应用物理	F	548.0	memo	gen

图 5.27 入学成绩名列前 30%的学生信息

5.2.5　分组计算查询

分组计算查询把有相同字段值的记录合起来构成一组，对各个组分别进行计算，每一组用一行显示。SQL 实现分组计算查询的方法就是在 SQL SELECT 语句中使用“GROUP BY”子句。子句的格式和说明如下。

【格式】GROUP BY 〈分组选项 1〉[,〈分组选项 2〉, …]
　　　　[HAVING 〈分组过滤条件〉]

【说明】

① 分组选项可以是字段名，也可以是查询列的位置值，最左边列的编号是 1。

② 可以按一列或多列分组，还可以用 HAVING 子句进一步限定分组的条件。

③ “GROUP BY”子句一般跟在 WHERE 子句之后，没有 WHERE 子句时，跟在 FROM 子句之后。

④ HAVING 子句总是跟在“GROUP BY”子句之后，不能单独使用。在 HAVING 引导的分组过滤条件中可以使用 SQL 的聚集函数。

⑤ 在查询中一般先用 WHERE 子句筛选记录，然后进行分组，最后再用 HAVING 子句限定分组。

例 5.10 查询 STUDENT 表中有党员学生的各专业中党员学生的情况（专业名称和党员学生人数、入学平均分、入学最高分），结果如图 5.28 所示。

```
SELECT 专业, COUNT(*) 人数, AVG(入学成绩) 平均分, ;
       MAX(入学成绩) 最高分 ;
FROM STUDENT WHERE 党员否 GROUP BY 专业
```

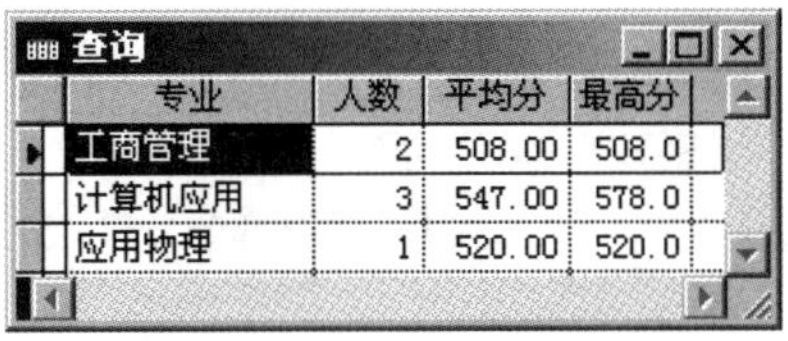

专业	人数	平均分	最高分
工商管理	2	508.00	508.0
计算机应用	3	547.00	578.0
应用物理	1	520.00	520.0

图 5.28　有党员学生的各专业中党员学生情况的查询输出结果

在这个查询中，首先把是党员的记录提取出来，然后按专业进行分组，最后计算出每个专业的人数、该专业的入学平均分和该专业的入学最高分。

在分组查询时，有时需要分组满足某个条件时才进行处理，这时就可以使用 HAVING 子句来限定分组。

例 5.11 查询 STUDENT 表中至少有两名党员学生的专业、人数、入学平均分、入学最高分，结果如图 5.29 所示。

```
SELECT 专业, COUNT(*) 人数, AVG(入学成绩) 平均分, ;
       MAX(入学成绩) 最高分 ;
FROM STUDENT WHERE 党员否 GROUP BY 专业 HAVING COUNT(*)>=2
```

例 5.12 查询 SCORE 表中总评成绩的平均分大于 80 的课程号及平均分，最后以平均分由高向低排列，结果如图 5.30 所示。

```
SELECT A.课程号,AVG(A.总评成绩) 平均分 FROM SCORE A;
GROUP BY 1 HAVING 平均分>=80 ORDER BY 2 DESC
```

专业	人数	平均分	最高分
工商管理	2	508.00	508.0
计算机应用	3	547.00	578.0

图 5.29　至少有两名党员学生的专业和人数等信息

课程号	平均分
020108	91.00
030201	87.67
050101	87.00
020107	86.00
040102	85.50
040103	81.00

图 5.30　例 5.12 查询输出结果

5.2.6　集合的并运算

集合的并运算把两个或更多个 SQL SELECT 语句的查询结果合并后组合成一个查询结果。通过 UNION 子句可以实现并运算。

【格式】SELECT … FROM … WHERE
UNION
[ALL] SELECT … FROM … WHERE

【说明】

① UNION 子句可以组合两个或更多个 SQL SELECT 语句的结果。为了进行并运算，要求 UNION 子句前后的两个查询结果有相同的字段个数，并且对应字段值的值域相同，即具有相同的数据类型和取值范围。对于备注型、通用型字段不能进行并运算。

② 默认情况下(缺省 ALL 选项)，UNION 子句从组合结果集中排除重复行。如果包括 ALL 选项，将在组合的结果集中包含重复行。

例 5.13 从 STUDENT 表中查询属于工商管理专业或籍贯是山东籍的学生的姓名、入学成绩、专业、籍贯等信息，结果如图 5.31 所示。

```
SELECT 姓名, 入学成绩, 专业, 籍贯 FROM STUDENT;
WHERE 专业="工商管理";
UNION;
SELECT 姓名, 入学成绩, 专业, 籍贯 FROM STUDENT;
WHERE 籍贯="山东" ORDER BY 3
```

姓名	入学成绩	专业	籍贯
冯申守	536.0	工商管理	云南
钱丑学	508.0	工商管理	山西
孙寅笃	553.0	工商管理	河南
郑虎求	508.0	工商管理	山西
李卯志	578.0	计算机应用	山东
魏亥奇	521.0	计算机应用	山东
赵子博	542.0	计算机应用	山东

图 5.31　工商管理专业或山东籍学生的有关信息

5.2.7 查询结果重定向

执行 SQL SELECT 语句后，默认在"浏览"窗口中显示查询结果，可以用 INTO 或 TO 子句重新定向查询结果的存储或发送位置。INTO 或 TO 子句的格式和说明如下。

【格式】INTO 〈存储目标〉|TO 〈显示目标〉

【说明】

① 如果要将查询结果直接存储到数组、临时表或表中，应使用 INTO 子句。执行包括该子句的 SQL SELECT 语句后，主窗口上不会有任何反应。该子句的用法及说明如表 5.5 所示。

② 如果要将查询结果发送到主窗口、打印机或文本文件中，应使用 TO 子句。执行包括该子句的 SQL SELECT 语句后，系统除了将查询结果发送到指定位置之外，还在主窗口中显示查询结果。该子句的用法及说明如表 5.6 所示。

表 5.5 INTO 子句用法及说明

存储目标	说 明
数组	用法：INTO ARRAY 〈数组名〉 创建数组且存储查询结果。一般将存放查询结果的数组作为二维数组来使用，数组的每行对应查询结果中的一行，每列对应查询结果的一列。也可以用一维数组来访问，特别是当查询结果只有一个或一行时。如果查询结果为 0 行，则不创建数组
临时表	用法：INTO CURSOR 〈临时表名〉 生成一个临时表存储查询结果。如果指定一个已打开表的名称，VFP 将产生一条错误信息。执行 SQL SELECT 语句后，临时表被打开并成为当前表，该表是只读的。关闭该临时表时，它将被删除
表文件	用法：INTO TABLE|DBF 〈表文件名〉[DATABASE 〈数据库名〉[NAME 〈长表名〉]] 生成一个表文件存储查询结果，如果这个表文件已经存在，则覆盖它。如果没有指定扩展名，则 VFP 给表设置 DBF 扩展名。执行 SQL SELECT 语句之后，表被打开并成为当前表。选择"DATABASE 〈数据库名〉"选项时，可以将表添加到数据库中。"NAME 〈长表名〉"选项用来为表指定一个长名，长名最多可以包含 128 个字符，并且可以用来在数据库中代替短文件名

表 5.6 TO 子句用法及说明

显示目标	说 明
主窗口	用法：TO SCREEN 将查询结果输出到 VFP 主窗口
打印机	用法：TO PRINTER [PROMPT] 将查询结果发送到打印机。如果包括 PROMPT 选项，则在开始打印前显示打印机对话框。可以在该对话框中调整打印机设置
文本文件	用法：TO FILE 〈文件名〉[ADDITIVE] 将查询结果发送到指定的、扩展名为 TXT 的 ASCII 文本文件中。选择 ADDITIVE 选项，将查询结果追加到文件名指定的文本文件的现有内容之后

例 5.14 查询姓名为赵子博的同学的选课信息，包括课程号、课程名称、学时、学分、平时成绩、期末成绩、总评成绩，且将查询结果保存到以他名字命名的表文件中，该表的“浏览”窗口如图 5.32 所示。

```
NAM="赵子博"
SELECT CO.课程号, CO.课程名称, CO.学时, CO.学分, ;
SC.平时成绩, SC.期末成绩, SC.总评成绩 ;
FROM STUDENT ST INNER JOIN SCORE SC ON ST.学号=SC.学号 ;
INNER JOIN COURSE CO ON CO.课程号=SC.课程号 ;
WHERE ST.姓名=NAM INTO TABLE &NAM
USE &NAM
BROWSE
```

赵子博

课程号	课程名称	学时	学分	平时成绩	期末成绩	总评成绩
020108	数据结构	54	3	98.0	89.0	91.0
020107	数据库原理	54	3	87.0	80.0	81.0
020449	c语言程序设	36	3	85.0	82.0	83.0

图 5.32 打开查询结果定向到的表，查看数据

例 5.15 查询平均分最高的前三名学生的学号、姓名、总评成绩的平均分(简称平均分)，将查询结果存放到 ARY 数组中并显示在主窗口中。

本题的操作方法是先从 SCORE 表中查询到平均分最高的前三名学生的学号、平均分，且将结果放在临时表 TEMP 中，然后再通过 STUDENT 表、TEMP 表，将平均分最高的前三名学生的学号、姓名、平均分保存到 ARY 数组中并显示在主窗口中。

把查询结果送入临时表，临时表中的记录如图 5.33 所示。

```
CLEAR
SELECT TOP 3 学号, AVG(总评成绩) AS 平均分 FROM SCORE ;
GROUP BY 学号 ORDER BY 平均分 DESC;
INTO CURSOR TEMP
LIST
```

记录号	学号	平均分
1	41501002	92.50
2	40402004	89.00
3	42501002	86.00

图 5.33 查询结果定向到的临时表中的记录

把查询结果送入数组，数组中的数据如图 5.34 所示。

```
SELECT A.学号, A.姓名, 平均分 FROM STUDENT A, TEMP B ;
WHERE A.学号=B.学号 ORDER BY 平均分 DESC;
INTO ARRAY ARY
LIST MEMORY LIKE AR*
```

```
ARY                Pub         A
(    1,    1)                  C    "41501002"
(    1,    2)                  C    "吴巳德    "
(    1,    3)                  N    92.50               (          92.50000000)
(    2,    1)                  C    "40402004"
(    2,    2)                  C    "冯申守    "
(    2,    3)                  N    89.00               (          89.00000000)
(    3,    1)                  C    "42501002"
(    3,    2)                  C    "王未真    "
(    3,    3)                  N    86.00               (          86.00000000)
```

图 5.34　显示定向到数组的查询结果

把查询结果送往屏幕，结果如图 5.35 所示。
　　SELECT A.学号, A.姓名, 平均分 FROM STUDENT A, TEMP B ;
　　WHERE A.学号=B.学号 ORDER BY 平均分 DESC;
　　TO SCREEN

```
学号          姓名          平均分
41501002      吴巳德         92.50
40402004      冯申守         89.00
42501002      王未真         86.00
```

图 5.35　查询结果定向到屏幕的输出结果

5.3　数　据　定　义

有关数据定义的 SQL 语句有 CREAT(建立)、ALTER(修改)和 DROP(删除)3 组。每组对于不同的数据对象(如数据库、查询、视图等)分别有 3 个语句。如对表的 3 个语句是建立表结构(CREAT TABLE)语句、修改表结构(ALTER TABLE)语句和删除表(DROP TABLE)语句。标准 SQL 语言的数据定义对象非常广泛，一般包括数据库的定义、表的定义、视图的定义、存储过程的定义、规则的定义等，本节只介绍表的数据定义。

5.3.1　建立表结构

前面介绍了通过表设计器和表向导创建表的方法，在 VFP 中也可以通过 SQL 的 CREAT TABLE 语句创建表。

【格式】CREATE TABLE|DBF <表名1> [NAME<长表名>] [FREE]
　　　　(<字段名1><字段类型>[(<字段宽度>[,<小数位数>)])] [NULL|NOT NULL]
　　　　[CHECK <条件表达式1> [ERROR <出错提示信息1>]] [DEFAULT <表达式1>]
　　　　[PRIMARY KEY|UNIQUE]
　　　　[REFERENCES <表名2> [TAG<索引名1>]]
　　　　[NOCPTRANS]
　　　　[,<字段名2> …]
　　　　[, PRIMARY KEY <表达式1> TAG <索引名2>|,
　　　　UNIQUE <表达式2> TAG <索引名3>]
　　　　[, FOREIGN KEY <表达式3> TAG <索引名4> [NODUP]
　　　　REFERENCES <表名3> [TAG <索引名5>]]

[, CHECK 〈条件表达式2〉[ERROR 〈出错提示信息2〉]])
|FROM ARRAY 〈数组名〉

【功能】创建一个表。对新建表每个字段的名称、类型、宽度、小数位数、是否允许空值（NULL）进行定义，定义字段有效性规则，与其他数据表建立永久关系等。

【说明】

① 用 CREATE TABLE 语句可以建立数据库表或自由表（使用 FREE 选项），如果是数据库表还可以用 NAME 指定长表名。

② 用"(〈字段名〉〈字段类型〉[(〈字段宽度〉[,〈小数位数〉])] [NULL|NOT NULL])"可以建立表的基本结构。

③ 如果建立数据库表，可以使用 CHECK 选项设置约束条件，使用 ERROR 选项设置出错提示信息，使用 DEFAULT 选项定义默认值，以实现域完整性的相关定义。

④ 可以使用 PRIMARY KEY 选项定义主关键字或使用 UNIQUE 选项定义候选关键字，以实现实体完整性的要求。

⑤ 可以使用"FOREIGN KEY"选项和 REFERENCES 选项描述数据库表之间的永久关系。

⑥ 可以使用 FROM ARRAY 〈数组名〉选项根据指定数组的内容建立表，数组的元素依次是字段名、类型等，建议不使用此方法。

⑦ 表5.7列出了在 CREATE TABLE 语句中可以使用的字段类型数据说明符及有关说法。

表5.7 字段类型数据说明符及有关说明

字段类型符	字段宽度	对应的数据类型	在语句中的使用方法
C	1～254	字符型	C(字段宽度)
Y	8	货币型	Y
D	8	日期型	D
T	8	日期时间型	T
B	8	双精度型	B(字段宽度,小数位数)
G	4	通用型	G
I	4	整型	I
L	1	逻辑型	L
M	4	备注型	M
N	1～20	数值型	N(字段宽度,小数位数)
F	1～20	浮点型	F(字段宽度,小数位数)

对 Y、D、T、G、I、L 和 M 类型不用说明字段宽度和小数位数参数；N、F 类型中如果缺省小数位数，则小数位数参数默认为 0（没有小数位）；B 类型如果没有指定小数位数，则小数位数参数默认为用"SET DECIMALS"命令设置的小数位数。

⑧ 用 SQL 的 CREATE TABLE 语句创建的表自动在号数最小的可用工作区打开，打开方式为独占。

从 CREAT TABLE 语句格式可以看出，该语句可以完成第 4 章中介绍的表设计器完成的所有功能。下面通过例子来说明该语句的用法。

例 5.16 用 CREATE DATABASE 语句建立"学生管理 2"数据库，在数据库中包括 STUDENT2 和 SCORE2 两个表，各表的表结构如下：

STUDENT2（学号 C(8)，姓名 C(8)，性别 C(2)，入学成绩 N(7,2)）

SCORE2（学号 C(8)，课程号 C(7)，成绩 N(7,2)）

其中，"性别"字段的值只能为"男"或"女"，默认为"男"；"入学成绩"和"成绩"两个字段允许输入空值。在 STUDENT2 表中，把"学号"字段设置为主关键字；在两个表之间通过"学号"字段建立永久性关系。

操作步骤如下。

第 1 步：建立"学生管理 2"数据库。
CREATE DATABASE 学生管理2

第 2 步：建立 STUDENT2 数据库表。
CREATE TABLE STUDENT2(学号 C(8) PRIMARY KEY, 姓名 C(8), ;
性别 C(2) CHECK(性别="男" OR 性别="女") ERROR "性别只能为男或女";
DEFAULT "男", 入学成绩 N(7,2) NULL)

如果打开STUDENT2表的表设计器，可以看到执行上述语句后创建的该表的表设计器中的字段选项卡和索引选项卡，如图5.36所示。

第 3 步：建立 SCORE2 数据库表并建立它与 STUDENT2 表间的关系。
CREATE TABLE SCORE2(学号 C(8), 课程号 C(7), 成绩 N(7,2) NULL , ;
FOREIGN KEY 学号 TAG 学号 REFERENCES STUDENT2)

打开 SCORE2 表的表设计器，可以看到创建的该表的表设计器的字段选项卡和索引选项卡，如图 5.37 所示。

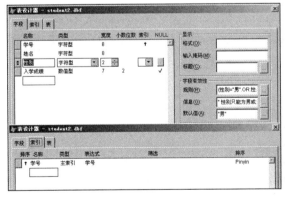

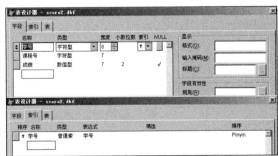

图 5.36　STUDENT2 表的表结构　　　　图 5.37　SCORE2 表的表结构

在建立 SCORE2 表时，使用了短语"FOREIGN KEY 学号 TAG 学号"，其功能就是用该表的"学号"字段建立一个普通索引并指明该字段为外部关键字；通过短语"REFERENCES STUDENT2"说明，利用该字段与 STUDENT2 表之间建立关系。

执行完上述所有语句后,"学生管理2"数据库的"数据库设计器"窗口如图5.38所示。

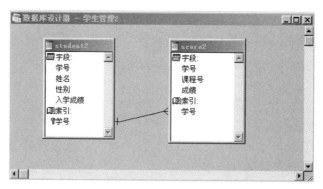

图5.38 "学生管理2"数据库的"数据库设计器"窗口

5.3.2 修改表结构

修改表结构的SQL语句是ALTER TABLE,该语句有3种格式。

【格式1】ALTER TABLE <表名1> ADD|ALTER [COLUMN]
　　　　<字段名1><字段类型>[(<字段宽度>[,<小数位数>])] [NULL|NOT NULL]
　　　　[CHECK <条件表达式1>[ERROR <出错提示信息1>]]
　　　　[DEFAULT <表达式1>] [PRIMARY KEY|UNIQUE]
　　　　[REFERENCES <表名2>[TAG <索引名1>]
　　　　[NOCPTRANS] [NOVALIDATE]
　　　　[ADD|ALTER [COLUMN] <字段名2> …]

【说明】

① 本格式可以用来给表添加(使用ADD选项)新的字段,定义关键字及有效性规则等;也可以修改(使用ALTER选项)表中已有字段的类型、宽度、小数位、是否允许空值(NULL)。它的句法基本上和CREAT TABLE 的句法相对应。

② 使用本格式不能修改字段名、有效性规则,不能删除字段。

例5.17 将STUDENT2表中"姓名"字段的宽度由8改为10,"入学成绩"字段改为不允许输入空值,并且添加一个宽度为10的字符型的"籍贯"字段。

　　　ALTER TABLE STUDENT2 ALTER 姓名 C(10);
　　　ALTER 入学成绩 NOT NULL ADD 籍贯 C(10)

修改后的STUDENT2表的表设计器如图5.39所示。

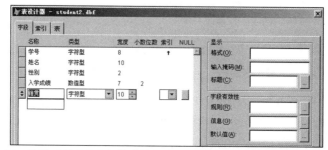

图5.39 修改"姓名""入学成绩"字段,添加"籍贯"字段后的表结构

【格式2】ALTER TABLE <表名> ALTER [COLUMN] <字段名1>
　　　　　[NULL|NOT NULL] [SET DEFAULT <表达式>]
　　　　　[SET CHECK <条件表达式> [ERROR <出错显示信息>]]
　　　　　[DROP DEFAULT] [DROP CHECK] [NOVALIDATE]
　　　　　[ALTER [COLUMN] <字段名2> …]

【说明】本格式主要用来修改表中已有字段的定义，或删除有效性规则和默认值定义。

例 5.18 修改 STUDENT2 表中"性别"字段的有效性规则表达式，删除其默认值；为"入学成绩"字段添加有效性规则，入学成绩必须大于或等于 0 且小于或等于 750 分，否则提示错误信息"入学成绩应为 0~750。"。

　　ALTER TABLE STUDENT2 ALTER 性别 SET CHECK 性别 $ "男女" ;
　　ALTER 性别 DROP DEFAULT ;
　　ALTER 入学成绩 SET CHECK BETWEEN(入学成绩, 0, 750) ;
　　ERROR "入学成绩应为 0~750"

修改后的 STUDENT2 表的表结构如图 5.40 所示。

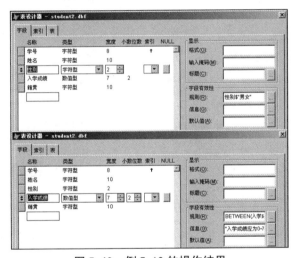

图 5.40　例 5.18 的操作结果

以上两种格式都不能删除字段，也不能更改字段名，所有修改都是在字段一级。第三种格式在这些方面对前两种格式给出了补充。

【格式3】ALTER TABLE <表名1> [DROP [COLUMN] <字段名1>]
　　　　　[SET CHECK <条件表达式1> [ERROR <出错显示信息>]]
　　　　　[DROP CHECK]
　　　　　[ADD PRIMARY KEY <表达式> TAG <索引名> [FOR <条件表达式2>]]
　　　　　[DROP PRIMARY KEY]
　　　　　[ADD UNIQUE <表达式> TAG <索引名> [FOR <条件表达式3>]]
　　　　　[DROP UNIQUE TAG <索引名>]
　　　　　[ADD FOREIGN KEY [<表达式>] TAG <索引名> [FOR <条件表达式4>]]
　　　　　REFERENCES <表名2> [TAG <索引名>]]
　　　　　[DROP FOREIGN KEY TAG <索引名> [SAVE]]
　　　　　[RENAME COLUMN <原字段名> TO <目标字段名>]

【说明】本格式可以用来删除字段(使用"DROP[COLUMN]"选项)、修改字段名(使用"RENAME COLUMN"选项),还可以添加(使用 ADD 选项)、修改(使用 SET 选项)和删除(使用 DROP 选项)表一级的有效性规则等。

例 5.19　使用 SQL ALTER 语句修改 STUDENT2 表的结构,将"入学成绩"字段名改为"入学分数"且允许输入空值(.NULL.),删除该字段的有效性规则;删除"籍贯"字段;删除 STUDENT2 表与 SCORE2 表之间的关系。

  ALTER TABLE STUDENT2 ALTER 入学成绩 NULL ALTER 入学成绩 ;
  DROP CHECK RENAME COLUMN 入学成绩 TO 入学分数 ;
  DROP 籍贯 DROP FOREIGN KEY TAG 学号 ;
  ADD PRIMARY KEY 学号 TAG 学号

执行上述代码后的 STUDENT2 表的表结构及"学生管理 2"数据库中包含的表如图 5.41 所示。

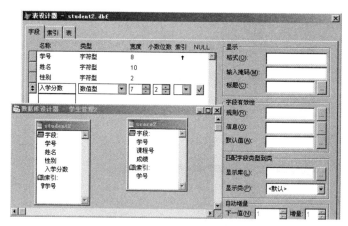

图 5.41　例 5.19 的操作结果示意图

如果缺省"ADD PRIMARY KEY 学号 TAG 学号"子句,在删除表之间关系的同时,STUDENT2 表的主关键字属性也被删除。

若想再建立 STUDENT2 表与 SCORE2 表间的关系,可以使用下面的语句:
  ALTER TABLE SCORE2 ADD FOREIGN KEY 学号 ;
  TAG 学号 REFERENCES STUDENT2

5.3.3　删除表

删除表的 SQL 语句是 DROP TABLE。
【格式】DROP TABLE 〈表名〉|? [RECYCLE]
【功能】从磁盘上删除表。
【说明】
① 选择 RECYCLE 选项,将表从当前位置删除后放到 Windows 的回收站中。
② 执行了 DROP TABLE 语句后,如果在数据库中有些表的规则引用了被删除的这个表,或它们与被删除的这个表建立过关系,这些表也要受到影响。从数据库中删除这个表以后,这些规则和关系将不再起作用。

③ 使用此语句删除的表不能再恢复。值得注意的是，即使 SET SAFETY 设置为 ON，在表被删除前，系统也不会发出警告。

例 5.20 删除 SCORE2 表，并把它放入回收站中。
DROP TABLE SCORE2 RECYCLE

5.4 数 据 操 作

SQL 的数据操作语句由添加(INSERT)、删除(DELETE)、更新(UPDATE)语句组成。

5.4.1 添加记录

使用 SQL 中的 INSERT 语句可添加一条新记录到一个现有表的末尾。该语句有 3 种格式。
【格式 1】INSERT INTO <表名> [(<字段名 1> [,<字段名 2>, …])]
　　　　　VALUES (<表达式 1> [,<表达式 2>, …])
【功能】添加新记录，并用 VALUES 子句指定的值填入新记录指定的字段。
【格式 2】INSERT INTO <表名> FROM ARRAY <数组名>|FROM MEMVAR
【功能】添加新记录，并用数组元素或内存变量的值填入新记录匹配的字段。
【格式 3】INSERT INTO <表名> [(<字段名 1> [,字段名 2, ...])] <SELECT 语句>
【功能】添加新记录，并用 SQL SELECT 语句返回行的内容填入新记录指定的字段。
【说明】

① 在向表中添加新记录时，如果新记录的所有字段都需要填入数据，可以缺省表名后面的字段名，但 VALUES 后面各项数据的格式及顺序必须与记录中的字段格式与顺序完全吻合；若向表中添加新记录时，只对新记录中的某些字段填入数据，可以只列出相应的字段名，此时，VALUES 后面的表达式的各项数据应与各字段名指定的字段相对应。

② 当添加的新记录的数据来自数组(使用"FROM ARRAY")时，系统从指定数组的第一个元素开始将其内容填到新记录相应的字段中。当包含"FROM ARRAY"选项时，VFP 忽略任何字段默认值。

③ 当添加的新记录的数据来自内存变量(使用"FROM MEMVAR")时，系统将内存变量的内容填入新记录与变量同名的字段中。若不存在与字段同名的内存变量，则该字段为空。

④ 当使用包含 SQL SELECT 语句的 SQL INSERT 语句时，应确保 SQL SELECT 语句搜索到的字段数据与填到新记录中的字段数据的类型相同。包含的 SQL SELECT 语句不能再包含 INTO、TO 子句。

⑤ 执行 SQL INSERT 语句之后，VFP 将记录指针定位在新记录上。

例 5.21 给 STUDENT2 表添加一条新记录，新记录中"学号""姓名""性别"和"入学分数"字段的内容分别为"0904012""王晓明""女"和.NULL.，结果如图 5.42 所示。
INSERT INTO STUDENT2 VALUES("0904012","王晓明","女",.NULL.)
SELECT STUDENT2
BROWSE

【注意】只有某字段允许输入空值时，才能填入空值.NULL.。

例 5.22 给 STUDENT2 表添加一条新记录，新记录中“学号”“姓名”“性别”字段的内容分别为"0901013""李韬""男"，结果如图 5.43 所示。

```
INSERT INTO STUDENT2 (学号,姓名,性别) VALUES ("0901013","李韬","男")
BROWSE
```

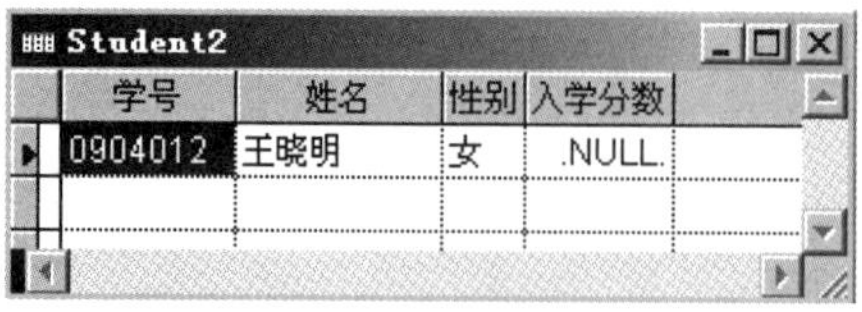

学号	姓名	性别	入学分数
0904012	王晓明	女	.NULL.

图 5.42　添加一条新记录

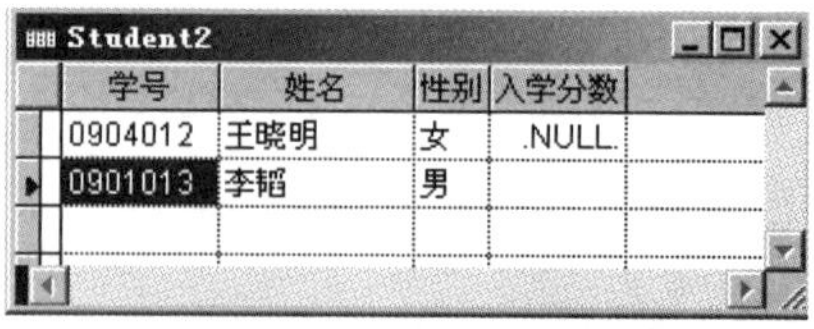

学号	姓名	性别	入学分数
0904012	王晓明	女	.NULL.
0901013	李韬	男	

图 5.43　再添加一条新记录

例 5.23 将 STUDENT 表中各条记录的“学号”“姓名”“性别”“入学成绩”4 个字段的数据添加到 STUDENT2 表中，结果如图 5.44 所示。

```
INSERT INTO STUDENT2 SELECT 学号,;
    姓名,性别,入学成绩 FROM STUDENT
BROWSE
```

【注意】当一个表定义了主索引或候选索引后，相应字段的值不能为空，由于 VFP 中一般的 INSERT 或 APPEND 命令是先添加一条空记录，然后再填入各字段的值，因此，使用它们向表中添加记录可能会失败，这时可以使用本节叙述的语句。

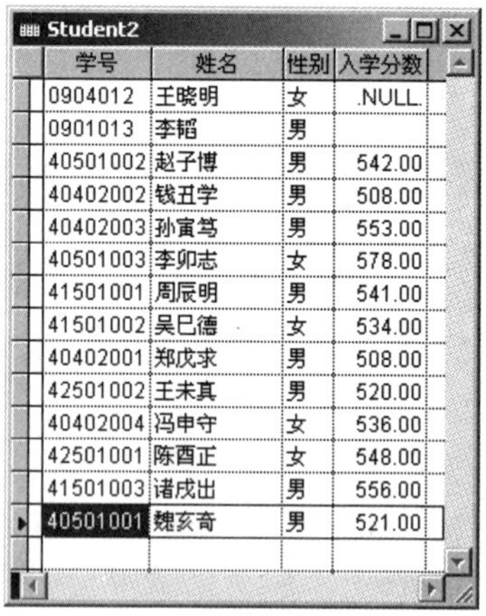

学号	姓名	性别	入学分数
0904012	王晓明	女	.NULL.
0901013	李韬	男	
40501002	赵子博	男	542.00
40402002	钱丑学	男	508.00
40402003	孙寅笃	男	553.00
40501003	李卯志	女	578.00
41501001	周辰明	男	541.00
41501002	吴巳德	女	534.00
40402001	郑戊求	男	508.00
42501002	王未真	男	520.00
40402004	冯申守	女	536.00
42501001	陈酉正	女	548.00
41501003	诸戌出	男	556.00
40501001	魏亥奇	男	521.00

图 5.44　添加记录后的 STUDENT2 表

5.4.2 更新记录

使用 SQL 中的 UPDATE 语句可以对表中的记录进行修改，实现记录数据的更新。

【格式】UPDATE 〈目标表〉
　　SET 〈字段 1〉 =〈表达式 1〉 [,〈字段 2〉=〈表达式 2〉, …]
　　[WHERE 〈筛选条件 1〉 [AND|OR 〈筛选条件 2〉 …]

【功能】用表达式的值更新目标表中符合 WHERE 筛选条件的记录的字段值。

【说明】

① 目标表为被更新的表。SQL UPDATE 语句只能更新单个表中的记录。

② 缺省 WHERE 子句时，更新目标表中全部记录，否则仅更新满足筛选条件的记录。

③ 表达式是第 3 章中介绍的表达式，在表达式中可以包含字段也可以不包含字段。

例 5.24 在 STUDENT2 表中所有女生的名字后面加上"(女)"字符串，结果如图 5.45 所示。

```
UPDATE STUDENT2 SET 姓名=姓名-"(女)" WHERE 性别="女"
BROWSE
```

④ 表达式也可以是一个 SQL SELECT 语句，用法是“SET 〈字段〉 = (SELECT…FROM…WHERE…)”，这是 VFP 9.0 新增加的一种格式，即用查询的返回值更新目标表中的记录。如果目标表中存在与查询结果中不匹配的字段值，则目标表中相应字段的值设置为.NULL.。

例 5.25 给 STUDENT2 表增加“专业 C(18)”字段，允许取空值，再将 STUDENT 表中所有男生的专业填充到 STUDENT2 表中新添加的“专业”字段里，结果如图 5.46 所示。

```
ALTER TABLE STUDENT2 ADD 专业 C(18) NULL
UPDATE STUDENT2 SET 专业=(SELECT 专业 FROM STUDENT ;
WHERE STUDENT.学号=STUDENT2.学号 AND STUDENT.性别="男")
BROWSE
```

从图 5.46 可知，因为 STUDENT 表中没有与李韬这个男生的学号相匹配的记录，所以李韬的记录中的“专业”字段用.NULL.更新。

Student2

学号	姓名	性别	入学分数
0904012	王晓明(女)	女	.NULL.
0901013	李韬	男	
40501002	赵子博	男	542.00
40402002	钱丑学	男	508.00
40402003	孙寅笃	男	553.00
40501003	李卯志(女)	女	578.00
41501001	周辰明	男	541.00
41501002	吴巳德(女)	女	534.00
40402001	郑戌求	男	508.00
42501002	王未真	男	520.00
40402004	冯申守(女)	女	536.00
42501001	陈酉正(女)	女	548.00
41501003	诸成出	男	556.00
40501001	魏亥奇	男	521.00

图 5.45　更新后的 STUDENT2 表

Student2

学号	姓名	性别	入学分数	专业
0904012	王晓明(女)	女	.NULL.	.NULL.
0901013	李韬	男		.NULL.
40501002	赵子博	男	542.00	计算机应用
40402002	钱丑学	男	508.00	工商管理
40402003	孙寅笃	男	553.00	工商管理
40501003	李卯志(女)	女	578.00	.NULL.
41501001	周辰明	男	541.00	日语
41501002	吴巳德(女)	女	534.00	.NULL.
40402001	郑戌求	男	508.00	工商管理
42501002	王未真	男	520.00	应用物理
40402004	冯申守(女)	女	536.00	.NULL.
42501001	陈酉正(女)	女	548.00	.NULL.
41501003	诸成出	男	556.00	日语
40501001	魏亥奇	男	521.00	计算机应用

图 5.46　为 STUDENT2 表添加“专业”字段并给该字段赋值

⑤ 表达式还可以是一个关联更新。用法是

SET <字段>= 关联表.字段表达式 FROM <表 1> WHERE <关联条件>

[AND <筛选条件>]

只有符合关联条件和筛选条件的记录才被更新。

例 5.26 首先清空 STUDENT2 表“专业”字段的内容，然后再用 STUDENT 表中所有女生的专业更新 STUDENT2 表中对应女生的专业字段，结果如图 5.47 所示。

```
UPDATE STUDENT2 SET STUDENT2.专业=""
UPDATE STUDENT2 SET 专业=STUDENT.专业 FROM STUDENT ;
WHERE STUDENT.学号=STUDENT2.学号 AND STUDENT.性别="女"
BROWSE
```

图 5.47 例 5.26 操作后的 STUDENT2 表

5.4.3 删除记录

使用 SQL 中的 DELETE 语句可以为表中的记录设置删除标记，语句格式有两种：一种是单表操作格式，一种多表关联操作格式。

【格式1】DELETE FROM 〈目标表〉[WHERE 〈筛选条件〉]

【功能】对目标表中满足筛选条件的记录设置删除标记。

【格式2】DELETE 〈目标表〉 FROM 〈关联表列〉
　　　　　WHERE 〈关联条件〉[AND 〈筛选条件〉]

【功能】对目标表中基于关联表中相匹配的记录并满足筛选条件的记录设置删除标记。

【说明】

① 目标表是要对记录设置删除标记的表。SQL DELETE 语句只能删除单个表中的记录。

② 格式1为单表操作，此时 WHERE 子句仅用来指定一个或多个筛选条件。

③ 使用格式2可以进行多表关联操作，它是 VFP 9.0 新增的功能。此时，WHERE 子句指定如何匹配记录以及设置删除标记的条件值。

④ 在 VFP 中，SQL DELETE 语句只用来逻辑删除记录，即只给相关记录设置删除标记，要物理删除记录，还需要使用 PACK 命令。恢复被逻辑删除的记录仍然要使用 RECALL 命令。

例 5.27　删除 STUDENT2 表中所有男生的记录。

　　DELETE FROM STUDENT2 WHERE　性别="男"

如果要物理删除这些记录，可以执行 PACK 命令；如果想恢复上述操作中被逻辑删除的记录，可以执行"RECALL FOR　性别="男""命令。

5.5 习　　题

一、单项选择题

1. 使用 SQL SELECT 语句进行分组检索时，为了去掉不满足条件的分组，应当_____。
   A. 使用 WHERE 子句
   B. 在 GROUP BY 后面使用 HAVING 子句
   C. 先使用 WHERE 子句，再使用 HAVING 子句
   D. 先使用 HAVING 子句，再使用 WHERE 子句

2. SQL 语言的数据操作语句不包括_____。
   A. INSERT   B. UPDATE
   C. DELETE   D. CHANGE

3. 下列叙述中正确的是_____。
   A. SELECT 语句通过 FOR 子句指定查询条件
   B. SELECT 语句通过 WHERE 选项指定查询条件
   C. SELECT 语句通过 WHILE 子句指定查询条件
   D. SELECT 语句通过 IS 子句指定查询条件

4. HAVING 子句不能单独使用，必须接在_____子句之后。
   A. ORDER BY   B. FROM
   C. WHERE   D. GROUP BY

5. SQL 语言中修改表结构的语句是_____。
   A. MODIFY TABLE   B. MODIFY STRUCTURE
   C. ALTER TABLE   D. ALERT STRUCTURE

6. 下列关于 SQL 的 SELECT 语句的叙述中，错误的是_____。
   A. SELECT 语句的子句中可以包含表中的列和表达式
   B. SELECT 语句的子句中可以使用别名
   C. SELECT 语句的子句中规定了结果集的列顺序
   D. SELECT 语句的子句中列的顺序应该与表中列的顺序一致

7. 以下语句中，与 "SELECT * FROM SC WHERE 成绩<=90 AND 成绩>=70" 语句等价的语句是_____。
   A. SELECT * FROM SC WHERE 成绩 BETWEEN 70 AND 90
   B. SELECT * FROM SC WHERE 成绩<90 AND 成绩>70
   C. SELECT * FROM SC WHERE 成绩<=90 OR 成绩>=70
   D. SELECT * FROM SC WHERE 成绩<90 OR 成绩>70

8. SQL UPDATE 语句的功能是_____。
   A. 数据定义
   B. 数据查询
   C. 可以修改表中某些列的属性
   D. 可以修改表中某些列的内容

二、填空题

1. SQL 语言中的 DELETE 语句的功能是对记录进行_____删除。
2. 在 SQL 语言的 SELECT 语句中，用_____子句去掉重复的记录。
3. VFP 支持的 SQL 语句中，_____语句用来修改表的数据，_____语句用来修改表的结构。
4. SQL 语句中条件子句的关键字是_____。
5. SQL 语言的 SELECT 语句中把查询结果存放到临时表中的子句是_____。
6. SQL 语言支持集合的合并运算，实现合并运算的子句是_____。
7. 使用 SQL 语言的 CREATE TABLE 语句建立数据库表时，使用_____子句说明主索引。

三、操作题

对"学生管理"数据库，写出执行以下操作的 SQL 语句。
1. 检索出 STUDENT 表中的全部信息。
2. 检索出 STUDENT 表中非湖南籍学生的信息。
3. 检索出所有学生的学号、姓名、选修的课程名称和总评成绩信息。
4. 检索出非计算机应用专业的学生名单。
5. 检索总评成绩的平均分大于 80 分的课程号及平均分，结果按平均分从高到低排列。
6. 检索出选修数据库原理的学生的学号和成绩。

第6章 查询与视图

上一章介绍了怎样使用 SQL 语言创建查询，SQL 语言比较抽象，使用起来有一定的难度。VFP 9.0 还提供了可视化的创建查询和视图的方法，同样可以用来满足用户的复杂查询要求。用户可以根据需要，利用 VFP 提供的关于查询和视图的向导和设计器，用比较直观和简单的操作建立查询和视图，并将它们保存下来，然后运行它们，从一个或多个表中检索符合指定条件的记录。

本章要建立的查询是指利用查询向导或查询设计器所建立的扩展名为 QPR 的查询文件，查询文件中的内容是 SQL 语言的查询语句；而视图则兼有表和查询的特点，是在数据库表的基础上建立的一种虚拟表，它不以单独的文件形式存在而被保存在数据库中。

6.1 查询设计

VFP 9.0 系统提供了方便简单的创建查询的工具——查询向导和查询设计器。根据需要可以对查询的结果进行排序和分组等进一步处理，并且可以基于查询的结果创建表、报表和图表等。

创建查询的一般步骤如下。
① 打开"查询向导"对话框或"查询设计器"窗口。
② 选择查询中需要的数据源，包括表或视图等。
③ 选择在查询结果中要检索的字段。
④ 设置筛选条件，检索所需结果的记录。
⑤ 设置排序或分组来组织查询结果。
⑥ 选择查询结果的输出类型。
⑦ 保存查询文件。
⑧ 运行查询，查看查询结果。

6.1.1 创建查询的方法

在打开"项目管理器"窗口（下面的叙述以打开"学生管理系统"项目为例）的情况下，常用如下 4 种方法创建查询。
① 在"项目管理器"窗口的"数据"选项卡中，选择 查询 选项，如图 6.1 所示，然

后单击 新建(N) 按钮。

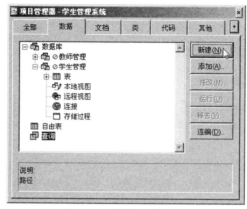

图 6.1 "数据"选项卡

② 执行"文件"→"新建"菜单命令，打开"新建"对话框，在对话框中选择"查询"单选项后单击"新建文件"或"向导"按钮，如图 6.2 所示。

③ 执行"工具"→"向导"→"查询"菜单命令，如图 6.3 所示。

图 6.2 "新建"对话框

图 6.3 "工具"菜单中的"向导"子菜单

④ 在命令窗口中输入创建查询的命令。

【格式】CREATE QUERY 〈查询文件名〉

6.1.2 用查询向导创建查询

利用"查询向导"对话框创建查询，只要按照向导提示的步骤，逐步回答向导提出的问题，就可以正确地建立查询。下面以一个具体的例子来说明利用查询向导创建查询的步骤。

例 6.1 建立一个查询文件，检索"学生管理"数据库的 STUDENT 表中所有"计算机应用"专业的学生记录，以"学号"字段的值对记录排序，查询结果中只包含"学号""姓名""性别""籍贯""出生日期"和"专业"字段。

① 打开"学生管理系统"的"项目管理器"窗口，进入"数据"选项卡，选中 查询 选项，单击 新建(N) 按钮，打开"新建查询"对话框，如图 6.4 所示，单击"查询向导"按钮，

出现"向导选取"对话框，如图 6.5 所示。

图 6.4 "新建查询"对话框

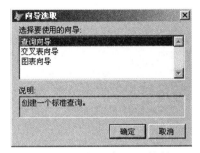

图 6.5 "向导选取"对话框

【说明】"向导选取"对话框提供了三种形式的向导：

查询向导——创建一个标准的查询。

交叉表向导——创建类似电子表格中交叉表形式的表格，用来显示查询结果。

图表向导——在 Microsoft Graph 中创建图表来显示查询结果。

② 选择"查询向导"选项，单击 确定 按钮，打开"查询向导"对话框，进入"步骤 1-选择字段"。在"数据库和表"下拉列表中选择"学生管理"数据库，然后在列表框中选择 STUDENT 表。如果需要选择有关的自由表，可以单击 ... 按钮，在"打开"对话框中选择要加入的自由表。

依次双击"可用字段"列表框中的"学号""姓名""性别""籍贯""出生日期"和"专业"字段名，把它们添加到"选定字段"列表框中，如图 6.6 所示。

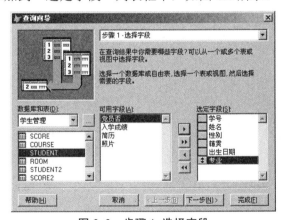

图 6.6 步骤 1-选择字段

【说明】图 6.6 中各按钮的作用如下。

▶ 按钮——将"可用字段"列表框中选中的字段添加到"选定字段"列表框中。

▶▶ 按钮——将"可用字段"列表框中的全部字段添加到"选定字段"列表框中。

◀ 按钮——将"选定字段"列表框中选中的字段退回到"可用字段"列表框中。

◀◀ 按钮——将"选定字段"列表框中的全部字段退回到"可用字段"列表框中。

③ 单击 下一步(N)> 按钮，进入"步骤 3-筛选记录"，按照要求建立条件表达式，用来筛选符合条件表达式要求的记录，如图 6.7 所示。

④ 单击 下一步(N)> 按钮，进入"步骤 4-排序记录"，确定查询输出结果中，根据"学号"字段的值对记录排序，可以根据需要选择"升序"或"降序"单选项，如图 6.8 所示。

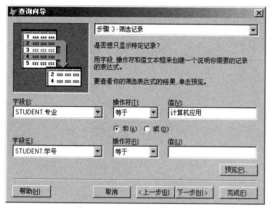

图 6.7 步骤 3-筛选记录

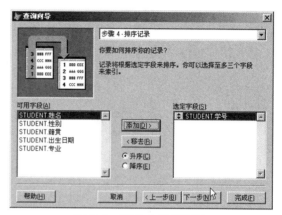

图 6.8 步骤 4-排序记录

⑤ 单击 下一步(N)> 按钮，进入"步骤 4a-限制记录"，用来限制查询输出结果中记录的输出范围，如图 6.9 所示。

⑥ 单击 下一步(N)> 按钮，进入"步骤 5-完成"，如图 6.10 所示。

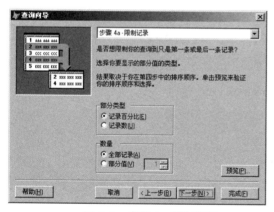

图 6.9 步骤 4a-限制记录

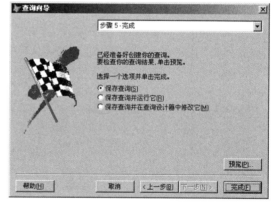

图 6.10 步骤 5-完成

【说明】图 6.10 中各单选项的含义如下。

保存查询——保存查询设计结果并退出查询向导。

保存查询并运行它——保存查询设计结果并运行创建的查询。

保存查询并在查询设计器中修改它——保存查询设计结果并进入"查询设计器"窗口，利用该窗口可以修改对查询的设计。

⑦ 单击 预览(P).. 按钮，显示运行查询的结果，如图 6.11 所示。

⑧ 关闭如图 6.11 所示的"预览"窗口，返回如图 6.10 所示的对话框，单击 完成(F) 按钮，打开"另存为"对话框，选择保存文件的位置，并输入文件名，如图 6.12 所示，单击 保存(S) 按钮，即可创建一个查询文件。

第 6 章 查询与视图   145

图 6.11 运行查询的结果　　　　　图 6.12 "另存为"对话框

6.1.3 用查询设计器创建查询

查询向导是一种简单、实用的查询设计工具，但是它有较大的局限性，例如，所设计的查询结果中不能输出除了表中字段之外的表达式，不能进行分组汇总，只能将查询结果输出到"浏览"窗口进行显示等。下面介绍功能更强的查询设计器。

用查询设计器设计查询，实际上就是通过相对简单直观的操作，按 SQL SELECT 语句的语法规则，建立扩展名为 QPR 的查询文件，设计出功能复杂的查询，运行查询文件即相当于执行相应的 SQL 语句。

(1) 创建基于单表的查询

例 6.2　以"学生管理"数据库中的 STUDENT 表为数据源，利用查询设计器建立一个名为"6-2.QPR"的查询文件，检索 1990 年以后出生的男学生记录，以"学号"字段的值排序，查询结果中只包含"学号""姓名""性别""籍贯""出生日期"和"专业"字段。

① 打开"学生管理系统"的"项目管理器"窗口，进入"数据"选项卡，选中 查询 选项，单击 新建(N) 按钮，打开"新建查询"对话框，然后单击"新建查询"按钮，打开"添加表或视图"对话框，如图 6.13 所示。

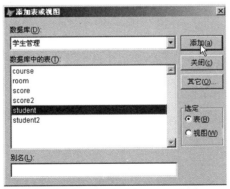

图 6.13 "添加表或视图"对话框

② 在"数据库"下拉列表中选择"学生管理"数据库，然后在"选定"选项按钮组中选择"表"单选按钮，最后在"数据库中的表"列表框中选择 STUDENT 表，并单击 添加(a) 按

钮，将表添加到"查询设计器"窗口中(如果需要选择有关的自由表，可以单击 其它(O)... 按钮，在"打开"对话框中选择需要的自由表)。单击 关闭(C) 按钮，进入"查询设计器"窗口，如图6.14所示。

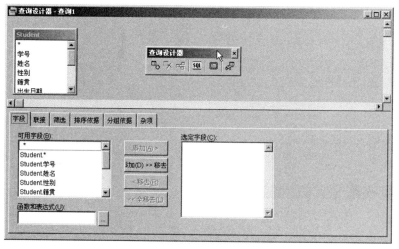

图6.14 "查询设计器"窗口

【说明】打开"查询设计器"窗口时会出现查询设计器工具栏。"查询设计器"窗口的上窗格列出查询中包含的表及其中的字段，下窗格用来对查询进行详细设置，如用来设置查询输出的字段和筛选记录的条件等。

❖ "字段"选项卡用来指定查询结果中包含的字段，对应于SQL SELECT语句中的输出字段。可以在"可用字段"列表框中通过双击来选择需要的字段；双击星号"*"可以选定所有可用表及其字段；双击"数据表名.*"可以选定特定表中的所有字段。在"函数和表达式"框中可以设置表达式，可以在该框中直接输入一个表达式或通过单击 ... 按钮打开"表达式生成器"对话框创建表达式。创建表达式后，可以通过单击 添加(A)> 按钮将其添加到"选定字段"列表框中。

❖ "联接"选项卡用来设置表之间的联接条件，对应于SQL SELECT语句中的"JOIN ON"子句中的联接条件。

❖ "筛选"选项卡用来设置查询结果中输出的记录应满足的条件，对应于SQL SELECT语句中的WHERE子句。

❖ "排序依据"选项卡用来设置查询结果按哪些字段的值排序，对应于SQL SELECT语句中的"ORDER BY"子句。

❖ "分组依据"选项卡用来设置分组条件，对应于SQL SELECT中语句中的"GROUP BY"子句和HAVING子句。

❖ "杂项"选项卡用来设置有无重复记录以及查询结果中显示的记录数等。

③ 进入"字段"选项卡，依次双击"可用字段"列表框中的"学号""姓名""性别""籍贯""出生日期"和"专业"字段，把它们添加到"选定字段"列表框中，如图6.15所示。

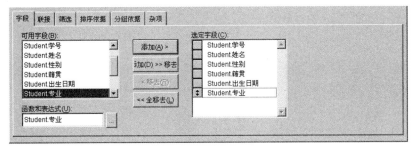

图 6.15 "字段"选项卡

④ 进入"筛选"选项卡,设置查询结果输出的记录应满足的条件,如图 6.16 所示。

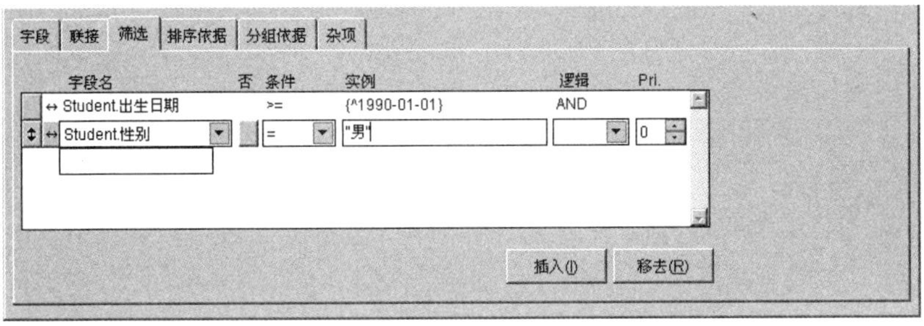

图 6.16 "筛选"选项卡

【说明】"筛选"选项卡中有关列的含义如下。

否——翻转条件以排除匹配该条件的记录。

条件——指定比较运算符。

逻辑——将 AND 或 OR 运算符添加到筛选条件列表中。

Pri.(优先级别)——范围为 0 到 99,表示逻辑操作优先级的数字。数字 0 表示最高优先级,而数字 99 表示最低优先级。

⑤ 进入"排序依据"选项卡,指定"Student.学号"字段作为排序依据,如图 6.17 所示,它决定了查询输出结果中记录的先后顺序,根据需要在"排序选项"选项按钮组中选择"升序"或"降序"单选项,在"排序条件"列表框中可以调整排序条件的优先顺序。

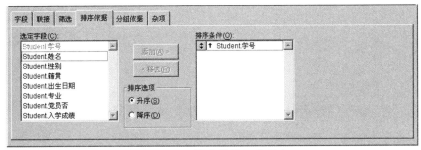

图 6.17 "排序依据"选项卡

⑥ 关闭"查询设计器"窗口,这时会出现如图 6.18 所示的提示对话框。单击 是(Y) 按钮,弹出"另存为"对话框,在对话框中输入查询文件的名称,选择保存位置,如图 6.19 所示,单击 保存(S) 按钮,保存所设计的查询,创建一个查询文件。

图 6.18 提示对话框

图 6.19 "另存为"对话框

(2) 运行查询和查看查询对应的 SQL 语句

在"项目管理器"窗口的"数据"选项卡中选择创建好的查询，然后单击 运行(U) 按钮；或者单击 修改(M) 按钮，打开"查询设计器"窗口后单击常用工具栏中的运行查询按钮 ！；也可以在命令窗口中输入命令"DO 查询文件名"（查询文件名中要包括 QPR 扩展名），即可运行查询文件，运行例 6.2 所建立的查询的输出结果如图 6.20 所示。

图 6.20 运行查询的输出结果

在查询设计器中建立了查询后，系统会根据用户在查询设计器中所做的设置，自动生成与之相应的 SQL SELECT 语句。若想查看系统自动生成的 SQL SELECT 语句，可以在打开"查询设计器"窗口后，执行"查询"→"查看 SQL"菜单命令，打开如图 6.21 所示的窗口进行观察。实际上查询文件就是一个包含 SQL 语句的纯文本文件。

```
6-2.qpr
SELECT Student.学号, Student.姓名, Student.性别, Student.籍贯,;
  Student.出生日期, Student.专业;
FROM ;
  学生管理!student;
WHERE  Student.出生日期 >= ( {^1990/01/01} );
  AND  Student.性别 = ( "男" );
ORDER BY Student.学号
```

图 6.21 查看查询对应的 SQL SELECT 语句

(3) 创建基于多个表的查询

可以用查询设计器创建数据来源是多个表的查询,这里的关键是要指定表间的联接关系。若它们是同一数据库中的表，可以在数据库中建立其联接关系，然后在查询设计器中直接利用。另外，在查询设计器中也可以设置对查询的数据进行分组计算等数据处理的方式。

下面通过例 6.3 说明如何利用查询设计器创建数据基于多个表并进行分组处理计算的查询。

例6.3 用"教师管理"数据库中的 TEACHER 表和 BUMEN 表建立查询,查询中包含 BUMEN 表的"部门名称"字段和 TEACHER 表中按部门对"基本工资"字段分类求和的结果。

① 打开"教师管理"数据库,在"数据库设计器"窗口中建立表之间的一对多永久关系,建立关系的依据是"部门代码"字段(对应 bmdm 索引名),如图 6.22 所示。

② 执行"文件"→"新建"菜单命令,打开如图 6.2 所示的"新建"对话框,选择"查询"选项,单击"新建文件"按钮,打开"添加表或视图"对话框(参见图 6.13)。

③ 在"数据库中的表"列表框中依次双击 TEACHER 表和 BUMEN 表,将它们添加到"查询设计器"窗口中,关闭"添加表或视图"对话框,进入"查询设计器"窗口,在"可用字段"列表框中双击选定"Bumen.部门名称",然后在"函数和表达式"框中输入 SUM(Teacher.基本工资),如图 6.23 所示。

图 6.22 "教师管理"数据库

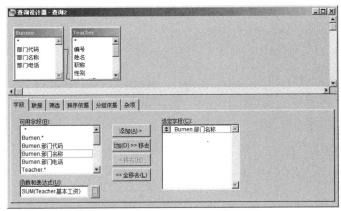
图 6.23 "查询设计器"窗口

④ 单击 添加(A)> 按钮,将设置好的表达式添加到"选定字段"列表框中,表示查询结果中要对"Teacher.基本工资"字段的值求和。

⑤ 进入"联接"选项卡,查看两个表之间的联接关系,由于在设计数据库时已经定义了表之间的永久关系,所以在查询中把它作为默认的联接,如图 6.24 所示。

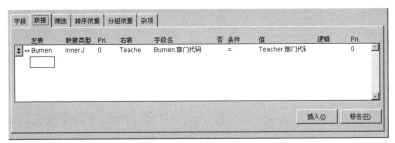
图 6.24 "联接"选项卡

【说明】"联接"选项卡用来设置联接类型和表示联接关系的条件表达式,它对应 SQL SELECT 语句的 FROM 子句中的联接条件。下面解释图 6.24 中所示的"联接"选项卡中的内容。

左表:包含联接中左表的别名。

联接类型:指定联接的类型。单击该框可以打开包括 5 种联接类型的下拉列表,默认情况下,联接类型为内部联接(Inner Join)。前 4 种联接类型的具体说明见表 5.4。还有一种交叉联接(Cross Join)，它用来指定左表中的每条记录与现有右表中的所有记录相匹配。

Pri.（优先级别）：范围为 0 到 99，表示联接操作优先级的数字。数字 0 表示最高优先级，数字 99 表示最低优先级。

右表：包含联接中右表的别名。

字段名：设置用来建立联接的条件表达式中的第一个字段。单击该字段框将显示一个可用字段的下拉列表，供用户选择，也可以输入一个表达式。

否：否定下面所说的条件，以排除匹配该条件的记录。

条件：设置"字段名"和"值"之间的关系运算符。

值：设置表示联接条件的表达式中的第 2 个字段，也可以输入一个表达式。

逻辑：将 AND 或 OR 条件运算符添加到联接条件列表中。

插入(I) 按钮：在当前所选联接的上方插入空白的联接。

移去(R) 按钮：从查询中移去当前所选的联接。

⑥ 进入"分组依据"选项卡，双击"可用字段"列表框中的"Bumen.部门名称"字段，将它添加到"分组字段"列表框中，作为对"Teacher.基本工资"字段分组求和的分组依据，如图 6.25 所示。

图 6.25 "分组依据"选项卡

⑦ 以"6-3.QPR"为文件名保存所建的查询，运行查询，得到如图 6.26 所示的查询结果。

⑧ 执行"查询"→"查看 SQL"菜单命令，可以看到查询文件的内容，如图 6.27 所示。

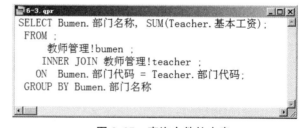

图 6.26 运行查询的输出结果　　　　图 6.27 查询文件的内容

利用查询设计器可以创建各种复杂查询，由于在设计过程中几乎没有什么提示信息，因此用户应熟悉查询设计器提供的各种功能，并熟练掌握其使用方法。

(4) 修改查询

如果对创建的查询不满意，可以打开查询设计器进行修改。除了上面介绍的通过项目管理器打开查询设计器的方法外，还可以用下述两种方法打开查询设计器：

① 执行"文件"→"打开"菜单命令，在弹出的"打开"对话框中选择要修改的查询文件，单击 确定 按钮。

② 在命令窗口中输入命令打开查询设计器。

【格式】MODIFY QUERY〈查询文件名〉

利用查询设计器可以修改原先设计的查询，完成后，执行"文件"→"保存"菜单命令，修改后的查询文件将代替原来的文件。

6.1.4 输出重定向

系统默认情况下，查询结果将输出到"浏览"窗口中，如果想设置成其他的输出去向，可以打开"查询设计器"窗口，然后执行"查询"→"查询去向"菜单命令，打开如图 6.28 所示的"查询去向"对话框后选定一种查询去向，然后单击 确定 按钮。

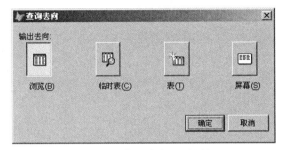

图 6.28 "查询去向"对话框

其中各个按钮的作用如下。

① 浏览——指定把查询结果显示在"浏览"窗口中，这也是系统默认的查询去向。

② 临时表——指定把查询结果存储在临时的只读数据表文件中。

③ 表——指定把查询结果存储在表文件中，这样查询结果就可以当作表使用了。注意，该表不会自动添加到数据库中。

④ 屏幕——指定直接在 VFP 系统主窗口中输出查询结果，此时还可以附带输出到打印机。

6.2 视 图 设 计

视图是从一个表、几个表或其他视图中派生出来的数据集合。创建视图后，只在当前数据库中保存视图的定义，该定义包括视图包含的表的表名、字段名及有关的属性设置，并不包含视图所反映的具体数据。访问视图时，系统将按照视图的定义临时从来源表(或视图)中抽取数据。由此可以看出，视图是一个虚拟表，它可以动态地反映来源表中的当前数据。从用户的观点看，表和视图都是关系数据库中的关系，可以像使用表一样使用视图。

视图有两种类型：本地视图和远程视图。本地视图从当前数据库的表或其他视图中选取信息，而远程视图则从当前数据库之外的数据源(如 SQL Server 数据库)中选取数据。本节主要介绍本地视图。

视图与查询或表的区别如下。

① 视图是表的动态数据集。查询也能反映表的当前数据，但是如果将查询去向选择为表，把结果保存下来，则这个表只是当前查询结果的一个静态写照。当来源表被更新之后，再次运行查询，结果会发生改变，但上次保存为表的查询结果不会改变。而视图是根据表定义的，是观察表中信息的一个定制窗口，每次打开视图时均能动态反映表的当前情况。

② 用视图可以更新表。通过视图既可以查看表中原有的数据，也可以更新表中的数据。运行视图时，可以修改数据，并将修改结果送回源表中，以更新源表中相对应的记录。而查询操作是单向的，在运行查询的结果中修改数据不能保存回源表。

6.2.1 视图设计器

创建本地视图的方法与创建查询类似，可以使用"视图向导"对话框或"视图设计器"窗口创建。本节主要介绍用"视图设计器"窗口创建视图的方法。

(1) 打开视图设计器

打开"视图设计器"窗口的方法如下。

① 在"项目管理器"窗口的"数据"选项卡中，选中某个数据库下的 本地视图 选项，单击 新建(N)... 按钮，打开"新建本地视图"对话框，如图6.29所示，然后单击"新建视图"按钮。

② 执行"文件"→"新建"菜单命令，弹出"新建"对话框，在对话框中选择"视图"单选项后单击"新建文件"按钮。

③ 在命令窗口中输入创建视图的命令。

【格式】CREATE VIEW

图6.29 "新建本地视图"对话框

【注意】查询是一个独立的文件，但视图不以单独的文件形式存在，它只是某个数据库的一部分。在建立视图之前，首先要打开相应的数据库。

(2) 视图设计器

"视图设计器"窗口的界面和"查询设计器"窗口界面基本相同，不同之处为视图设计器的下窗格中有7个选项卡，其中6个的功能和用法与查询设计器完全相同。这里介绍一下它不同于查询设计器的"更新条件"选项卡(如图6.30所示)的功能和用法。

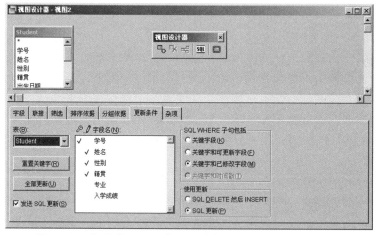

图6.30 "视图设计器"窗口和其中的"更新条件"选项卡

①"表"下拉列表框中列出添加到当前视图中所有的表，从中可以设置本视图允许更新的表。

②"字段名"列表框中列出了可以更新的字段。其中"钥匙"符号列中带"√"标志的字段为表的关键字段，"铅笔"符号列中带"√"标志的字段是内容可以更新的字段。

③ "发送 SQL 更新"复选框用来设置是否将视图中的更新结果传回源表。

④ "SQL WHERE 子句包括"选项按钮组用来指定当更新数据传回源表时,是否检测更改冲突,其中各选项及其含义如表 6.1 所示。

表 6.1 "SQL WHERE 子句包括"选项按钮组中各选项的含义

选 项	含 义
关键字段	只在源表中关键字段被修改时检测冲突
关键字和可更新字段	只在源表中关键字段和更新字段被修改时检测冲突
关键字和已修改字段	当源表中的关键字段和已修改过的字段被修改时检测冲突
关键字和时间戳	应用于远程视图

⑤ "使用更新"选项按钮组用于指定后台服务器更新的方法,其中"SQL DELETE 然后 INSERT"选项的含义是在修改源表时,先删除要修改的记录,然后再根据视图中的修改结果插入一条新记录;"SQL 更新"选项是根据视图中的修改结果直接修改源表中的数据。

6.2.2 建立视图

建立视图与建立查询的方法相似,主要是通过指定数据源、选择所需的字段、设置筛选条件等操作来完成。

(1) 建立基于单个表的视图

例 6.4 利用视图设计器,根据"学生管理"数据库中的 STUDENT 表,创建一个名为"学生视图"的本地视图,视图中包含"学号""姓名""性别""籍贯""专业"和"入学成绩"字段,按"入学成绩"字段的值降序排列记录,并允许更新"姓名"字段。

① 打开"学生管理系统"的"项目管理器"窗口,进入"数据"选项卡,选中"学生管理"数据库下的 本地视图 选项,单击 新建(N).. 按钮,打开如图 6.29 所示的"新建本地视图"对话框,单击"新建视图"按钮,打开"添加表或视图"对话框,将 STUDENT 表添加到"视图设计器"窗口中,然后关闭对话框。

② 选择字段:进入视图设计器的"字段"选项卡,将"可用字段"列表框中的"学号""姓名""性别""籍贯""专业"和"入学成绩"字段添加到"选定字段"列表框中,如图 6.31 所示。

③ 设置排序:进入"排序依据"选项卡,设置以"Student.入学成绩"字段的值降序排列记录,如图 6.32 所示。

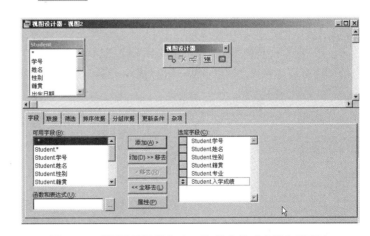

图 6.31 "视图设计器"窗口和其中的"字段"选项卡

图 6.32 "排序依据"选项卡

④ 设置更新条件:进入"更新条件"选项卡,设置允许更新的字段,只允许修改"姓名"字段,选中"发送 SQL 更新"选项,其他保持默认设置,如图 6.33 所示。

图 6.33 "更新条件"选项卡

⑤ 保存视图:执行"文件"→"保存"菜单命令,打开"保存"对话框,在"视图名称"框中输入"学生视图",如图 6.34 所示,单击 确定 按钮保存视图。

图 6.34 "保存"对话框

⑥ 查看视图对应的 SQL 语句:单击视图设计器工具栏的"SQL"按钮,打开如图 6.35 所示的窗口,由该窗口内容可知,视图实际上也对应着一条 SQL 命令。

图 6.35 "学生视图"对应的 SQL 语句

⑦ 运行视图:执行"查询"→"运行查询"菜单命令,打开"学生视图"的"浏览"窗口,查看视图结果,如图 6.36 的左图所示。

⑧ 再打开 STUDENT 表的"浏览"窗口,如图 6.36 的右图所示。

学生视图

学号	姓名	性别	籍贯	专业	入学成绩
40501003	李卯志	女	山东	计算机应用	578.0
41501003	诸戌出	男	湖北	日语	556.0
40402003	孙寅笃	男	河南	工商管理	553.0
42501001	陈酉正	女	江苏	应用物理	548.0
40501002	赵子博	男	山东	计算机应用	542.0
41501001	周辰明	男	湖南	日语	541.0
40402004	冯申守	女	云南	工商管理	536.0
41501002	吴巳德	女	湖南	日语	534.0
40501001	魏亥奇	男	山东	计算机应用	521.0
42501002	王未真	男	黑龙江	应用物理	520.0
40402002	钱丑学	男	山西	工商管理	508.0
40402001	郑戌求	男	山西	工商管理	508.0

Student

学号	姓名	性别	籍贯	出生日期	专业	党员否	入学成绩	简历	照片
40501002	赵子博	男	山东	02/03/89	计算机应用	T	542.0	Memo	Gen
40402002	钱丑学	男	山西	07/05/88	工商管理	T	508.0	memo	gen
40402003	孙寅笃	男	河南	04/06/88	工商管理	F	553.0	memo	gen
40501003	李卯志	女	山东	09/07/89	计算机应用	T	578.0	memo	gen
41501001	周辰明	男	湖南	10/04/88	日语	F	541.0	memo	gen
41501002	吴巳德	女	湖南	09/08/84	日语	F	534.0	memo	gen
40402001	郑戌求	男	山西	03/03/88	工商管理	T	508.0	memo	gen
42501002	王未真	男	黑龙江	05/09/88	应用物理	T	520.0	memo	gen
40402004	冯申守	女	云南	07/09/89	工商管理	F	536.0	memo	gen
42501001	陈酉正	女	江苏	08/07/90	应用物理	F	548.0	memo	gen
41501003	诸戌出	男	湖北	05/20/90	日语	F	556.0	memo	gen
40501001	魏亥奇	男	山东	08/25/90	计算机应用	T	521.0	memo	gen

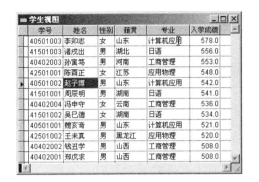

图 6.36　“学生视图”和 STUDENT 表的“浏览”窗口

⑨ 利用视图修改数据：在如图 6.36 的左图所示的“学生视图”的“浏览”窗口中，把赵子博的名字改为“赵博”，把性别改为“女”，更改完后，将记录指针定位在别的记录上，观察 STUDENT 表的“浏览”窗口的变化情况，如图 6.37 的右图所示。

学生视图

学号	姓名	性别	籍贯	专业	入学成绩
40501003	李卯志	女	山东	计算机应用	578.0
41501003	诸戌出	男	湖北	日语	556.0
40402003	孙寅笃	男	河南	工商管理	553.0
42501001	陈酉正	女	江苏	应用物理	548.0
40501002	赵博	女	山东	计算机应用	542.0
41501001	周辰明	男	湖南	日语	541.0
40402004	冯申守	女	云南	工商管理	536.0
41501002	吴巳德	女	湖南	日语	534.0
40501001	魏亥奇	男	山东	计算机应用	521.0
42501002	王未真	男	黑龙江	应用物理	520.0
40402002	钱丑学	男	山西	工商管理	508.0
40402001	郑戌求	男	山西	工商管理	508.0

Student

学号	姓名	性别	籍贯	出生日期	专业	党员否	入学成绩	简历	照片
40501002	赵博	男	山东	02/03/89	计算机应用	T	542.0	Memo	Gen
40402002	钱丑学	男	山西	07/05/88	工商管理	T	508.0	memo	gen
40402003	孙寅笃	男	河南	04/06/88	工商管理	F	553.0	memo	gen
40501003	李卯志	女	山东	09/07/89	计算机应用	T	578.0	memo	gen
41501001	周辰明	男	湖南	10/04/88	日语	F	541.0	memo	gen
41501002	吴巳德	女	湖南	09/08/84	日语	F	534.0	memo	gen
40402001	郑戌求	男	山西	03/03/88	工商管理	T	508.0	memo	gen
42501002	王未真	男	黑龙江	05/09/88	应用物理	T	520.0	memo	gen
40402004	冯申守	女	云南	07/09/89	工商管理	F	536.0	memo	gen
42501001	陈酉正	女	江苏	08/07/90	应用物理	F	548.0	memo	gen
41501003	诸戌出	男	湖北	05/20/90	日语	F	556.0	memo	gen
40501001	魏亥奇	男	山东	08/25/90	计算机应用	T	521.0	memo	gen

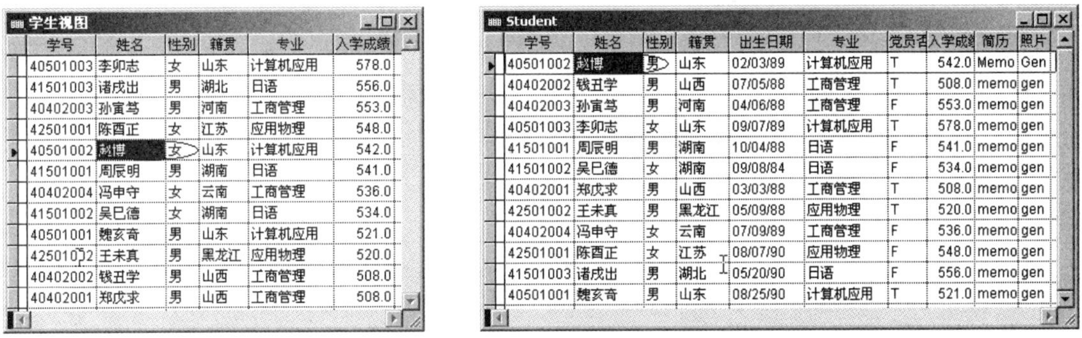

图 6.37　利用视图更新表中的数据

从图 6.37 的右图可以看出，STUDENT 表中相关记录“姓名”字段的值已经随着视图“浏览”窗口中对记录的修改而自动更新了，这表明视图中设置的可以更新的字段生效了，而“性别”字段没有更新，因为该字段在视图中没有设置为可以更新的字段。

(2) 建立基于多个表的视图

例 6.5 根据“学生管理”数据库中的 STUDENT 表、COURSE 表和 SCORE 表建立“学生成绩视图”，要求包含各相关表中的“学号”“姓名”“课程号”“课程名称”“平时成绩”“期末成绩”和“总评成绩”字段，可以更新“平时成绩”“期末成绩”“总评成绩”字段的值。

① 打开“学生管理”数据库，执行“文件”→“新建”菜单命令，打开“新建”对话框，在对话框中选择“视图”单选项后单击“新建文件”按钮，出现“添加表或视图”对话框。

② 设置视图的数据源：在“添加表或视图”对话框的“数据库中的表”列表框中依次双击 STUDENT 表、SCORE 表和 COURSE 表，将它们添加到“视图设计器”窗口中，然后关闭“添加表或视图”对话框，进入“视图设计器”窗口。

③ 选择字段：进入“视图设计器”窗口的“字段”选项卡，将有关表中的“学号”“姓名”“课程号”“课程名称”“平时成绩”“期末成绩”和“总评成绩”字段添加到“选定字段”列表框中，如图 6.38 所示。

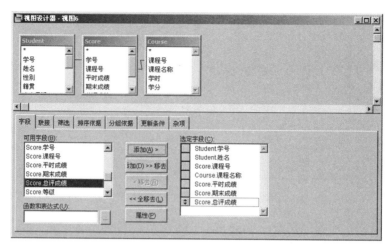

图 6.38 "视图设计器"窗口和其中的"字段"选项卡

④ 设置联接：本视图中的 3 个表之间有一定的关系，由于它们之间的关系已经存在于数据库中，所以有关的联接表达式会自动带入视图，如图 6.39 所示。

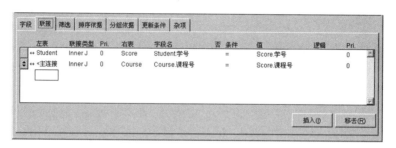

图 6.39 "联接"选项卡

【说明】图 6.39 中各项内容的含义和查询设计器中的含义一样。如果原来数据库中的表之间没有设置关系，就需要在"联接"选项卡中设置联接关系表达式。操作方法是，单击视图设计器工具栏中的"添加联接"按钮 ，打开"联接条件"对话框进行设置。

⑤ 设置排序：在视图设计器的"排序依据"选项卡中，将"Score.总评成绩"字段添加到"排序条件"框中，如图 6.40 所示。

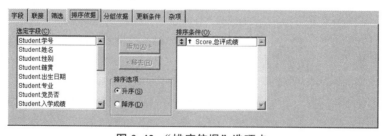

图 6.40 "排序依据"选项卡

⑥ 设置更新字段：在"更新条件"选项卡的"字段名"框中，单击"Student.学号"字段和"Score.课程号"字段左边的"钥匙"列，设置关键字；单击"Score.平时成绩""Score.期末成绩"和"Score.总评成绩"字段左边的"笔"列，设置可以更新的字段；选中"发送 SQL

更新"复选项，如图 6.41 所示。

图 6.41 "更新条件"选项卡

⑦ 保存视图：执行"文件"→"保存"菜单命令，打开"保存"对话框，在"视图名称"框中输入"学生成绩视图"，如图 6.42 所示，单击 确定 按钮。

⑧ 运行视图：单击常用工具栏上的 ! 按钮，打开视图的"浏览"窗口，如图 6.43 所示。

图 6.42 保存视图　　　　　　　　　图 6.43 运行视图的显示结果

在如图 6.43 所示的"浏览"窗口中修改学生的平时、期末和总评成绩，关闭视图，然后打开 SCORE 表，查看记录的更新情况。注意：总评成绩=平时成绩×0.2+期末成绩×0.8。

(3) 建立带参数的视图

在利用视图查看信息时可以设置参数，用户在使用时输入参数值，可以让视图根据输入的参数显示结果。

例 6.6 在"学生管理"数据库中建立视图，希望在运行视图时，用户可以输入学生的"学号"，然后在视图的"浏览"窗口中列出该学生所选修的课程名称和总评成绩。

① 新建视图，并依次将 STUDENT 表、SCORE 表和 COURSE 表添加到"视图设计器"窗口中。

② 选择字段：进入"字段"选项卡，设置要输出的字段，如图 6.44 所示。

图 6.44 "字段"选项卡

③ 设置筛选条件:进入"筛选"选项卡上,设置筛选记录的条件,注意,在"实例"列中输入的"?"与其后面的"学号"之间不要有空格,如图 6.45 所示。

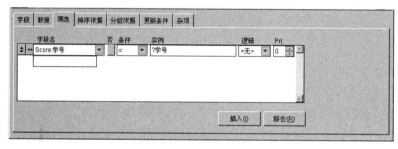

图 6.45 "筛选"选项卡

④ 保存视图:以"带参数视图"为名保存视图。

⑤ 运行视图:单击常用工具栏上的 ! 按钮,系统会弹出"视图参数"对话框,要求给出参数值,如图 6.46 所示,输入参数值。

⑥ 单击 确定 按钮后,将打开一个"浏览"窗口,显示学号为"40501003"的学生姓名选修的课程的信息,如图 6.47 所示。

图 6.46 "视图参数"对话框   图 6.47 运行视图的显示结果

6.3 习　题

一、单项选择题

1. 查询设计器中包含_____选项卡。
   A. "字段""筛选""排序依据"　　B. "字段""条件""分组依据"
   C. "条件""排序依据""分组依据"　　D. "条件""筛选""杂项"

2. 以下关于查询的描述中，不正确的是_____。
   A. 可以根据数据库表建立查询
   B. 可以根据自由表建立查询
   C. 可以根据数据库表和自由表建立查询
   D. 只能根据数据库表建立查询
3. 查询设计器中的"筛选"选项卡用来_____。
   A. 设置联接条件   B. 设置排序属性
   C. 设置输出的记录应满足的条件   D. 设置是否允许出现重复的记录
4. 下列关于查询设计器的说法中，错误的是_____。
   A. 既可以对单表查询，也可以对多表查询
   B. 可以在"排序依据"选项卡中设置查询结果按某一字段值的升序排列
   C. 不能设置查询结果的输出去向
   D. 可以将查询设计的结果保存到扩展名为 QPR 的查询文件中
5. 在 VFP 中，查询设计器的设计结果与_____语句相对应。
   A. SQL SELECT   B. SQL ALSERT
   C. SQL UPDATE   D. SQL DROP
6. 视图不能以文件形式单独存在，它保存在_____中。
   A. 项目   B. 数据库
   C. 表   D. 查询

二、填空题

1. 在 VFP 中，查询文件的扩展名为_____。
2. 创建查询的命令是_____。
3. 创建一个查询后，在查询文件中保存的是_____。
4. 视图设计器比查询设计器多了一个_____选项卡。
5. 在 VFP 中，视图可以分为本地视图和_____视图。
6. 创建视图时，相应的数据库必须处于_____状态。

三、操作题

1. 对学生管理数据库，分别建立输出以下结果的查询：
① 显示 STUDENT 表中的全部信息。
② 显示 STUDENT 表中非湖南籍学生的信息。
③ 显示学生的学号、姓名、选修的课程名和总评成绩信息。
2. 对教师管理数据库，分别建立满足以下条件的本地视图：
① 显示 TEACHER 表中所有男教授的全部信息。
② 显示 TEACHER 表中的"姓名""性别""职称""基本工资"字段和 BUMEN 表中的"部门名称""部门电话"字段，并允许对"部门电话"字段进行更新。

第7章 结构化程序设计

VFP不仅提供了大量交互式数据库管理工具和操作手段,还提供了功能完善的程序语句,支持面向对象和面向过程的结构化程序设计,利用它们,用户能编写出功能强大、灵活多变的应用程序。

本章主要介绍结构化程序设计的基础知识,通过学习程序设计的基本概念、程序文件的建立与执行、程序的基本结构等内容,进一步提高运用VFP解决实际问题的能力。

7.1 程序设计基础

我们首先来了解程序的相关概念、程序设计的过程和程序的设计方法。

7.1.1 程序的相关概念

利用VFP对数据进行处理时,许多任务单靠执行一两条命令难以完成,往往需要执行一组命令才能完成,这时若采用在命令窗口中逐条输入命令的交互方式完成任务,不仅非常麻烦,而且容易出错,特别是对于那些经常需要重复进行的操作任务,采用运行程序的方式能更好地提高工作效率。

(1) 程序与程序设计

从一般意义上讲,程序就是指令代码的集合。在VFP中,用户根据解决问题的需要,按语法规则编写的程序称为源程序。源程序的代码包括以语句形式出现的 VFP 命令、函数和VFP可以理解的其他操作语句。使用命令窗口在交互方式下输入的 VFP 命令都可以在 VFP 程序中使用,因此也可以把命令称为语句。在下面的叙述中,不再严格区分命令和语句。

程序设计是指为了完成某一具体任务而设计解决问题的方法和编写程序代码的过程。初学者往往把程序设计简单地理解为只是编写程序代码,这是不全面的。程序设计是指利用计算机解决问题的全过程,它包含多方面的工作,而编写程序代码只是其中的一部分工作。使用计算机解决实际问题,通常先要对问题进行分析并建立数学模型,然后考虑数据的组织方式和算法(解决问题的方法和步骤),并用某一种程序设计语言编写程序代码,最后调试程序,这样一个完整的过程称为程序设计。

在解决实际问题时,应该对问题的性质与要求进行深入分析,从而确定求解问题的数学模型或方法，接下来进行算法设计，再编写程序代码就比较容易了。有些初学者，在没有分析清楚要解决的问题之前就急于编写程序代码，结果编程思路紊乱，很难得到预想的结果。

举例来说，如果需要在 STUDENT 表中按学号检索学生的姓名和入学成绩，其算法是：

① 打开 STUDENT 表。
② 输入待查学生的学号。
③ 查找学号所对应的记录。
④ 显示该记录的学号、姓名和入学成绩。

在实际应用中，可以用多种方式描述算法，例如像上面那样，用自然语言描述。但是在许多情况下常用流程图来描述算法，因为用流程图描述算法比较直观和清晰。流程图的形式很多，如一般流程图、N-S 图等。一般流程图用菱形框表示判断，用矩形框表示进行某种处理，用流程线将各步操作连接起来。

(2) **结构化程序设计方法**

结构化程序设计方法是一种被普遍采用的程序设计方法，用这种方法设计的程序结构清晰、易于阅读和理解、便于调试和维护，这是当前开发程序的一般方法。

结构化程序设计采用自顶向下、逐步求精和模块化的方法设计程序。

自顶向下是指对设计的系统要有一个全面的理解，从问题的全局入手，把一个复杂问题分解成若干个相互独立的子问题，然后再对每个子问题进一步分解，如此重复，直到分解后的每个问题都能比较容易地解决为止。

逐步求精是指程序设计的过程是一个渐进的过程，先把一个子问题用一个程序模块来描述，再把每个模块的功能逐步分解细化为一系列的具体步骤，直到能用某种程序设计语言的基本语句来实现为止。逐步求精总是和自顶向下结合使用，一般把逐步求精看作自顶向下设计的具体体现。

模块化是结构化程序设计的重要原则。模块化就是把一个大程序按照功能分为若干较小的程序。一个大程序通常由一个主控模块和若干子模块组成。主控模块完成某些公共操作及功能选择，用来控制和调用子模块，而子模块用来完成某项特定功能。当然，子模块是相对主模块而言的，一个子模块也可以控制更下一层的子模块。采用把一个复杂的大程序分解成若干个较简单的程序模块的方法解决任务，便于分工合作，提高程序设计的效率。

7.1.2 创建与修改程序文件

原则上讲，可以使用任何文本编辑器建立和编辑 VFP 程序文件，但一般情况下是直接使用 VFP 集成开发环境提供的程序编辑窗口编写程序。有两种打开程序编辑窗口的方法。

(1) **命令方式**

【格式】MODIFY COMMAND ［<程序文件名>］
【功能】打开 VFP 程序编辑窗口。
【说明】

① 执行本命令时，系统先在默认的文件夹中搜索是否已有指定的程序文件，若文件尚未建立，则用本命令自动创建一个新文件；若文件已经存在，则打开文件供用户编辑修改。

② 如果在命令中没有给出程序文件名，系统会自动创建一个新程序文件。默认的程序文

件名为"程序1.prg""程序2.prg"……用户可以在关闭程序编辑窗口或执行保存程序文件操作时指定文件的存放位置和文件名。

③ 对程序文件名,可以只输入主文件名,省略扩展名 PRG。

(2) 菜单方式

执行"文件"→"新建"菜单命令,在"新建"对话框的"文件类型"栏中选择"程序"单选项,然后单击"新建文件"按钮即可打开程序编辑窗口。

无论采用哪种方式创建新的程序文件,均会打开程序编辑窗口,用户可以直接在窗口中输入和修改程序代码。如图 7.1 所示的程序编辑窗口中的程序用来给两个变量赋值、交换它们的值并显示交换后的结果。

【注意】

① 如果编写的程序尚未保存,则程序编辑窗口标题栏中的程序名后有一个"*"符号。

图 7.1 程序编辑窗口

② 在程序编辑窗口中输入程序代码时,一行只能输入一条命令,并用回车键结束。一条命令可分几行输入,这时除最后一行之外的其他行的结尾必须用";"作为续行符,表示一条命令未完,转入下一行。

7.1.3 保存与运行程序

(1) 保存程序

在程序编辑窗口中输入和编辑完程序代码后,应以文件的形式把它们保存在磁盘上以备将来调用。当程序编辑窗口是当前活动窗口时,有两种保存程序文件的方法。

① 执行"文件"→"保存"菜单命令。

② 按 Ctrl+W 组合键。

如果创建的新程序还没有专门指定程序文件名,系统会弹出"另存为"对话框,在对话框中指定保存位置、输入文件名、选择文件保存类型为"程序(*.prg)"(这也是系统默认的文件类型)。如图 7.2 所示进行操作,然后单击 保存(S) 按钮,就会在"07"文件夹中创建一个文件名为 7-0.prg 的程序文件,这样建立的程序称为源程序。

如果在输入文件名时,省略扩展名,则默认扩展名是 PRG。

图 7.2 "另存为"对话框

(2) 边编译边运行程序

程序以文件的形式保存在磁盘中以后,就可以运行它了。有两种运行 VFP 程序的方式:边编译边运行和先编译后运行。

源程序在运行前未经编译而直接运行称为边编译边运行。边编译边运行有多种方法:

① 执行"程序"→"运行"菜单命令，在随后弹出的对话框里选中要运行的程序文件，单击 运行 按钮。

② 若程序编辑窗口是当前活动窗口，其中正显示着程序的代码，可以直接单击常用工具栏上的"运行"按钮 ！，运行编辑窗口中的程序。

③ 在命令窗口或程序中输入

DO〈程序文件名〉

调用和执行程序。

【注意】程序运行过程中如果出现错误，系统会给出程序发生错误的提示。例如，打开 7-0.PRG 程序（设程序内容如图 7.1 所示）的程序编辑窗口，将程序中的第一句改为"CLEAR1"，然后单击常用工具栏上的 ！按钮，运行这个程序。屏幕上将显示如图 7.3 所示的画面，在"程序错误"对话框中指出发生了"不能识别的命令谓词"错误，与此同时，程序编辑窗口中用反色显示出错的那条程序语句。

图 7.3　程序编辑窗口和"程序错误"对话框

程序出现错误后，可以按以下 3 种方式之一进行处理。

① 单击 取消(C) 按钮，"程序错误"对话框消失，进入程序编辑窗口，这时可以修改出现错误的地方，保存程序后再运行修改过的程序，直到它能正常运行为止。

② 单击 挂起(S) 按钮，"程序错误"对话框消失，这时程序处于暂停状态，可以在命令窗口中输入命令，进一步检查出错的原因。当检查完后，执行"程序"→"取消"菜单命令，中止程序的运行，然后对程序代码进行修改。

③ 单击 忽略(I) 按钮，将忽略当前发生的错误，继续向下运行程序，这样做可能产生无法预料的后果。

(3) 先编译后运行程序

对扩展名为 PRG 的源程序文件在运行前可以先进行编译，生成相应的扩展名为 FXP 的编译文件，运行程序时，只需要执行对应的编译文件就可以了。

编译源程序的方法是执行"程序"→"编译"菜单命令。如果当前程序编辑窗口中已经打开了一个程序，系统自动编译该程序；否则系统将弹出类似图 7.4 所示的"编译"对话框，用户选择了需要编译的源程序文件后，单击 编译 按钮即可进行编译。

图 7.4　"编译"对话框

在编译过程中，如果发现错误，系统同样会给出程序中有错的提示对话框。单击 取消(C) 按钮，可以返回程序编辑窗口修改错误，然后保存程序，再编译修改过的程序，直到没有错误为止，这时系统会自动生成主文件名相同而扩展名为 FXP 的文件。运行编译后的 FXP 文件的速度快于运行 PRG 文件的速度。

【注意】运行 FXP 文件和运行 PRG 文件的方式相同。若使用"DO〈程序文件名〉"命令运行程序，可以省略文件扩展名，系统会自动寻找对应的 FXP 文件，如果找到，立即执行；如果找不到，就执行同名的 PRG 文件。

7.2 程序中常用的一些语句

在 VFP 程序中除了允许使用前面几章介绍的数据处理命令和函数外，还经常使用下面介绍的一些语句。

7.2.1 常用的基本语句

(1) 注释语句

为了提高程序的可读性，经常在源程序的适当位置上添加一些注释。注释语句只起注释作用，运行程序时不执行它们。

【格式1】NOTE［〈注释内容〉］
【格式2】*［〈注释内容〉］
【格式3】&&［〈注释内容〉］
【功能】设置注释内容。
【说明】
① 注释内容可以是任何形式的文本。
② 格式1和格式2从行首开始，且独自作为一行，格式3可用在一条语句行的尾部。

例 7.1 在程序中添加注释语句示例。

```
* 本行是注释语句
NOTE  用"="给变量X赋值10
X=10
STORE 2*3+4 TO Y,Z          && 给变量Y、Z赋值
```

(2) SET TALK ON|OFF 语句
【格式】SET TALK ON|OFF
【功能】打开/关闭相关命令执行状态信息的提示。
【说明】
① 执行许多数据处理命令和函数（如 SELECT 命令和 AVERAGE、SUM 函数等）时，会返回一些有关执行状态的信息，并将它们显示在系统窗口或状态栏中。"SET TALK"语句用来设置是(ON)、否(OFF)显示这些信息，默认状态为 ON。

② 通常在程序头部用"SET TALK OFF"语句关闭执行状态信息的显示，以保持系统窗口的整洁，而在程序尾部用"SET TALK ON"语句打开执行状态信息的显示。

(3) RETURN 语句

【格式】RETURN

【功能】结束当前程序的执行，通常作为程序中的最后一条语句。

7.2.2 输入和输出语句

利用程序对数据进行处理时，经常需要在程序运行过程中把一些数据输入到计算机中，经过运算处理后，再输出结果。因此，输入和输出命令在一般程序中是必不可少的。

(1) 输入一个字符命令 WAIT

【格式】WAIT [<字符表达式>] [TO <内存变量名>]
　　　　[WINDOW [AT<行>,<列>]] [NOWAIT] [TIMEOUT <数值表达式>]

【功能】暂停执行程序，在屏幕上给出提示信息，并等待用户输入一个字符给内存变量名指定的变量。

【说明】

① 字符表达式是程序暂停时在屏幕上显示的提示信息，缺省时显示为"按任意键继续……"。

② 若选用了 TO 子句，内存变量只能接收由键盘输入的单个字符，即使用户按了回车键，系统也认为接收到一个空字符(长度为 0，ASCII 码值为 0)。

③ 提示信息一般显示在 VFP 主窗口或当前用户自定义的窗口中。如指定了 WINDOW 子句，则出现一个提示窗口，用来显示提示信息；而 AT 选项用来指定提示窗口在屏幕上的位置，若没有 WINDOW 子句，则默认提示窗口出现在系统主窗口的右上角。

④ 若选用了 NOWAIT 子句，系统将不等待用户按键，直接往下执行程序。选用了 TIMEOUT 子句，数值表达式给出以秒为单位的时间，若在此时间内用户未输入任何数据，WAIT 语句将自动终止，系统继续往下执行程序。

例 7.2 WAIT 命令使用示例。

在命令窗口中输入如图 7.5 所示的代码，按回车键执行。系统将显示如图 7.6 所示的提示窗口，若 10 秒内用户未输入任何数据，提示信息窗口自动消失。

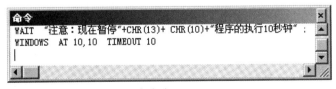

图 7.5　命令窗口

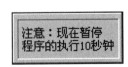

图 7.6　提示窗口

(2) 输入字符串命令 ACCEPT

【格式】ACCEPT [<字符表达式>] TO <内存变量名>

【功能】暂停程序的执行，在 VFP 主窗口中给出提示信息，并等待用户从键盘输入一个字符串常量给指定的内存变量。

【说明】

① 字符表达式是用户指定的在 VFP 主窗口中显示的提示信息。

② 从键盘上输入的字符串不能用定界符括起来,否则定界符本身也被当作字符串的一部分而输入到内存变量中。

例 7.3 用 ACCEPT 命令从键盘接收"HELLO"字符串,并把它存放于变量 CH1 中,然后显示变量 CH1 的值。

  ACCEPT "请输入字符数据:" TO CH1
  ? CH1

【注意】用键盘输入" HELLO"字符串时,不要在字符串两边加定界符 ""。

(3) 输入其他类型数据命令 INPUT

【格式】INPUT [<字符表达式>] TO <内存变量名>

【功能】暂停程序的执行,在 VFP 主窗口中显示提示信息,并等待用户从键盘上给内存变量输入数据。

【说明】

① 字符表达式是用户指定的在 VFP 主窗口中显示的提示信息。

② 可以通过键盘输入数值型、字符型、日期型、逻辑型、货币型等数据给内存变量。

③ 若输入字符型数据,一定要加定界符。

例 7.4 用 INPUT 命令从键盘接收"VISUAL"字符串,并把它存放在变量 CH2 中,然后显示变量 CH2 的值。

  INPUT "请输入字符数据:" TO CH2
  ? CH2

【注意】用键盘输入"VISUAL"字符串时,一定要在字符串两边加定界符 ""。

(4) 格式化输入、输出命令

【格式】@<行,列> [SAY <表达式1>] [GET <变量名>] [DEFAULT <表达式2>]
    [VALID <关系/逻辑表达式>]
    [RANGE <下限>,<上限>]

【功能】用来在 VFP 主窗口的指定位置处输出、输入和编辑数据。

【说明】

① 若选用 SAY 而不选用 GET 子句,则在规定的行、列处输出表达式1 的值;若选用了 GET 子句,则表达式1 一般是字符串,作为提示信息。当执行位于本命令后的 READ 命令时,将激活 GET 后的变量(插入点光标出现在变量处),这时可以编辑和输入变量的值。

② 变量名通常指内存变量或字段变量。如果使用字段变量,必须先打开相应的表。

③ "VALID <关系/逻辑表达式>"用来检验输入的数据是否有效。除非用户按 Esc 键退出对变量的编辑和输入,否则当退出对变量的编辑和输入时,系统将计算"关系/逻辑表达式"的值,只有当其值为.T.时,系统才认为输入的数据有效,否则系统提示"无效输入",要求继续输入,直到输入的数据有效为止。

④ RANGE 子句用来指定输入数据的范围。若输入的数据不在指定范围内,系统将给出提示,说明数值的输入范围,要求用户重新输入。

例 7.5 格式化输入、输出命令程序示例。

程序代码如下。

```
CLEAR
************以下语句给各变量赋初值************
NAME=SPACE(8)
GENDER=SPACE(1)
SCORE=0
CPM=.F.
************以下语句用来输入数据************
@5,10 SAY "姓名：" GET NAME
@6,10 SAY "性别 M/F(M-男，F-女)：";
GET GENDER VALID UPPER(GENDER)="M" OR UPPER(GENDER)="F"
@7,10 SAY "入学成绩：" GET SCORE RANGE 500,750
@8,10 SAY "是否党员 T/F(T-是，F-否)：" GET CPM
READ                          && 激活上述语句中 GET 后的变量
? "姓    名："+NAME
? "性    别：", GENDER
? "入学成绩：", SCORE
?"是否党员：", IIF(CPM,"是","否")
RETURN
```

【说明】

① 语句

　　@6,10 SAY "性别 M/F(M-男，F-女): ";
　　GET GENDER VALID UPPER(GENDER)="M" OR UPPER(GENDER)="F"

表示在主窗口第 6 行第 10 列输出提示信息："性别 M/F(M-男，F-女):"，用户输入的内容将存放在变量 GENDER 中，后面的 VALID 子句表示对用户输入的数据进行检验，从条件"UPPER(GENDER)="M" OR UPPER(GENDER)="F""中可知，用户只能输入字符 M、m、F 或 f；如果输入其他字符，系统将弹出对话框，提示"无效输入"。

② 语句

　　@7,10 SAY "入学成绩：" GET SCORE RANGE 500,750

表示在主窗口第 7 行第 10 列输出"入学成绩："，并且将用户输入的成绩放在内存变量 SCORE 中。"RANGE 500,750"子句表示用户只能输入 500 到 750 这个范围中的数据，否则，系统会提示"范围：500 到 750"。

③ ?是输出命令，将用户输入的数据显示在屏幕上，函数"IIF(CPM,"是","否")"表示，如果变量 CPM 的值为.T.，函数返回"是"；否则，函数返回"否"（当用户输入 T、t 时，变量 CPM 中存放逻辑值.T.；当用户输入 F、f 时，变量 CPM 中存放逻辑值.F.）。

7.3 程序的基本控制结构

与其他程序设计语言一样，VFP 也提供了 3 种用于组织程序执行流程的基本结构，它们分别是顺序结构、选择结构和循环结构。理论上任何复杂的程序都可以表示为这 3 种基本结构的组合。

7.3.1 顺序结构

顺序结构是一种最简单的基本程序结构，运行这种结构的程序，将按语句在源程序中出现的顺序依次执行各条语句。例如按书写顺序，先执行语句 A 操作，再执行语句 B 操作的程序就是一种顺序结构程序，如图 7.7 所示。

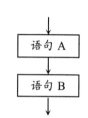

图 7.7 顺序结构程序执行流程

例 7.6 编写程序完成以下功能：从键盘输入一个学生的学号，然后在当前文件夹中的 STUDENT 表中查找并显示该学生的全部信息。

打开程序编辑窗口，输入下述程序代码(为节省篇幅，下面把本操作简述为程序代码如下)。

```
CLEAR
USE STUDENT                    && 打开当前文件夹中的 STUDENT 表
ACCEPT "请输入学生的学号：" TO XH
LOCAT FOR 学号=XH
DISPLAY
USE                            && 关闭表
SET TALK ON
RETURN
```

单击常用工具栏上的 ! 按钮，按系统提示，保存好程序，然后运行程序(为节省篇幅，下面叙述中把以上操作简述为运行程序)，输入：40501002，运行结果如下：

请输入学生的学号：40501002

记录号	学号	姓名	性别	籍贯	出生日期	专业	党员否	入学成绩	简历	照片
1	40501002	赵子博	男	山东	02/03/89	计算机应用	.T.	542.0	Memo	Gen

7.3.2 选择结构

在实际生活中，不是所有问题都可以用顺序方式解决的，往往需要按给定的条件进行判断，并根据判断结果执行不同的操作。

对给定的条件进行判断，然后根据判断结果确定下一步执行方向的程序结构称为选择结构。例如：若条件成立，就执行语句序列 1；否则，执行语句序列 2。这样的程序就是一个选择结构程序，如图 7.8 所示。

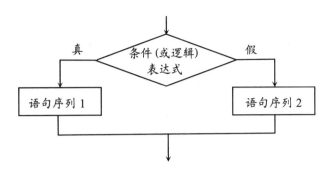

图 7.8 选择结构程序执行流程

【说明】运行上述选择结构程序时，只能执行语句序列 1 或语句序列 2 之一，两条执行路径汇合到一个出口，再执行其后的语句。其中，语句序列 1 和语句序列 2 中可以省略一个。

在 VFP 中用 IF 语句和 DO CASE 语句实现选择结构。它们的功能是根据表达式的值有选择地执行一组语句。

(1) IF…ELSE…ENDIF 语句

本语句适用于有两个分支的选择结构，即根据条件从两个语句序列中选择执行其中的一个语句序列。

【格式】IF 〈条件(或逻辑)表达式〉
　　　　〈语句序列 1〉
　　　［ELSE
　　　　〈语句序列 2〉］
　　　ENDIF

【功能】根据条件(或逻辑)表达式的值，使程序有选择地执行相应的语句序列。

【说明】

① IF、ELSE、ENDIF 必须各占一行。每一个 IF 都必须有一个 ENDIF 与其对应，即 IF 和 ENDIF 必须成对出现。

② IF 语句中的表达式必须是条件表达式或逻辑表达式，如果表达式的值为.T.，就执行语句序列 1，完成后转向 ENDIF 之后的语句。如果条件表达式的值为.F.，当 ELSE 子句存在时，执行语句序列 2，完成后转向 ENDIF 之后的语句；当 ELSE 子句不存在时，则不执行 IF 和 ENDIF 之间的所有语句，直接转向 ENDIF 之后的语句。

③ 各语句序列由一条或多条语句组成，其中也可以再包含若干个 IF 语句，但每一个 IF 语句都必须有一个 ENDIF 与其对应。

例 7.7 编写程序实现下述功能：从当前文件夹中的 SCORE 表中查找某学生学习某课程的总评成绩，判断它是否小于 60，若小于 60，则显示该学生这门课的信息且输出学分为 0。

程序代码如下。

```
CLEAR
USE SCORE
ACCEPT "请输入学号：" TO XH
ACCEPT "请输入课程号:" TO KCH
```

```
        LOCATE FOR  学号=XH AND 课程号=KCH
        IF  总评成绩 ＜60
            ? "学分为 0"
            DISPLAY
        ENDIF
        USE
        SET TALK ON
        RETURN
```
运行程序，输入：40402001，030101，结果如下：

```
请输入学号: 40402001
请输入课程号: 030101
学分为0
  记录号  学号      课程号    平时成绩  期末成绩  总评成绩
    12   40402001  030101    60.0      55.0      56.0
```

例 7.8 完善例 7.6 编写的程序，实现以下要求：当输入学生的学号后，从当前文件夹中的 STUDENT 表中查询其入学成绩信息。若查找到，则显示其姓名和入学成绩；若找不到，则显示"查无此人！"的提示。

程序代码如下。

```
        CLEAR
        USE STUDENT
        ACCEPT "请输入学生的学号:" TO XH           &&输入学生的学号
        LOCATE FOR  学号= XH                      &&顺序查找满足条件的第一条记录
        IF NOT EOF()                              &&判断是否找到满足条件的记录
            ?"姓名："+姓名                         &&显示姓名
            ?"入学成绩："+STR(入学成绩,7,2)         &&显示入学成绩
        ELSE
            ?"查无此人！"                          &&显示提示信息
        ENDIF
        USE                                       &&关闭表
        SET TALK ON
        RETURN
```

分两次运行程序，分别输入 40501002 和 40501100，结果如下：

```
请输入学生的学号: 40501002

姓名: 赵子博
入学成绩: 542.00
```

```
请输入学生的学号: 40501100
查无此人！
```

(2) IF 语句的嵌套

在 IF 语句的语句序列 1 或语句序列 2 中又包含 IF 语句的现象称为 IF 语句的嵌套。如果要在两个以上的分支中选择其中之一执行时，就可以使用嵌套的 IF 语句。

使用嵌套的 IF 语句,要注意 IF、ELSE 和 ENDIF 的匹配。为了提高程序的可阅读性,输入源程序代码时,最好采用缩进的书写格式。

例 7.9 编写程序,根据学生成绩划分等级。程序功能为:从键盘输入某个学生的学号和课程号,然后从当前文件夹中的 SCORE 表中,查找该学生学习该课程的总评成绩。若总评成绩大于或等于 90,则输出"优秀"两个字;若小于 90 且大于或等于 70,则输出"良好";若小于 70 且大于或等于 60,则输出"及格";若小于 60,则输出"不及格";若找不到相应的记录,则输出"对不起,没有要查找的记录!"。

程序代码如下。

```
CLEAR
USE SCORE
ACCEPT "请输入学号:" TO XH
ACCEPT "请输入课程号:" TO KCH
LOCATE FOR 学号=XH AND 课程号=KCH
IF FOUND()
    IF 总评成绩 >= 90
        ?"优秀"
    ELSE
        IF 总评成绩 >= 70
            ?"良好"
        ELSE
            IF 总评成绩 >= 60
                ?"及格"
            ELSE
                ?"不及格"
            ENDIF
        ENDIF
    ENDIF
ELSE
    ?"对不起,没有要查找的记录!"
ENDIF
USE
SET TALK ON
RETURN
```

(3) DO CASE…ENDCASE 语句

用 IF…ELSE…ENDIF 语句可以方便地编写有两个分支的选择结构程序,如果遇到更多分支的情况(如例 7.9),虽然可以用嵌套的 IF 语句实现多分支选择,但是,用嵌套的 IF…ELSE…ENDIF 语句编写的程序比较长,逻辑关系也不够清晰。这时使用 VFP 提供的 DO CASE…ENDCASE 语句可以更方便、清晰地实现多分支选择结构。

【格式】DO CASE
　　　　CASE〈条件1〉
　　　　　　［〈语句组1〉］
　　　　［CASE〈条件2〉
　　　　　　［〈语句组2〉］］
　　　　……
　　　　［CASE〈条件n〉
　　　　　　［〈语句组n〉］］
　　　　［OTHERWISE
　　　　　　［〈语句组n+1〉］］
　　　　ENDCASE

【功能】根据 CASE 后的条件，选择执行其中的一个语句组。

【说明】

① 上述格式中提到的条件指的是条件表达式或逻辑表达式。

② DO CASE、CASE〈条件〉、OTHERWISE 和 ENDCASE 必须各占一行。每个 DO CASE 必须有一个 ENDCASE 与之对应，即 DO CASE 和 ENDCASE 必须成对出现。

③ 语句组中可以嵌套各种控制结构的语句。

执行本语句时，系统依次判断每个 CASE 后的条件，遇到第一个能满足的条件，就执行该条件下的语句组，执行语句组后不再判断其他条件，转去执行 ENDCASE 后面的语句。所以在一个 DO CASE 语句结构中，最多只能执行一个 CASE 下的语句组。如果所有条件都不满足，在没有 OTHERWISE 语句的情况下，不执行任何语句组，转去执行 ENDCASE 后面的语句；如果有 OTHERWISE 语句，则执行 OTHERWISE 下面的语句组，然后再执行 ENDCASE 后面的语句。这种多分支选择结构语句的执行流程如图 7.9 所示。

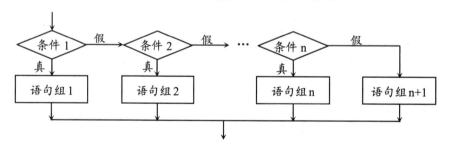

图 7.9　多分支选择结构语句执行流程

例 7.10　使用 DO CASE 语句实现例 7.9 的要求。

程序代码如下。

```
CLEAR
USE SCORE
ACCEPT "请输入学号：" TO XH
ACCEPT "请输入课程号:" TO KCH
LOCATE FOR 学号=XH AND 课程号=KCH
IF FOUND()
```

```
        DO CASE
            CASE 总评成绩 >= 90
                ?"优秀"
            CASE 总评成绩 >= 70 AND 总评成绩 < 90
                ?"良好"
            CASE 总评成绩 >= 60 AND 总评成绩 < 70
                ?"及格"
            OTHERWISE
                ?"不及格"
        ENDCASE
    ELSE
        ?"对不起,没有要查找的记录!"
    ENDIF
    USE
    SET TALK ON
    RETURN
```

7.3.3 循环结构

循环是指为了完成任务而需要反复执行程序中的一组语句(程序块)的程序。重复执行的程序块称为循环体。

如图 7.10 所示,当条件成立时,将重复执行语句序列 A,直到条件不成立为止。这里被反复执行的语句序列 A 就是循环体。编写循环结构程序时,应给出离开循环体的出口,使得在某个特定条件下可以终止循环体的重复执行。

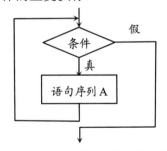

图 7.10 循环结构程序执行流程

在 VFP 系统中,提供了用于构造或组织当型、步长型和指针型循环的语句。

(1) 当型循环 DO WHILE…ENDDO

当型循环的特点是:当循环条件成立(即其值为真)时,执行循环体;当循环条件不成立(即其值为假)时,终止执行循环体,转去执行 ENDDO 后面的语句。显然,若一开始循环条件就不成立,则不执行循环体,故循环体的执行次数最少可以为 0。图 7.10 所示的流程就是这种循环结构语句的执行流程。

【格式】DO WHILE <条件>
　　　　［<语句序列 1>］
　　　　［EXIT］
　　　　［<语句序列 2>］
　　　　［LOOP］
　　　　［<语句序列 3>］
　　ENDDO

【功能】当给定的条件为真时，就执行 DO WHILE…ENDDO 之间的循环体。

【说明】

① 条件是指关系表达式或逻辑表达式。如果条件的逻辑值为.T.，则执行 DO WHILE 语句和 ENDDO 语句之间的语句序列组（循环体）。执行完以后，自动返回到 DO WHILE 语句，再一次判断 DO WHILE 语句中的条件。若条件的逻辑值为.F.，则跳过 DO WHILE 语句和 ENDDO 语句之间的循环体，转去执行 ENDDO 语句之后的语句。

② 可选语句 EXIT 表示从 DO WHILE 语句和 ENDDO 语句之间的循环体中跳出，转去执行 ENDDO 之后的语句。EXIT 语句可放在 DO WHILE 语句和 ENDDO 语句之间的任何地方，一般放在一个 IF…ENDIF 语句中。EXIT 语句称为无条件结束循环语句。

③ 可选语句 LOOP 表示直接返回 DO WHILE 语句，准备下一次循环，不执行 LOOP 语句和 ENDDO 之间的语句，该语句一般也放在一个 IF…ENDIF 语句中。

④ DO WHILE、ENDDO 语句必须各占一行。每个 DO WHILE 语句都必须有一个 ENDDO 语句与其对应，即 DO WHILE 语句和 ENDDO 语句必须成对出现。

⑤ 语句序列中可以嵌套任何控制结构的语句，如：IF、DO CASE、DO WHILE、FOR、SCAN 语句等。

使用 DO WHILE…ENDDO 语句时，可以事先不知道循环的次数，但应知道什么时候结束循环的执行。为使程序最终能退出循环体，在循环体中，必须包含能影响循环条件的值的语句，从而使得在一定条件下可以退出循环，否则程序将无数次地执行循环体，这种情况称为死循环。在程序设计中要避免出现死循环。

例 7.11 编写程序，在当前文件夹中的 STUDENT 表中查找并显示"学号"字段开始的 4 个数字为 "4050" 的全部记录。

程序代码如下。

```
CLEAR
USE STUDENT
DO WHILE .NOT. EOF()                && 判断记录指针是否移动到表尾
    IF LEFT(学号, 4)="4050"
        DISPLAY                     && 显示当前记录
        WAIT "按任意键继续"
    ENDIF
    SKIP                            && 下移记录指针
ENDDO
USE
```

```
SET TALK ON
RETURN
```

例 7.12 编写程序，完成以下操作：

任意输入一个学生的学号，在 STUDENT 表中查找该学号对应的记录，若找到，则显示记录的有关信息；否则给出提示："查无此人！"。然后询问是否继续查找，这时如果输入字母 Y 或 y，则继续查找；如果输入的字母不是 Y 或 y，则结束程序。

程序代码如下。

```
CLEAR
USE STUDENT
DO WHILE .T.
    ACCEPT "请输入学生学号：" TO XH
    LOCATE FOR 学号=XH
    IF NOT EOF()
        DISPLAY 学号,姓名,专业,入学成绩
    ELSE
        ?"查无此人！"
    ENDIF
    WAIT "继续查找？(Y/N)：" TO P
    IF UPPER(P)<>"Y"
        USE
        EXIT
    ENDIF
ENDDO
SET TALK ON
RETURN
```

运行实例如下：

```
请输入学生学号：40501001

记录号    学号       姓名    专业         入学成绩
    12  40501001  魏亥奇   计算机应用     521.0

继续查找？(Y/N): y
请输入学生学号：40501002

记录号    学号       姓名    专业         入学成绩
     1  40501002  赵子博   计算机应用     542.0

继续查找？(Y/N): n
```

(2) **步长型循环 FOR…ENDFOR**

与当型循环相比，步长型循环特别适于构造已知循环次数的循环结构程序。这种循环结构语句的执行流程如图 7.11 所示。

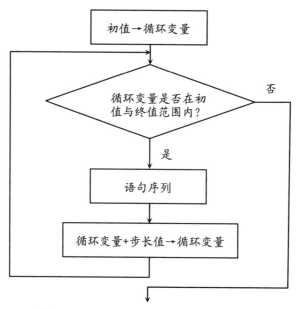

图 7.11 FOR…ENDFOR 循环语句执行流程

【格式】FOR <循环变量>=<初值> TO <终值> [STEP <步长值>]
　　　　[<语句序列1>]
　　　　[EXIT]
　　　　[<语句序列2>]
　　　　[LOOP]
　　　　[<语句序列3>]
　　　　ENDFOR

【功能】首次执行时把初值赋给循环变量,判断循环变量是否在初值和终值指定的范围内,如果循环变量的值在指定的范围内,就执行 FOR 与 ENDFOR 之间的语句序列组(循环体),然后把步长值加到循环变量中(这一步自动执行,不用编写代码),返回到语句序列1之前,再次判断循环变量的值是否在指定的范围内,直到循环变量的值不在指定的范围内时才结束循环,转去执行 ENDFOR 后面的语句。

【说明】

① 循环变量是一个用来作为计数器的内存变量或数组元素,在执行 FOR…ENDFOR 语句之前,该变量可以不存在。步长值是循环变量每次增加或减少的量。若步长值为正数,每执行完一次循环体,循环变量的值会按步长增加;若步长值是负数,则循环变量的值按步长值减小。若省略 STEP 子句,则默认步长值是1。初值、终值和步长值均为数值型表达式。

② EXIT 语句用来从 FOR…ENDFOR 之间的循环体中跳出,转去执行 ENDFOR 语句之后的语句。

③ LOOP 语句用来返回 FOR 语句,而不执行 LOOP 语句和 ENDFOR 语句之间的语句。

④ FOR、ENDFOR 语句必须各占一行。每一个 FOR 语句都必须有一个 ENDFOR 语句与其对应,即 FOR 和 ENDFOR 语句必须成对出现。

⑤ 语句序列中可以嵌套任何控制结构的语句,如 IF、DO CASE、DO WHILE、FOR 语

句等。使用嵌套循环时要注意：内外循环不能交叉，内外循环的循环变量不能同名。

例 7.13 先在 SCORE 表中添加一个字段类型为字符型、宽度为 6 的"等级"字段，然后编写程序，按照总评成绩确定等级并填入"等级"字段，等级评定方法参见例 7.10。

程序代码如下。

```
CLEAR
SET TALK OFF
USE SCORE
FOR K=1 TO RECCOUNT()
    GO K
    DO CASE
        CASE 总评成绩 >= 90
            DJ="优秀"
        CASE 总评成绩 >= 70 AND 总评成绩 < 90
            DJ="良好"
        CASE 总评成绩 >= 60 AND 总评成绩 < 70
            DJ="及格"
        OTHERWISE
            DJ="不及格"
    ENDCASE
    REPLACE 等级 WITH DJ
ENDFOR
USE
SET TALK ON
RETURN
```

运行程序后，请打开 SCORE 表，查看"等级"字段的值。

例 7.14 编写程序，输出九九乘法口诀表。

程序代码如下。

```
CLEAR
SET TALK OFF
S=0
FOR X=1 TO 9
    FOR Y=1 TO X
        S=X*Y
        ?? STR(Y,1)+"*"+STR(X,1)+"="+STR(S,2)+SPACE(4)
    ENDFOR
    ?
ENDFOR
SET TALK ON
```

RETURN

运行结果如下：

```
1*1= 1
1*2= 2    2*2= 4
1*3= 3    2*3= 6    3*3= 9
1*4= 4    2*4= 8    3*4=12   4*4=16
1*5= 5    2*5=10    3*5=15   4*5=20   5*5=25
1*6= 6    2*6=12    3*6=18   4*6=24   5*6=30   6*6=36
1*7= 7    2*7=14    3*7=21   4*7=28   5*7=35   6*7=42   7*7=49
1*8= 8    2*8=16    3*8=24   4*8=32   5*8=40   6*8=48   7*8=56   8*8=64
1*9= 9    2*9=18    3*9=27   4*9=36   5*9=45   6*9=54   7*9=63   8*9=72   9*9=81
```

(3) 指针型循环 SCAN…ENDSCAN

指针型循环根据当前表中记录的位置和记录是否满足某些条件，决定是否执行循环体。这种循环语句的执行流程如图 7.12 所示。

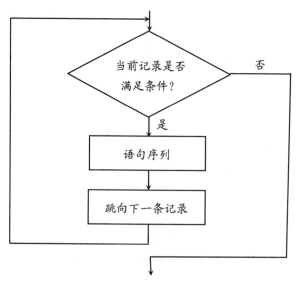

图 7.12　SCAN…ENDSCAN 循环语句执行流程

【格式】SCAN ［<范围>］［FOR｜WHILE <条件>］
　　　　　［语句序列］
　　　　ENDSCAN

【功能】在当前表中移动记录指针，如果遇到符合条件的记录就执行语句序列。在首次执行 SCAN 语句时，先用 EOF()函数判断当前表的记录指针是否位于表尾，若 EOF()函数的值为真(.T.)，则结束循环，执行 ENDSCAN 后面的语句，否则执行语句序列，然后移动记录指针，在指定的范围内寻找满足条件的下一条记录，重新判断 EOF()函数的值，直到 EOF()函数的值为真时结束循环。

【说明】

① 范围子句用来指定记录的查找范围，有以下几种形式：ALL、NEXT n、RECORD n 和 REST。若省略范围子句，则默认为 ALL。

② "FOR｜WHILE <条件>"指定只对符合条件的记录执行语句序列，利用该子句可以过

滤掉不需要的记录。

③ SCAN 和 ENDSCAN 语句必须成对使用，语句序列中可以嵌套任何控制结构的语句。

例 7.15 逐条显示 STUDENT 表中所有男党员的记录。

程序代码如下。

```
CLEAR
SET TALK OFF
USE STUDENT
SCAN FOR 性别="男" AND 党员否
    DISPLAY              &&显示当前记录
    WAIT
ENDSCAN
USE
SET TALK ON
RETURN
```

运行结果如下：

记录号	学号	姓名	性别	籍贯	出生日期	专业	党员否	入学成绩	简历	照片
1	40501002	赵子博	男	山东	02/03/89	计算机应用	.T.	542.0	memo	gen

按任意键继续...

记录号	学号	姓名	性别	籍贯	出生日期	专业	党员否	入学成绩	简历	照片
2	40402002	钱丑学	男	山西	07/05/88	工商管理	.T.	508.0	memo	gen

按任意键继续...

记录号	学号	姓名	性别	籍贯	出生日期	专业	党员否	入学成绩	简历	照片
7	40402001	郑戊求	男	山西	03/03/88	工商管理	.T.	508.0	memo	gen

按任意键继续...

记录号	学号	姓名	性别	籍贯	出生日期	专业	党员否	入学成绩	简历	照片
8	42501002	王未真	男	黑龙江	05/09/88	应用物理	.T.	520.0	memo	gen

按任意键继续...

记录号	学号	姓名	性别	籍贯	出生日期	专业	党员否	入学成绩	简历	照片
12	40501001	魏亥奇	男	山东	08/25/90	计算机应用	.T.	521.0	memo	gen

按任意键继续...

7.4 过程和自定义函数

在 VFP 程序设计中，经常采用过程和自定义函数组织程序代码，这样有助于提高程序代码的可读性、可维护性和代码执行效率。过程一般是为完成某项操作而编写的代码，不需要返回值；而函数一般是为完成某项计算编写的代码，它返回一个值。

7.4.1 过程

设计程序时，经常在不同的地方会进行一些同样的运算或操作。执行这些运算或操作的程序的代码相同，如果在若干地方重复书写它们，既麻烦又容易出错，而且占用存储空间，降低程序的可读性。解决这个问题的方法是用这些程序代码组成一个相对独立的程序段，供其他程序调用。这些程序段既可以与调用它们的程序放在同一个程序文件中，也可以集中组织在一起，放在另外一个程序文件中，供若干程序多次调用。这种能够完成一定功能、可供其他程序调用的程序段称为过程，也称为子程序。调用过程的程序称为主程序或父程序。程序之间的调用关系如图 7.13 所示。

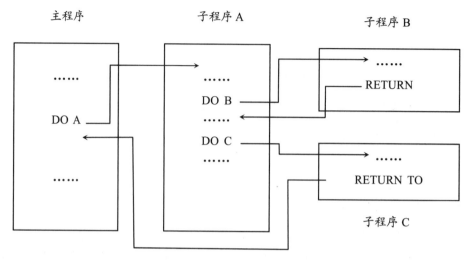

图 7.13　程序调用关系图

(1) 过程的编写

在实际编程中，经常把一个复杂的任务分解成若干小任务，对每个小任务编写一个过程。过程既可以放在调用它的主程序或父程序的后面，也可以单独存放在一个文件中。定义过程的语句格式、功能和说明如下。

【格式 1】PROCEDURE〈过程名〉[（形式参数列表）]
　　　　　　〈过程体〉
　　　　　　[RETURN [TO MASTER]]
　　　　　　[ENDPROC]

【格式 2】PROCEDURE〈过程名〉
　　　　　　PARAMETERS〈形式参数列表〉
　　　　　　〈过程体〉
　　　　　　[RETURN [TO MASTER]]
　　　　　　[ENDPROC]

【功能】定义一个过程，其中的过程体是一组语句序列，用来指定过程应完成的操作。

【说明】

① 每一个过程都有一个名字，即过程名。VFP 中的过程名最多可以由 254 个字符组成，其中可以包括汉字、英文字母和数字等。

② 格式 1 中的形式参数（简称形参）列表用来接收调用它的程序（父程序）传来的实际参数，格式 2 使用 PARAMETERS 语句中的形式参数列表接收实际参数，各参数间用逗号隔开。如果使用格式 2，PARAMETERS 语句必须是过程内部的第一条语句。

③ RETURN 语句用来结束过程的执行，返回到调用过程的程序。"TO MASTER" 子句在过程嵌套调用中使用，有此子句，直接返回主程序；无此子句，返回调用它的上级父程序。

RETURN 语句是可选的，如果没有这条语句，系统会在遇到 ENDPROC 或下一个 PROCEDURE 语句时自动执行一条隐含的 RETURN 语句。

④ 编写程序时，通常将过程对应的代码放在调用它的程序的后面，不能把可执行的主程序代码放在过程之后，否则主程序不会被执行。

(2) 过程的调用

过程只是一个程序片段，必须通过调用语句来执行它。在调用时，可能需要通过参数向过程传递一些数据，这些用来传递数据的参数就是实际参数，简称为实参。

【格式】DO〈过程名〉[WITH〈实参列表〉]

【功能】调用指定的过程。

【说明】

① 实参列表是一些用逗号分开的表达式，其类型应该与过程中定义的对应的形参类型相匹配。调用过程时，先计算每个实参的值，然后传递给相应的形参。若没有实参，可省略"WITH〈实参列表〉"子句。

② 如果实参个数少于形参个数，系统会给其余的形参赋.F.值，如果实参个数多于形参个数，系统会给出提示信息，说明发生了错误。

③ 过程可以被多次调用，也可以嵌套调用。

④ 如果过程的代码就在当前调用它的程序文件中，当调用程序通过本语句调用一个过程时，程序转去执行相应的过程，执行到 RETURN 语句(不带"TO MASTER"子句)、ENDPROC 语句或下一个 PROCEDURE 语句时，返回调用程序，继续执行 DO 语句后面的语句。过程不在当前程序文件中时的执行方式将在后面叙述。

例 7.16 编写一个过程，实现在 VFP 系统主窗口中输出一个由"*"号组成的三角形的功能，如图 7.14 所示。其中组成三角形的行数在运行程序时，由主程序指定。

程序代码如下。

```
****************主程序********************
    SET TALK OFF
    CLEAR
    INPUT "请输入三角形的行数：" TO N
    DO TRIANGLE WITH N        &&调用 TRIANGLE 过程
    SET TALK ON
    RETURN
************* TRIANGLE 过程****************
PROCEDURE TRIANGLE
    PARAMETERS M              &&把 N 的值传给 M
    FOR I=1 TO M
        FOR J=1 TO 2*I-1
            @I+2,(M+I)-J SAY "*"
        ENDFOR
    ENDFOR
```

```
        *
       ***
      *****
     *******
    *********
   ***********
  *************
```

图 7.14 输出结果

RETURN
ENDPROC

在 VFP 中编辑和运行上述程序的步骤如下。

① 打开程序编辑窗口，先输入调用程序（主程序）代码，然后输入过程代码，使过程代码与调用程序代码位于同一个程序文件中。

② 运行程序文件，首先会提示输入三角形的行数（此时应输入一个正整数），然后在系统主窗口中显示结果。输入 7 得到的结果如图 7.14 所示。

例 7.17 从键盘输入正整数 N，计算 N 的阶乘并输出结果。要求用过程实现计算 N 的阶乘的功能。

程序代码如下。

```
*****************主程序*****************
SET TALK OFF
CLEAR
STORE 0 TO RST, K
INPUT "输入一个正整数：" TO K
DO JC WITH K, RST        &&调用过程 JC，并将参数 K、RST 传递给过程
? K,"的阶乘是：", RST
SET TALK ON
RETURN
*****************JC 过程*****************
PROCEDURE JC(N,S)        &&定义计算 N 的阶乘的过程
    S=1
    FOR I=1 TO N
        S =S*I
    ENDFOR
    RETURN
ENDPROC
```

运行实例如下：

```
输入一个正整数：6
        6 的阶乘是：        720
```

7.4.2 自定义函数

VFP 为用户提供了很多函数（这类函数称为标准函数或内部函数），用户也可以创建供自己使用的自定义函数。自定义函数可以编写在主程序代码的后面，也可以存放在另外的过程文件中。函数和过程的主要区别是：函数通常将返回一个值，函数和过程的调用方式不同。

(1) 自定义函数的编写

【格式 1】FUNCTION <函数名>[(<形参列表>)]
　　　　　<函数体>
　　　　　[RETURN <表达式>]
　　　　　[ENDFUNC]

【格式 2】FUNCTION <函数名>
　　　　　PARAMETERS <形参列表>
　　　　　<函数体>
　　　　　[RETURN <表达式>]
　　　　　[ENDFUNC]

【功能】创建一个用户自定义函数，其中的函数体由一系列语句组成。

【说明】
① 形参列表用来接收调用函数时传来的实参。当有多个参数时，要用逗号隔开各个参数。
② 格式1使用函数名后面的形参列表接收实参的值，格式2使用 PARAMETERS 语句后面的形参列表接收实参的值。如果使用格式2，PARAMETERS 语句必须是自定义函数内部的第一条语句。
③ 函数通常返回一个值，其返回值由 RETURN 语句中的表达式指定。在省略表达式或省略 RETURN 语句的情况下，函数的返回值是.T.。
④ 如果没有 RETURN 语句，则在遇到 ENDFUNC 语句或下一个 PROCEDURE、FUNCTION 语句时，自动执行隐含的 RETURN 语句。

(2) 自定义函数的调用

【格式】函数名([<实参列表>])

【说明】实参列表为传递给函数的参数值。当有多个参数时，各参数之间要用","隔开；即使没有参数，也必须在函数名的后面加上小括号。参数个数的使用方法和前面关于过程的使用方法相同。

例7.18 编写程序，计算圆环面积。要求用自定义函数计算圆环中内圆和外圆的面积，在主程序中输入圆环的内外圆半径。

程序代码如下。

```
****************主程序*****************
CLEAR
INPUT "请输入圆环外面大圆的半径：" TO R1
INPUT "请输入圆环里面小圆的半径：" TO R2
S=AREA(R1)-AREA(R2)              &&调用函数 AREA
? "圆环的面积：", S
RETURN
************计算圆面积的自定义函数***********
FUNCTION AREA(R)
    S=PI()*R^2
```

```
        RETURN S                    && 指定函数的返回值
    ENDFUN
```

运行实例如下：

```
请输入圆环外面大圆的半径：6
请输入圆环里面小圆的半径：3
圆环的面积：        84.8230
```

例 7.19 编写程序，按公式 $C_m^n = \dfrac{m!}{n!(m-n)!}$ 计算组合数 C_m^n。其中，m 和 n 是正整数，且 m 不小于 n，用自定义函数编写计算阶乘的程序代码。

```
***************主程序***************
CLEAR
INPUT "请输入 M 的值(M>0)：" TO M
INPUT "请输入 N 的值(0<N<=M)：" TO N
Z=JC(M)/(JC(N)*JC(M-N))           && 调用自定义函数
? Z
SET TALK ON
RETURN
**************自定义函数**************
FUNCTION JC(MN)
    K=1
    T=1
    DO WHILE K<=MN
        T=T*K
        K=K+1
    ENDDO
    RETURN T                       && 指定函数的返回值
ENDFUNC
```

运行实例如下：

```
请输入M的值(M>0)：6
请输入N的值(0<N<=M)：3
           20.0000
```

7.4.3 参数传递机制

由上面的叙述可以看出，函数或过程可以接收参数。在 VFP 中有两种传递参数的方式：按值传递和按引用传递。按值传递只是将值传递给函数或过程，在函数或过程中所有对参数的操作都不会影响父程序中原来保存参数值的变量的值；按引用传递则是将保存参数值变量的地址传递给函数或过程，函数或过程中所有对参数变量的操作实际上都是对父程序中原来的变量进行操作，这些操作会影响父程序中原来变量的值。
使用下述语句：
　　SET UDFPARMS TO VALUE|REFERENCE
可以设置传递参数的方式。选择 VALUE，按值传递方式传递参数，选择 REFERENCE，按引用传递方式传递参数。

当使用"DO〈过程名〉WITH〈实参列表〉"语句调用过程时，无论 SET UDFPARMS 如何设置，都将按引用传递方式传递参数，这时如果要按值传递方式传递参数，则实参列表中的变量名要用括号括起来。其他情况下，如果没设置传递方式，默认按值传递方式传递参数。

例 7.20 写出下列程序的输出结果。
```
X=10
Y=20
DO SUB WITH X,(Y),5
?X,Y
RETURN
PROCEDURE SUB
    PARAMETERS A,B,C
    A=A+B+C
    B=A+B+C
RETURN
```
主程序调用子程序时，将 3 个参数传递给 SUB 过程，第一个参数 X 采用引用传递方式，在 SUB 过程中，变量 A 的变化将引起 X 变化；第二个参数 Y 采用值传递方式，在 SUB 过程中，变量 B 的变化不会引起 Y 变化；第三个参数是常量。所以最后的输出为 35，20。

7.4.4 过程文件

为方便对过程和自定义函数的编辑和调用，可以把过程和自定义函数的代码保存在单独的过程文件中，这个文件可以只包含一个过程或自定义函数，也可以包含多个过程或自定义函数。一旦打开了这个过程文件，就可以随意调用其中的任意一个过程和自定义函数。

(1) 建立过程文件

与程序文件一样，过程文件也是 VFP 源程序文件，扩展名为 PRG，其建立方法和一般的程序文件一样，可以用 MODIFY COMMAND 命令打开编辑窗口创建和编辑过程文件。

(2) 打开过程文件

如果把过程或自定义函数放在一个单独的过程文件中，在调用它们之前，必须先打开这个过程文件，可以在调用程序中使用 SET PROCEDURE TO 语句打开过程文件。

【格式】SET PROCEDURE TO〈文件名1〉[,〈文件名2〉…] [ADDTIVE]

【说明】
① 打开过程文件的 SET PROCEDURE TO 语句一般放在父程序(调用程序)的开始部分。
② 若使用了 ADDTIVE 子句，则在打开新过程文件的同时不关闭已经打开的过程文件，否则关闭已打开的过程文件。

(3) 调用保存在过程文件中的过程

打开过程文件后,可以用"DO <过程名>"来调用其中的过程。当程序执行到"DO <过程名>"语句时,系统首先在当前已经打开的程序和过程文件中寻找该过程,若找到,则调用该过程;若找不到,则认为这个 DO 语句要运行的是一个以该过程名为文件名、存储在磁盘上的程序文件。

(4) 关闭过程文件

【格式1】SET PROCEDURE TO
【格式2】RELEASE PROCEDURE <文件名列表>
【说明】
① 格式1用来关闭所有打开的过程文件。
② 格式2中的文件名列表指定要关闭的过程文件名。

例 7.21 创建过程文件 PFILE.PRG,其中包括打印三角形过程、求圆面积函数、求阶乘函数。编写应用程序 PMAIN.PRG,按下式要求,调用过程文件中的求阶乘函数,计算并显示 Y 的值。

$$Y=3!+5!+7!+9!$$

过程文件、主程序文件的代码及运行结果如图 7.15 所示。

图 7.15　例 7.21 中程序的代码及运行结果

7.5　变量的作用域

开发大型的应用软件时,往往根据功能将整个系统划分为若干子功能模块,然后由不同的程序员分别编写,最后再通过调用将它们组织在一起,这样可以缩短软件的开发时间。由于每一个模块中往往定义了许多变量,因此很难保证各模块中定义的变量不重名。为了使重名的变量互不影响,或利用重名的变量在不同的模块间传递数据,VFP 通过不同的声明语句来声明变量的作用范围(也称为作用域)。根据不同的作用范围,VFP 中的变量可分为局部变量、局域变量、私有变量和全局变量。

7.5.1 局部变量

VFP 系统默认,凡在程序中未用 PUBLIC、PRIVATE、LOCAL 等声明的变量都是局部变量。局部变量有以下特点。

① 局部变量在定义它的程序模块和它调用的程序模块中有效,程序模块运行完毕,该变量即被清除。下级程序模块中的局部变量不能被任何上一级程序模块(调用模块)使用。

② 父程序中的局部变量在其调用的子程序模块中仍然有效,即在其调用的程序模块中对局部变量的修改将带回到父程序中。

例 7.22 局部变量应用示例。

```
**************主程序***************
A=1
?"主程序中 A 原来的值是:",A
DO S1
?"执行过程 S1 后 A 的值是:",A
RETURN
************** S1 过程***************
PROC  S1
    A=5
    ?"在过程 S1 中 A 的值是:   ",A
ENDPROC
```

运行结果如下:

主程序中A原来的值是:	1
在过程S1中 A的值是:	5
执行过程S1后A的值是:	5

【说明】主程序中的变量 A 是局部变量,它的初值是 1。调用 S1 过程后,在 S1 过程中把 A 的值改变为 5,因为上级程序中定义的局部变量在其下级程序中可以被访问,也就是说,在 S1 过程中改变的变量 A 就是主程序中的变量 A,因此执行了 S1 过程返回主程序后,变量 A 的值被修改为 5。

7.5.2 局域变量

局域变量只能在创建它们的程序模块中引用和修改,不能被其他程序模块访问。声明为局域变量的程序模块运行结束后,所定义的局域变量将自动释放。局域变量可以使用 LOCAL 来声明。

【格式】LOCAL <内存变量表>|[ARRAY] 数组1(下标1 [,下标2])
        [,数组2(下标3 [,下标4])] …

【功能】把内存变量或数组声明为局域变量。

【说明】
① 在内存变量表中可以定义多个内存变量，变量名之间用逗号","分隔。
② 使用 LOCAL 语句声明变量或数组时，这些变量就同时被定义了，并被系统自动赋值为.F.。
③ 使用 LOCAL 语句时，不能把 LOCAL 简写为 LOCA，因为 LOCAL 与 LOCATE 的前 4 个字符相同，因此，必须用 LOCAL 声明局域变量。

例 7.23 局域变量应用示例。
```
**************主程序****************
CLEAR
LOCAL A
A=1
?"主程序中 A 原来的值是：",A
DO S1
?"执行过程 S1 后 A 的值是：",A
RETURN
*************** S1 过程***************
PROC S1
   A=5
   ?"在过程 S1 中 A 的值是： ",A
ENDPROC
```
运行结果如下：

主程序中A原来的值是：	1
在过程S1中A的值是：	5
执行过程S1后A的值是：	1

【说明】主程序中声明并定义了局域变量 A，给它赋初值 1，虽然在过程 S1 中又对 A 重新赋值为 5，但因为用 LOCAL 声明与定义的变量仅在定义它的模块内有效，在其下级程序模块中也不能被访问，因此，在过程 S1 中对 A 重新赋值并不影响主程序中的 A 的原来的值，所以执行过程 S1 后，主程序中 A 的值仍然是 1。

7.5.3 私有变量

用 PRIVATE 声明的变量称为私有变量。私有变量主要用来保护与其同名的上级程序模块中定义的变量，这样就可以在当前程序模块中使用与上级程序同名的变量，而不会在无意中改变其上级程序模块中同名变量的值。

【格式 1】PRIVATE〈内存变量表〉
【格式 2】PRIVATE ALL [LIKE〈标识符〉]|[EXCEPT〈标识符〉]
【功能】将指定的变量声明为私有变量。
【说明】
① 格式 1 中的内存变量表中既可以包含普通的内存变量，也可以包含数组。

② 格式2中，若不选用任何可选项，则声明所有内存变量均为私有变量；若选用"ALL LIKE <标识符>"选项，仅声明符合标识符格式的内存变量为私有变量；若选用"ALL EXCEPT <标识符>"，则声明不符合标识符格式的内存变量为私有变量。

③ 标识符中可以使用通配符"*"和"?"，其中"*"表示连续的任意多个不确定的字符，而"?"表示一个不确定的字符。

例如，"PRIVATE ALL LIKE SA*"表示将所有开头两个字母是 SA 的变量声明为私有变量；"PRIVATE ALL EXCEPT SA*"表示将所有开头两个字母不是 SA 的变量声明为私有变量。

另外，若主程序中已将某变量声明为私有变量，则不能在其下级程序模块中再将它声明为全局变量；如果在主程序中将某个变量声明为全局变量，在其下级程序模块中可以将它再声明为私有变量，此时该变量只在下级程序中有效。

例 7.24 私有变量应用示例。

```
***************主程序模块***************
CLEAR
A=1
B=10
?"主程序中 A, B 原来的值是：", A, B
DO S1
?"执行过程 S1 后 A, B 的值是：", A, B
RETURN
***************S1 过程***************
PROC S1
    PRIVATE A
    A=5
    B=100
    ?"在过程 S1 中 A, B 的值是：   ", A, B
ENDPROC
```

运行结果如下：

主程序中A, B原来的值是：	1	10
在过程S1中A, B的值是：	5	100
执行过程S1后A, B的值是：	1	100

【说明】 主程序中变量 A 的值为 1，在 S1 过程内部使用"PRIVATE A"声明变量 A 为私有变量，这样就屏蔽了主程序中的变量 A，此时在 S1 过程中的变量 A 仅在当前过程中有效，对 A 的任何改变都不会影响主程序中 A 原来的值。因此，虽然在 S1 过程中 A 的值是 5，但返回主程序后，A 仍然具有原先的值 1。

从例 7.24 可以看出，在被调用的程序中使用私有变量，可以隐藏上级程序模块中与之同名的变量，从而使得在当前程序段中对变量的引用不会影响上级程序中同名的变量。当拥有私有变量的过程程序段结束后,上级程序中所有和在下级程序中被声明为私有的变量同名的变量都保持调用过程前的值。

7.5.4 全局变量

全局变量在整个程序(包括调用的子程序)中都有效。任何程序都可以改变它的值,在子程序中定义的全局变量在主程序中也有效。全局变量使用 PUBLIC 声明。

【格式】PUBLIC <内存变量表>

【功能】声明全局变量。

【说明】

① 这里所说的内存变量表中既可以包含普通的内存变量,也可以包含数组。

② 程序中的全局变量必须先声明后定义。

③ 全局变量在程序运行结束后仍然保留在内存中,除非用 RELEASE 或 CLEAR ALL 命令清除。

④ 系统默认在命令窗口创建的变量都是全局变量。

例 7.25 全局变量应用示例。

```
***************主程序******************
SET TALK OFF
CLEAR
A=1
?"主程序中 A 原来的值是:   ",A
DO S1
?"执行过程 S1 后 A,B 的值是:",A,B
RETURN
***************S1 过程***************
PROC S1
    PRIVATE A
    PUBLIC B
    A=5
    B=100
    ?"在过程 S1 中 A,B 的值是:   ",A,B
ENDPROC
```

运行结果如下:

主程序中A原来的值是:	1	
在过程S1中A,B的值是:	5	100
执行过程S1后A,B的值是:	1	100

7.6 习题

一、单项选择题

1. 在VFP中，创建程序文件的命令是_____。
   A. OPEN COMMAND <文件名>　　　　B. CREAT COMMAND <文件名>
   C. MODIFY COMMAND <文件名>　　　D. USE COMMAND <文件名>

2. 用FOR…ENDFOR语句表示的循环结构中，如省略步长，则默认的步长是_____。
   A. 0　　　　　　　　　　　　　　B. -1
   C. 1　　　　　　　　　　　　　　D. 2

3. 下列关于调用过程的叙述中，正确的是_____。
   A. 当实参的数量少于形参的数量时，多余的形参初值取逻辑假
   B. 当实参的数量多于形参的数量时，多余的实参被忽略
   C. 实参与形参的数量必须相等
   D. 上面A和B都正确

4. 使用DO WHILE…ENDDO循环结构语句时，下列关于LOOP语句和EXIT语句的叙述中，正确的是_____。
   A. LOOP语句和EXIT语句可以编写在循环体的外面
   B. LOOP语句的作用是把控制转到DO WHILE语句
   C. EXIT语句的作用是把控制转到ENDDO语句
   D. LOOP语句和EXIT语句一般编写在循环结构语句里嵌套的选择结构语句中

5. 假设主程序和子程序中建立了一个同名的变量，为了避免运行子程序时改变主程序中变量的值，可以在主程序中使用_____声明变量，使得此变量在子程序中暂时无效。
   A. PRIVATE　　　　　　　　　　　B. LOCAL
   C. CLOSE　　　　　　　　　　　　D. LOCATE

6. 如果一个过程不包含RETURN语句，或者RETURN语句中没有指定表达式，那么该过程_____。
   A. 没有返回值　　　　　　　　　　B. 返回0
   C. 返回.T.　　　　　　　　　　　D. 返回.F.

7. 在DO WHILE…ENDDO循环结构语句中，LOOP语句的作用是_____。
   A. 退出过程，返回程序开始处
   B. 将控制转移到DO WHILE语句行，开始下一个判断和循环
   C. 终止循环，将控制转移到本循环结构语句的ENDDO后面的第一条语句继续执行
   D. 终止程序执行

8. 在VFP中，如果希望一个内存变量只限于在本过程中使用，声明这种内存变量的关键词是_____。
   A. PRIVATE　　　　　　　　　　　B. PUBLIC
   C. LOCAL　　　　　　　　　　　　D. LOCATE

9. 在VFP的命令窗口中执行FM.PRG程序文件的命令为_____。
   A. DO PROGRAM FM　　　　B. DO FM
   C. FM　　　　　　　　　　D. RUN FM
10. 下列关于VFP输入、输出语句的说法中，不正确的是_____。
    A. INPUT语句用来从键盘输入数据
    B. 用INPUT语句输入数据时，若不输入任何字符直接按回车键，则系统会把空字符赋给指定的内存变量
    C. ACCEPT语句只能接收字符串
    D. WAIT语句能暂停程序执行，直到用户按任意键时继续执行程序
11. 下列有关FOR…ENDFOR循环结构语句的叙述中，不正确的是_____。
    A. 先判断循环变量是否超过终值，后执行循环体
    B. FOR…ENDFOR循环结构语句可以嵌套使用
    C. 在FOR…ENDFOR循环结构语句中，既可以使用LOOP语句，也可以使用EXIT语句
    D. FOR…ENDFOR循环结构语句可以与其他循环结构语句交叉使用

二、填空题

1. 在VFP中，程序文件的扩展名为_____。
2. 结构化程序中的三种基本逻辑结构是_____、_____、_____。
3. 在VFP中，实现循环结构的语句包括_____、_____、_____。
4. 在VFP中，_____语句可以实现多分支的选择结构，能够根据条件从多组代码中选择一组执行。
5. 声明全局变量，使用_____关键词；声明私有变量，使用_____关键词；声明局域变量，使用_____关键词。
6. 执行FOR…ENDFOR语句时，步长为_____值时，循环条件是：循环变量>=终值。

三、编程题

1. 编写程序，求一元二次方程 $ax^2 + bx + c = 0$ 的根，其中 a、b、c 三个参数从键盘输入。一元二次方程的求根公式是：

$$x_{1,2} = \frac{-b \pm \sqrt{b^2 - 4ac}}{2a}$$

2. 编写程序，输出1～100之间所有能被7或者3整除的整数。
3. 编写程序，判断所输入的一个字符是英语字母还是数字符号或特殊符号（数字符号和字母之外），并给出相应的提示。
4. 用循环语句编写程序，计算10!。
5. 编写程序，将所输入的一个任意的十进制整数用二进制数输出。例如，若输入9，则输出其对应的二进制数1001。
6. 用IF…ENDIF语句编写程序，从键盘上任意输入一个数给变量 x，根据下式计算并输出 y 的值。

$$y = \begin{cases} 2x+5 & x>20 \\ 8 & x=20 \\ 10x-5 & x<20 \end{cases}$$

7. 用循环结构语句编写程序，计算 e 的近似值，计算公式为：

$$e \approx 1+1/1!+1/2!+1/3!+\cdots+1/n!$$

循环结束的条件为 $1/n!<0.000001$。

8. 某班共有 10 个学生，对他们评定某门课程的奖学金，规定超过全班平均成绩的 1.1 倍者发给一等奖，超过全班平均成绩的 1.05 倍者发给二等奖。试建立相应的表文件并编写程序，输出应获奖学金学生的姓名、学号、成绩和奖金等级信息。

9. 从键盘任意输入 3 个数，按由大到小的顺序输出它们。

10. 编写程序，产生并输出斐波那契数列前 20 项的值。

注：斐波那契数列第 1、2 项的值为 1，从第 3 项开始每一项是其前 2 项之和。

第8章 表单设计

VFP 中的表单(Form)相当于 Windows 操作系统中的应用程序窗口,它可以给用户提供操作数据的交互界面,为显示、输入、编辑和处理数据提供非常方便、直观的操作方式。

8.1 表单的建立与运行

在 VFP 系统中主要有两种建立表单的方法:一是利用表单向导,二是利用表单设计器。无论使用哪种方法建立表单,都会生成一个扩展名为 SCX 的表单文件。

8.1.1 使用表单向导建立表单

在 VFP 中最快速、便捷的建立表单的方法是利用系统提供的表单向导,用表单向导可以建立对单个表进行操作的表单和对多个表同时进行操作的表单。

(1) 使用表单向导建立单表表单

例 8.1 利用表单向导建立一个基于 STUDENT 表的表单,用来实现对 STUDENT 表的操作。

① 打开"学生管理系统"的"项目管理器"窗口,进入"文档"选项卡,选中 表单 选项,单击 新建(N).. 按钮,弹出"新建表单"对话框,如图 8.1 所示。

② 单击"表单向导"按钮,打开"向导选取"对话框(或者执行"文件"→"新建"菜单命令,打开"新建"对话框,然后在"新建"对话框中选择"表单"单选项,再单击"向导"按钮,同样可以打开"向导选取"对话框),如图 8.2 所示。

图 8.1 项目管理器和"新建表单"对话框

图 8.2 "向导选取"对话框

【说明】"向导选取"对话框中的"表单向导"选项用来建立只对一个表进行操作的表单,"一对多表单向导"选项用来建立对包含一对多关系的多个表进行操作的表单。

③ 选择"表单向导"选项后单击 确定 按钮,弹出"表单向导"系列对话框的第 1 个对话框,用来完成字段选取,首先在"数据库和表"列表框中选择需要处理的数据库和表(数据源),然后在"可用字段"列表框中选择将出现在表单中的字段,把它们添加到"选定字段"列表框中,如图 8.3 所示。

④ 单击 下一步(N)> 按钮,弹出第 2 个对话框,用来选择表单样式,首先在"样式"列表框中选择表单样式,例如"浮雕式",然后在"按钮类型"栏中选择表单中的按钮样式,例如"文本按钮",如图 8.4 所示。

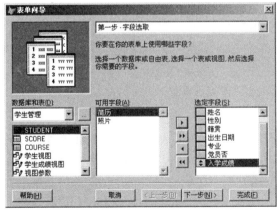

图 8.3 字段选取   图 8.4 选择表单样式

⑤ 单击 下一步(N)> 按钮,弹出第 3 个对话框,用来完成排序记录的任务,在"可用字段或索引标识"列表框中选择字段或索引标识(即索引名)作为记录的排序依据,如图 8.5 所示。

⑥ 单击 下一步(N)> 按钮,弹出第 4 个对话框,用来完成创建表单的扫尾工作,首先在"为你的表单输入标题"文本框中输入表单的标题,本例输入"学生基本信息",然后选择保存表单后的运行方式,本例选择"保存并运行表单"单选项,如图 8.6 所示。

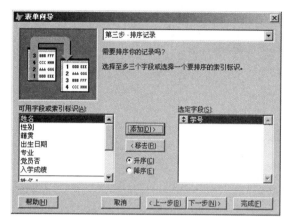
图 8.5 排序记录

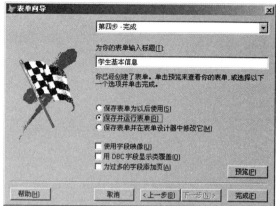
图 8.6 完成最后操作

⑦ 单击 完成(F) 按钮，弹出"另存为"对话框，输入表单的文件名"STUDENT"，然后单击 保存(S) 按钮，将建立的表单以 STUDENT.SCX 为文件名保存在磁盘中。

表单保存后自动运行，运行结果如图 8.7 所示。分别在各个文本框中输入数据和单击表单中的各个命令按钮，可以实现对 STUDENT 表的操作。

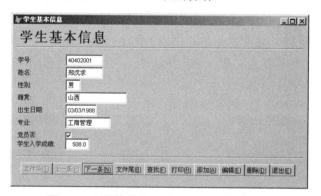
图 8.7 利用表单向导建立的表单运行界面

(2) 使用表单向导建立一对多表单

使用一对多表单向导可以快速创建对多个表同时进行操作的表单，这种表单特别适合于对存在一对多关系的表进行操作。运行这种表单时，"一"方(父表)的数据记录显示在表单的上方，而和该记录对应的"多"方(子表)的多条记录则用一个表格的形式显示在表单下方，当父表中的记录指针移动后，表格中子表的多条记录也会根据父表的当前记录发生相应的变化。

例 8.2 利用"表单向导"创建一个名为"学生成绩信息"的一对多表单，实现对 STUDENT 表和 SCORE 表的操作。

① 打开需要处理的表所在的数据库(在创建一对多表单时，所涉及的多个表最好在数据库设计器中事先已经建立好相互之间的关系)。

② 执行"文件"→"新建"菜单命令，弹出"新建"对话框，在"新建"对话框中选择"表单"单选项，再单击"向导"按钮，弹出"向导选取"对话框。

③ 在"向导选取"对话框中，选择"一对多表单向导"选项，然后单击 确定 按钮，

弹出"一对多表单向导"系列对话框的第 1 个对话框,用来选择父表字段,本例选择 STUDENT 表作为父表并从该表中选择所需的字段,如图 8.8 所示。

④ 单击 下一步(N)> 按钮,弹出第 2 个对话框,用来选择子表字段,本例选择 SCORE 表和表中有关的字段,如图 8.9 所示。

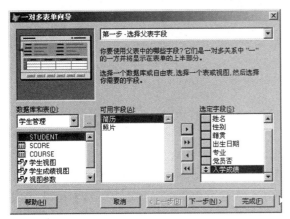 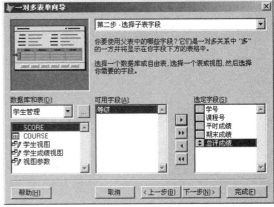

图 8.8 选择父表字段　　　　　　　　　图 8.9 选择子表字段

⑤ 单击 下一步(N)> 按钮,弹出第 3 个对话框,用来设置数据库中父表与子表相关联的字段,本例由于在数据库中两个表已经建立了关系,因此对话框中把它们直接显示了出来,如图 8.10 所示。

⑥ 单击 下一步(N)> 按钮,弹出第 4 个对话框,用来选择表单样式,本例选择"浮雕式"选项和"文本按钮"单选项,如图 8.11 所示。

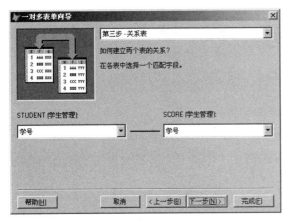 

图 8.10 设置表之间的关系　　　　　　　图 8.11 选择表单样式

⑦ 单击 下一步(N)> 按钮,弹出第 5 个对话框,用来设置为父表记录排序的字段或索引标识,本例选择"学号"字段,如图 8.12 所示。

⑧ 单击 下一步(N)> 按钮,弹出最后一个对话框,输入表单标题"学生成绩信息",并选择保存表单后的运行方式,如图 8.13 所示。

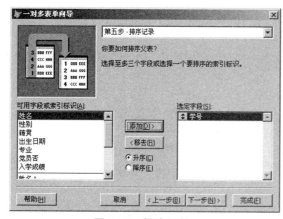
图 8.12 排序记录

图 8.13 完成最后操作

⑨ 单击 完成(F) 按钮,出现"另存为"对话框,输入表单的文件名"学生成绩信息",然后单击 保存(S) 按钮,则所建立的表单以"学生成绩信息.SCX"为文件名保存在磁盘中。

表单保存后自动运行,运行结果如图 8.14 所示。用这个表单可以实现对 STUDENT 表和 SCORE 表的操作。

图 8.14 一对多表单运行界面

由于在数据库中这两个表之间已经建立了一对多关系,因此当单击"上一条"或"下一条"命令按钮移动 STUDENT 表中的记录指针后,表单下半部分反映 SCORE 表的表格中的数据会发生相应的改变。

(3) 对象和对象的属性

图 8.14 所示的表单由标签、文本框、表格、命令按钮等组成。标签用来显示提示信息;文本框用来显示信息和输入信息;表格用表的形式显示信息也可以接受输入;命令按钮主要用来接收用户的单击,在受到单击后,将调用一段程序,完成一项操作。

标签、文本框、表格、命令按钮都称为控件,分别称为标签控件、文本框控件、表格控件、命令按钮控件;而表单相当于一般 Windows 应用程序窗口。

在 VFP 程序设计中,把表单和控件统称为对象。

每个对象都有各自的属性,用来表示对象的状态。属性有属性名和属性值之分,属性名(以下通常简称为属性)表示对象某一方面的信息,属性值则用来表示该属性的具体特征。若改变了对象的属性值,对象的状态亦会发生变化。

例如图 8.14 中左上角的文本框控件,它的 Height 和 Width 属性值分别表示该文本框的高度和宽度,它的 ControlSource 属性值是"student.学号",表示该文本框和 STUDENT 表中"学号"字段的值绑定在一起。以上属性值都是在使用表单向导创建表单时,系统自动建立的。而表单最上方的"学生成绩信息"标签则是操作者在图 8.13 所示的文本框中输入的文字。

任何对象都有 Name 属性,它是对象的名称,在程序中通过该属性访问对象。

设计表单的过程就是在表单上设置各种对象、为对象设置属性和为对象编写程序的过程。

8.1.2 使用表单设计器设计表单

利用表单向导建立表单,系统将自动建立表单中的各种控件,并自动为表单和控件等对象编写程序。这样虽然方便,但是设计出来的表单的局限性较大。在 VFP 中,更多情况下是利用表单设计器来建立和设计更符合个性要求的表单。也可以先用表单向导创建表单,然后用表单设计器对用向导创建的表单进行修改。

(1) 启动表单设计器

要利用表单设计器新建一个表单,必须先启动表单设计器。新建表单时,有以下几种启动表单设计器的方法。

① 在如图 8.1 所示的"新建表单"对话框中单击"新建表单"按钮。

② 执行"文件"→"新建"菜单命令,在"新建"对话框中选择"表单"单选项,然后单击"新建文件"按钮。

③ 用命令方式创建表单:

【格式】CREATE FORM [<表单文件名>[<.SCX>]]

【功能】为创建一个新的表单,打开表单设计器。

不论采用哪种方法,系统都将打开"表单设计器"窗口,该窗口中包含一个空白的表单,与此同时将弹出表单设计器工具栏、"属性"窗口和表单控件工具栏,如图 8.15 所示。

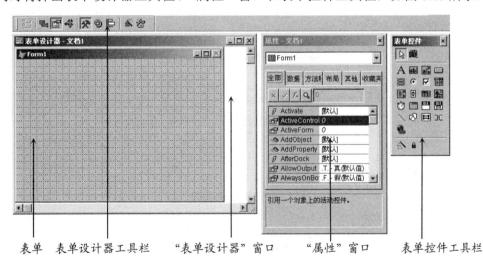

图 8.15 "表单设计器"窗口、表单、表单设计器工具栏、"属性"窗口和表单控件工具栏

"表单设计器"窗口中的表单是表单的设计界面,用来放置各种对象;表单设计器工具栏提供了设计表单的若干工具按钮;表单控件工具栏中包含各种控件对应的按钮图标,用来在表单上设置各种控件,把鼠标指针移到各个图标上,会弹出提示信息,说明这个图标表示的控件名称;"属性"窗口用来在设计状态下设置对象的属性。

表单文件的扩展名为SCX,如果不指定表单文件的主名,系统将按表单1、表单2……表单n自动给表单文件命名。

(2) 在表单中添加控件

在表单控件工具栏中单击所需的控件按钮图标,然后在表单中某一位置单击或拖动鼠标指针,可以给表单添加控件。如果单击表单某一位置,系统将设置一个默认固定大小的控件;如果拖动鼠标指针,则可以画出任意大小的控件。

(3) 设置表单或控件的属性

对于表单和表单中设置的控件,系统会自动为它们设置各种默认的属性值。若需要调整或修改属性值,可采用以下三种方法。

① 直接用鼠标操作设置表单或控件的属性值。

在设计表单的过程中,经常需要对表单或控件进行移动位置和改变大小的操作,在进行这些操作的同时,也就修改了它们的相应的属性值。

在用鼠标对表单或控件进行操作前,先要选定它们。单击表单空白处可以选定表单;单击某个控件可选定该控件,被选定的控件四周出现8个控点,若想选定多个控件,可以在选定了第1个控件后,按住 Shift 键,依次单击其他想选定的控件。

移动表单或控件——用鼠标拖动表单标题栏,可以移动表单;先选定控件,然后用鼠标拖动或按键盘上的箭头键,可以移动选定的控件。

调整表单或控件的大小——拖动表单的边框可以改变表单大小;选定控件后,将鼠标指针移到其四周的某个控点上,当鼠标指针变成双向箭头时按住鼠标左键拖动,可以改变控件的大小。

② 在"属性"窗口中设置表单或控件的属性值。

用鼠标选定某个表单或控件,或在如图8.16所示的"属性"窗口的对象下拉列表框中选中某个对象(包括控件和表单)后,在"属性"窗口"全部"选项卡的属性列表中单击选中某个属性,就可以在上方的属性值文本框中直接输入或选择相应的属性值。

图8.16 "属性"窗口

【说明】如果屏幕上没有出现"属性"窗口,可以右击表单空白处,在弹出的快捷菜单中单击"属性"命令。

③ 在运行程序时设置对象的属性值。

可以在程序中设置修改对象属性值的语句,运行程序时执行到这种语句时将修改对象的属性值。编写程序修改对象属性值的方法将在后面介绍。

例8.3 设计一个如图 8.17 所示的"计算圆面积"表单。

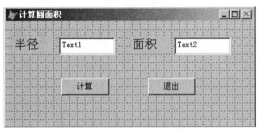

图 8.17 "计算圆面积"表单

① 执行"文件"→"新建"菜单命令,在"新建"对话框中选择"表单"单选项,然后单击"新建文件"按钮,打开"表单设计器"窗口。

② 利用表单控件工具栏上的"标签"按钮 **A**、"文本框"按钮 **abl** 和"命令按钮"按钮 **□**,在表单上添加 Label1 和 Label2 标签、Text1 和 Text2 文本框、Command1 和 Command2 命令按钮(也简称为按钮)。

③ 使用"属性"窗口,为每个控件设置相应的属性值,各个控件的主要属性值如表 8.1 所示,最后得到如图 8.17 所示的结果。

表 8.1 控件的主要属性值

控件名称	属　性	属性值	说　明
Form1	Caption	计算圆面积	标题栏上的文字
Label1	Caption	半径	标签上显示的文字
	FontSize	14	标签上文字的大小
Label2	Caption	面积	标签上显示的文字
	FontSize	14	标签上文字的大小
Command1	Caption	计算	命令按钮上显示的文字
Command2	Caption	退出	命令按钮上显示的文字

④ 执行"文件"→"保存"菜单命令,打开"另存为"对话框,以"计算圆面积"为表单文件名,保存设计结果,然后关闭"表单设计器"窗口。

【说明】

① 在表单中设置控件时,系统会自动给各个控件设置默认的 Name(即名称)属性值,上述的 Label1、Label2、Text1、Text2、Command1、Command2 就是各个控件的 Name 属性值。

② 可以采用复制的方法设置控件:选定某个控件后,执行"编辑"→"复制"菜单命令,然后执行"编辑"→"粘贴"菜单命令,最后将复制产生的新控件拖动到需要的位置。

③ 删除控件：选定控件，然后按键盘上的 Delete 键或执行"编辑"→"清除"菜单命令，即可删除该控件。

④ 调整控件布局：通过执行"显示"→"布局工具栏"菜单命令可以打开如图 8.18 所示的布局工具栏，利用这个工具栏可以方便地调整表单中选定控件的相对大小或位置，调整方法是先选定一个或多个控件，然后在布局工具栏上单击相应的布局按钮。

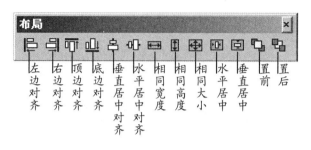

图 8.18　布局工具栏

(4) 修改表单

对于已设计并保存好的表单，可以重新在"表单设计器"窗口打开它进行修改，在"表单设计器"窗口打开表单的方法有以下几种。

① 在"项目管理器"窗口中选择某个表单后，单击 修改(M) 按钮。

② 执行 VFP 主窗口的"文件"→"打开"菜单命令，然后在"打开"对话框中，选中要修改的表单文件，单击 确定 按钮。

③ 使用命令方式启动表单设计器打开需要修改的表单。

【格式】MODIFY FORM <表单文件名>

【功能】在表单设计器中打开指定的表单。

(5) 事件、事件过程、事件驱动机制和编写事件过程(程序)代码

事件是对象能够识别和响应的某种操作。例如，在 Windows 操作系统的应用程序窗口中单(双)击某个对象或者移动鼠标指针等都会触发相应的、系统能够识别的事件。

在 VFP 中，每个表单和表单中的控件都能识别和响应若干种事件，这些事件都由系统事先定义好了，不同的对象能识别的事件不完全相同。例如运行表单时，单击表单中的某个命令按钮，就能触发(发生)该命令按钮的 Click 事件，再例如计时器控件的 Timer 事件由系统按照设定的时间间隔触发。

事件过程是指程序设计人员根据程序要完成的任务，自己编写的用来响应事件的程序代码，当发生相应的事件时，可以调用这段程序代码，完成设计者希望完成的操作。

通过触发事件来启动程序从而完成操作的调用程序的机制就称为事件驱动机制。

编写事件过程(也称为事件程序)代码是表单设计的一项重要任务。操作方法是在表单的设计界面上双击某个对象，打开该对象的事件程序编辑窗口。例如双击 Command1 命令按钮，将打开 Command1 命令按钮的事件程序编辑窗口，然后单击右上方的"过程"框打开一个下拉列表，从中选择一种事件(这里选择 Click 事件，即单击事件)，如图 8.19 所示，最后在窗口的编辑框中输入该事件对应的程序代码。

图 8.19　进入编写 Command1 命令按钮的 Click 事件程序编辑窗口

前面说过，可以通过运行程序来设置对象的属性值，在程序中除了可以设置对象的属性值之外，还可以调用对象的属性值，设置和调用对象的属性值统称为引用对象的属性，引用格式为：

　　对象名.属性名

例如通过语句

　　Form1.Caption="学生成绩信息"

可以把表单的 Caption 属性值（即表单标题栏上显示的文本）设置为"学生成绩信息"。

可以通过在对象名之间用"."符号来引用对象，"."的作用是分隔对象的层次，指明对象之间的层次关系。对象的引用有绝对引用和相对引用两种。

绝对引用：由包含该对象的最外层容器对象名开始，按照对象的包含关系依次表示。例如，Form1.CommandGroup1.Command1 表示 Form1 表单中的 CommandGroup1 命令按钮组中的 Command1 命令按钮。

相对引用：从当前位置指定对象。与绝对引用相比，采用相对引用方式标记对象往往比较简捷。例如 ThisForm.Text1 表示当前表单中的 Text1 文本框。

相对引用中常用的关键字如表 8.2 所示。

表 8.2　相对引用中常用的关键字

关键字	引　　用
Parent	当前对象的上一层容器对象
This	当前对象
ThisForm	包含当前对象的表单
ThisFormSet	包含当前对象的表单集

例 8.4　为例 8.3 中编制的"计算圆面积"表单的命令按钮编写事件驱动程序，然后运行表单。

① 在"表单设计器"窗口中打开"计算圆面积"表单，如图 8.17 所示。

② 双击"计算"（Command1）按钮，打开事件程序编辑窗口，在"过程"下拉列表中选择"Click"，然后输入 Click 事件程序代码，如图 8.20 所示，最后关闭事件程序编辑窗口。

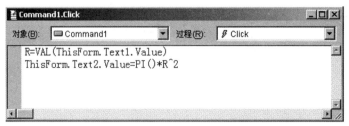

图 8.20　Command1 命令按钮的 Click 事件程序代码

③ 双击"退出"（Command2）按钮，在"过程"下拉列表中选择"Click"，然后输入 Click 事件程序代码，如图 8.21 所示，最后关闭事件程序编辑窗口。

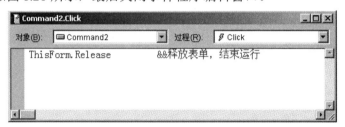

图 8.21　Command2 命令按钮的 Click 事件程序代码

④ 单击 VFP 主窗口工具栏上的"保存"按钮![img]，保存表单，然后单击![img]按钮，运行表单。输入圆的半径，单击![计算]按钮，圆的面积将显示在"面积"后的文本框中，如图 8.22 所示；单击![退出]按钮，结束程序的运行。

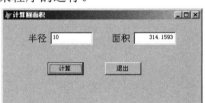

图 8.22　运行表单

(6) 运行表单

通过运行表单可以完成对数据进行操作的任务。在 VFP 系统中可以通过多种方法来运行表单，常用的方法有以下几种。

① 在"项目管理器"窗口中选择某个表单后，单击![运行(U)]按钮。

② 执行"程序"→"运行"菜单命令，打开"运行"对话框，选中要运行的表单文件，单击![运行]按钮。

③ 如果当前正处于表单的设计状态，单击 VFP 主窗口工具栏上的![!]按钮，或者右击表单空白处，然后在弹出的快捷菜单中单击"执行表单"命令。

④ 在程序或命令窗口输入运行表单的命令。

【格式】DO FORM <表单文件名[.SCX]>

(7) 设置 Tab 键次序

若表单中包含多个控件，运行表单时，可以通过按 Tab 键依次选择表单中的控件，使焦点在各个控件间移动。控件的 Tab 键次序决定了焦点移动的次序。VFP 提供了交互方式和列表方式这样两种方式来设置控件的 Tab 键次序。下面通过实例介绍以交互方式设置 Tab 键次序的方法。

如果已经建立了如图 8.23 的左图所示的表单，系统默认的 Tab 键的次序是设计表单时控件对象产生的顺序，重新设置 Tab 键次序的步骤如下。

① 执行"显示"→"Tab 排序"→"Assign 交互方式"菜单命令，进入设置 Tab 键次序的状态，各个控件左上方出现了深色显示的方块，每个方块里分别显示了当前各个控件的 Tab 键次序码，如图 8.23 的中图所示。

② 依次单击各个控件的 Tab 键次序码，系统将按单击的顺序重新设置各个控件的 Tab 键次序码，如图 8.23 的右图所示。

③ 单击表单空白处，确认设置并退出设置状态。

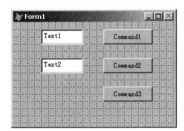 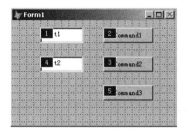 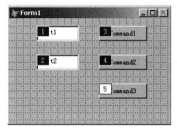

图 8.23 用交互方式设置 Tab 键的次序

8.1.3 设置表单的数据环境

在建立表单的过程中，可以设置表单的数据环境。数据环境也是表单中的一个对象，其中包含了与表单有联系的各个表、视图和各个表之间的关系。通常情况下，一旦建立了表单的数据环境，数据环境中指定的表和视图会随着表单的打开或运行而打开，并随着表单的关闭或释放而关闭。

例 8.5 建立如图 8.24 所示的表单，用来浏览和修改 STUDENT 表中的信息。

图 8.24 表单的运行结果

① 在"学生管理系统"的"项目管理器"窗口中打开"表单设计器"窗口。

② 单击表单设计器工具栏上的"数据环境"按钮 ![], (或者执行"显示"→"数据环境"菜单命令)，打开如图 8.25 所示的"添加表或视图"对话框，在对话框中选择数据库和表(本

例选择"学生管理"数据库和 student 表)后,单击 添加(a) 按钮,即可将 student 表添加到数据环境中(允许向数据环境中添加多个表或视图)。

③ 关闭"添加表或视图"对话框,屏幕上出现"数据环境设计器"窗口,如图 8.26 所示,其中显示了刚才添加的表的字段和索引字段,若添加了数据库中的多个表,将同时显示各个表之间的关系。

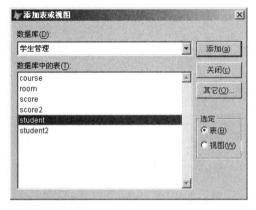

图 8.25 "添加表或视图"对话框

图 8.26 "数据环境设计器"窗口

④ 向表单中添加字段:从"数据环境设计器"窗口中将字段、表或视图拖到表单中,系统自动产生相应的控件并建立控件与字段的联系,本例依次把各字段拖入表单,结果如图 8.27 所示。

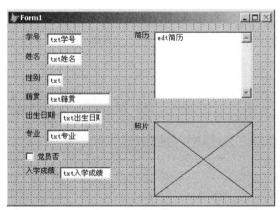

图 8.27 通过从"数据环境设计器"窗口向表单拖动字段,在表单中设置控件

【说明】在默认的情况下,从数据环境设计器向表单拖动字段后,备注型字段产生编辑框,逻辑型字段产生复选框,其他类型的字段产生文本框。如果拖动的是整个表或视图,将产生表格。

⑤ 将表单的 Caption 属性值设置为"学生信息浏览"。

⑥ 执行 VFP 主窗口的"文件"→"保存"菜单命令,打开"另存为"对话框,以"学生信息浏览"为文件名,保存表单。然后运行表单,得到如图 8.24 所示的结果。

【说明】本例中建立的表单只能显示 STUDENT 表的第 1 条记录,还不能用来浏览和修改表中所有的记录。在下面将介绍如何在表单中设置命令按钮,用来浏览和修改表中的记录。

8.2 VFP 面向对象程序设计基础

在 8.1 节通过具体的例子介绍了怎样设计表单，并介绍了对象、属性、事件等概念。VFP 系统提供了面向对象的程序设计语言，前面介绍的这些概念都是面向对象程序设计中的一些基本概念，本节对对象、类、属性和方法等概念进一步进行较系统的介绍。

(1) 对象

对象是面向对象程序设计中用来构造应用程序的基本元素。从广义上讲，现实世界是由各种对象组成的，例如人、树木、电话、计算机等。前面建立的表单(程序窗口)和表单中的各个控件都是对象。

与传统的面向过程程序设计中主要考虑编写代码的设计方式不同，面向对象程序设计中主要考虑的是程序中需要哪些对象，如何创建对象，如何根据需要设置对象的属性，如何使用对象等。

例如，若在 VFP 中采用面向对象程序设计方法设计一个 Windows 系统下的应用程序，首先应该创建一个表单(程序窗口)对象，然后在窗口中设置所需要的其他对象(如命令按钮等)，最后则需要编写程序代码来完成通过对象要完成的任务。

(2) 类

类是面向对象程序设计的一个重要概念，它是对某一种对象的属性和行为特征的抽象描述。或者说，类是具有共同属性、共同行为特征的某一种对象的集合。

类和对象密切相关，但并不相同。类是对一组对象的抽象描述，对象是类的实例。类是抽象的，对象是具体的。例如，汽车是一个类，而一辆具体的汽车则是一个对象。在 VFP 中，Form 是一个表单类，而图 8.24 所示的表单则是该类的一个对象。

(3) VFP 的基类

VFP 系统为了满足程序设计人员进行面向对象程序设计的需求，提供了若干个基类，常用的基类如表 8.3 所示。

表 8.3　VFP 中常用的基类

类　名	含　义	类　名	含　义
CheckBox	复选框	Line	线条
TextBox	文本框	ListBox	列表框
ComboBox	组合框	OleControl	OLE 控件
CommandButton	命令按钮	OleBoundControl	OLE 绑定控件
CommandGroup	命令按钮组*	OptionButton	选项按钮
Container	容器*	OptionGroup	选项按钮组*
Label	标签	PageFrame	页框*
EditBox	编辑框	Page	页*
Form	表单*	Separator	分隔符

(续表)

类　名	含　义	类　名	含　义
FormSet	表单集*	Shape	形状
Grid	表格*	Spinner	微调控件
HyperLink	超级链接	Timer	计时器
Image	图像	ToolBar	工具栏*

开发表单程序时，往往是用 VFP 系统提供的基类产生需要的各种对象，用于构造表单界面，或者通过这些基类扩充和创建自己需要的子类，再用子类产生对象。

VFP 系统提供的基类可分成容器类和控件类。由容器类创建的对象可以容纳其他对象，并允许访问所包含的对象；而由控件类创建的对象不能再容纳其他对象，只能作为容器类对象中的一个元素来使用。

例如，由 Form 类创建的表单对象属于容器类对象，可以把命令按钮、文本框等控件放到表单中；而由 Label 类创建的标签对象是一个控件类对象，不能包含其他对象。

表 8.3 列出的 VFP 提供的基类中，带"*"的基类为容器类，其他均为控件类。

(4) 属性

属性用来表示对象的状态。若改变了对象的属性值，对象的状态亦会发生变化。

表单是应用程序中的最基本对象，常用的表单属性如表 8.4 所示。

表 8.4　常用的表单属性

属性名称	说　明	设置实例
Height	表单的高度	200
Width	表单的宽度	400
AutoCenter	表单初次运行时是否自动居中	.T.
Caption	表单标题栏上的文字	表单示例
ControlBox	表单标题栏上是否有控制图标	.T.
ForeColor	表单前景颜色	0,0,255
BackColor	表单背景颜色	192,192,192
Name	表单的名称	Myform
MaxButton	表单是否有最大化按钮	.T.
MinButton	表单是否有最小化按钮	.T.

(5) 方法

方法是 VFP 为对象设定的通用过程，它们表示对象能执行的操作，也可以通俗地认为方法是对象具有的本领。每种对象都有若干种方法，不同的对象所具有的方法不全相同。例如，图 8.21 所示的程序中就使用了表单对象的 Release 方法，它完成的操作是从内存中清除表单对象，结束表单的运行。在事件过程的程序代码中经常出现调用对象方法的语句，用来完成相应的操作。调用对象方法的语句格式如下。

【格式】对象名.方法名

例如 ThisForm.Release 语句就是调用当前表单的 Release 方法的语句。

可以自己编写对象的方法,而系统已经提供的方法则是由 VFP 系统定义的,对用户来讲,其实现过程是不可见的。

系统默认的表单可响应的事件和调用的方法有 40 多个,其中最常用的事件和方法如表 8.5 所示。

表 8.5 表单常用的事件和方法

名 称	说 明
Init 事件	表单对象初始化(建立)时发生
Destory 事件	释放表单对象时发生
Load 事件	建立表单对象之前发生,先于 Init 事件
Unload 事件	释放表单对象后发生,在 Destory 事件之后发生
Error 事件	对象方法或事件程序代码运行出错时发生
Click 事件	单击表单空白处时发生
DblClick 事件	双击表单空白处时发生
MouseDown 事件	在表单空白处按下鼠标左键时发生
MouseUp 事件	在表单空白处松开鼠标左键时发生
MouseMove 事件	在表单上移动鼠标指针时发生
RightClick 事件	右击表单空白处时发生
Show 方法	显示表单
Hide 方法	隐藏表单
Release 方法	释放表单
Refresh 方法	刷新表单中显示的内容
Circle 方法	在表单上画圆
Line 方法	在表单上画直线

表 8.5 中提到的 Init 事件在运行或调用表单时发生,因此该事件过程中往往包含与运行或调用表单有关的初始化程序代码,例如为表单设置所需的工作环境参数、定义初始变量和为它们赋值、打开表等。

通过表单向导建立表单后,系统会自动设置表单的属性、事件程序代码及它所包含的各个控件的属性值、事件程序代码。通过表单设计器可以对已有的属性值、事件程序代码进行修改,也可以向已经创建好的表单添加新对象。

8.3 常用的表单控件

设计或修改表单时,往往根据需要在表单控件工具栏上选择需要的控件类型,然后在表单中建立相应的控件对象。VFP 系统中的表单控件工具栏包含 3 种类型控件:标准控件、ActiveX 控件和自定义控件。本书只介绍标准控件中的常用控件。系统默认的表单控件工具栏如图 8.28 所示。

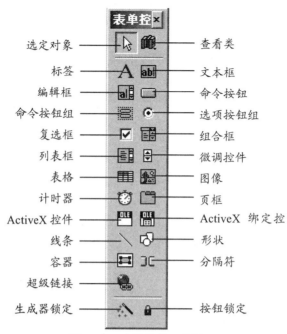

图 8.28　表单控件工具栏

下面介绍各种控件的使用方法，在给出的例子中均使用"表单设计器"窗口建立表单。

8.3.1 标签

标签的主要作用是标识字段或显示固定的字符信息和说明。

Caption 属性是标签最重要的一个属性，它指定标签上显示的文本内容，最多允许包含 256 个字符。Caption 属性值除了可以在"属性"窗口设置外，也可以在事件过程中通过代码动态指定。标签没有数据源，运行表单时，标签上显示的内容不能通过交互操作的手段修改。标签常用的属性如表 8.6 所示。

表 8.6　标签常用的属性

属　　性	说　　明
Name	标签对象在代码中被引用的名称
Caption	标签对象上显示的文本
Alignment	标签文字在控件中的对齐方式
BackStyle	指定对象的背景是否透明
FontSize	文本的字体大小
FontName	文本的字体名称
BackColor	标签的背景颜色
FontColor	字体的颜色
AutoSize	是否自动调整控件大小以容纳其内容
WordWrap	用于指定单行还是双行文本

例 8.6　建立一个如图 8.29 所示的具有阴影文字显示效果的"系统界面"表单。

① 打开"学生管理系统"的"项目管理器"窗口，选中"文档"选项卡中的"表单"选项，单击 新建(N)... 按钮，打开"表单设计器"窗口，创建一个新表单。

图 8.29　"系统界面"表单运行结果

② 在表单的合适位置设置大小相同的 Label1 和 Label2 标签控件。
③ 设置表单和标签的有关属性值，如表 8.7 所示。

表 8.7 表单和标签的有关属性值

对象名称	属性	属性值
Form1	Caption	学生信息管理系统
Label1	Caption	学生信息管理系统
	AutoSize	.T.-真
	FontSize	30
	FontName	华文琥珀
	ForeColor	0,0,0
Label2	Caption	学生信息管理系统
	AutoSize	.T.-真
	FontSize	30
	FontName	华文琥珀
	ForeColor	0,128,255
	BackStyle	0-透明

④ 选定 Label2 标签，移动该标签，使其与 Label1 标签部分重叠但不重合，用来产生阴影效果，如图 8.19 所示。
⑤ 以"系统界面"为名保存表单，然后运行表单，观察效果。

8.3.2 文本框

文本框是表单中最常用的一种控件，主要用于表中某些字段(除备注型、逻辑型和通用型字段之外)的输入、输出以及从表单窗口中向内存变量赋值等操作，文本框支持剪切、复制和粘贴等编辑操作。

(1) 常用属性

Value 属性是文本框控件的主要属性，其属性值可分为字符型、数值型和日期(日期时间)型，系统默认是字符型。除了可以直接输入或设置 Value 属性来取得文本框需要的数据外，还可以通过数据绑定(与表中的字段值相联系)来访问文本框的数据。

文本框常用的属性如表 8.8 所示。

表 8.8 文本框常用的属性

属性	说明
ControlSource	为文本框指定一个字段或内存变量，用来显示或编辑它们的值
PasswordChar	指定用户输入的内容是直接显示，还是显示占位符，如"*"
InputMask	指定在文本框中如何输入和显示数据，通常由格式符号组成
Name	文本框对象在代码中被引用的名称
Value	文本框的当前内容

例如，若文本框中需要输入类似于密码的信息，可在"属性"窗口中将PasswordChar属性值设置为"*"，表示输入密码信息时，文本框中显示"*"符号，而不是具体内容。

(2) 文本框生成器

在表单设计过程中，对于某些控件，除了可以使用"属性"窗口设置属性外，还可以利用系统提供的生成器来设置属性。

用生成器设置文本框属性的方法：在表单设计界面中右击文本框，在弹出的快捷菜单中单击"生成器"命令，将出现如图8.30所示的"文本框生成器"对话框。

① "格式"选项卡用来设置当前文本框的数据类型和控制格式，如图8.30所示。其中，"数据类型"是指当前数据源的数据类型。若是字段变量，则自动使用字段变量的数据类型；若是内存变量，则需要进一步设置数据类型。"输入掩码"提供对输入的控制，单击该框右侧的下拉箭头，可以打开下拉列表选择一种输入掩码，也可以直接输入，如"999999"表示只允许输入6位数字。

② "样式"选项卡用来设置文本框样式，如图8.31所示，若选中选项卡中的"调整文本框到适当大小"复选框，则自动调整文本框的大小。

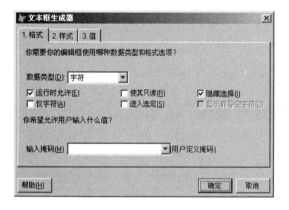

图 8.30 "格式"选项卡

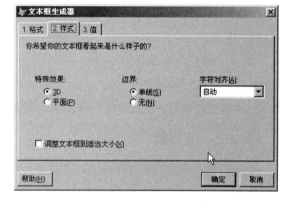

图 8.31 "样式"选项卡

③ "值"选项卡是重要的选项卡，如图8.32所示，主要用来设置数据的控制源。若要把文本框中值的来源设置为表中的某个字段，可以单击"文件名"框右侧的■按钮或下拉箭头▼，选择表和字段名。

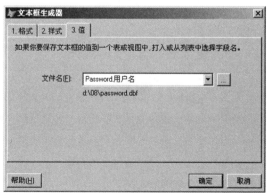

图 8.32 "值"选项卡

"文本框生成器"对话框是交互式设置操作中常用的设置属性的工具。在"文本框生成器"对话框中不能设置的属性,可以在它的"属性"窗口中设置。

8.3.3 命令按钮

命令按钮主要用来控制程序的执行以完成有关功能和对数据的操作。典型操作是单击命令按钮后执行相应的 Click 事件过程,完成相应的操作,如关闭表单、移动记录指针、打印报表等。命令按钮常用的属性如表 8.9 所示。

表 8.9 命令按钮常用的属性

属　性	说　明
Caption	设置命令按钮上显示的文本
Picture	设置命令按钮上显示的图标
Enabled	设置命令按钮是否能响应用户触发的事件,.T.表示能响应,.F.表示不能响应

例 8.7 修改例 8.6 中建立的"系统界面"表单,使得它能完成以下功能:对用户所输入的信息进行验证,如果能通过验证,则弹出一个祝贺登录成功的信息框,否则给出不能登录的提示,一个运行效果如图 8.33 所示。

图 8.33 修改后的"系统界面"表单运行效果

① 建立与登录信息相关的 PASSWORD 自由表,运行表单时,若能从 PASSWORD 表中检索到用户输入的数据,则允许登录,否则,拒绝登录。PASSWORD 表中有"用户名"和"密码"两个字符型字段,宽度分别为 10 和 6,各条记录分别为:王晓,123456;李丽,111111;茹丽丽,000000。

② 在表单合适的位置上新设置 2 个标签、2 个文本框和 2 个命令按钮。

③ 按表 8.10 所示,设置控件的主要属性值。

表 8.10 "系统界面"表单中控件的主要属性值

控件名称	属　性	属性值
Label3	Caption	用户名
	AutoSize	.T.-真
	FontSize	20
	FontName	华文行楷

(续表)

控件名称	属 性	属性值
Label4	Caption	密码
	AutoSize	.T.-真
	FontSize	20
	FontName	华文行楷
Text2	MaxLength	6
	PasswordChar	*
Command1	Caption	登录
	FontSize	12
Command2	Caption	退出
	FontSize	12

④ 打开表单的"数据环境设计器"窗口，在表单的数据环境中添加 PASSWORD 表。

⑤ 编写 Command1 命令按钮的 Click 事件程序代码，如图 8.34 所示。

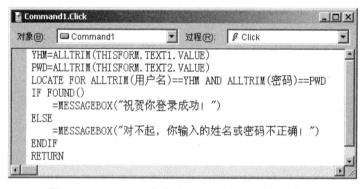

图 8.34　Command1 命令按钮的 Click 事件程序代码

⑥ 编写 Command2 命令按钮的 Click 事件程序代码：

ThisForm.Release

⑦ 保存并运行表单，输入用户名和密码，进行登录，程序将在 PASSWORD 表中检索用户输入的数据，并根据检索结果，显示相应的提示信息。

8.3.4　命令按钮组

命令按钮组实际上是包含一组命令按钮的容器控件，用户可以对整个组或对其中的单个命令按钮编写事件程序代码。

在表单设计过程中，当创建了一个命令按钮组后，可以右击命令按钮组容器，在弹出的快捷菜单中单击"编辑"命令，然后选择其中某个命令按钮进行设置。这种编辑方法也适于其他容器类控件（如选项按钮组、页框和表格等）。

命令按钮组常用的属性如表 8.11 所示。

表 8.11 命令按钮组常用的属性

属　　性	说　　明
ButtonCount	设置命令按钮组中命令按钮的个数，系统默认的个数为 2
Value	表示命令按钮组中哪个命令按钮被选中，为一个数值型数据
Caption	命令按钮组中的每个命令按钮都有自己的 Caption 属性，分别用来设置各自的标题文字

VFP 系统也提供了"命令按钮组生成器"对话框，帮助用户在短时间内在表单上设置一个命令按钮组。

例 8.8　修改例 8.5 建立的"学生信息浏览"表单，把其中的文本框、编辑框和复选框的 ReadOnly 属性设置为".T.-真"，即不允许用户在运行表单时修改数据；再在表单上设置如图 8.35 中所示的命令按钮组，用来对 STUDENT 表中的全部记录进行浏览。

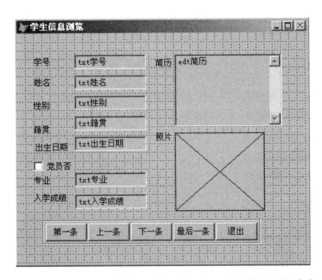

图 8.35　"学生信息浏览"表单，底部是包含 5 个命令按钮的命令按钮组

① 在"表单设计器"窗口中打开"学生信息浏览"表单。

② 在表单控件工具栏中单击"命令按钮组"按钮▦，在表单上适当位置单击，生成命令按钮组。然后右击命令按钮组，在弹出的快捷菜单中单击"生成器"命令，打开"命令按钮组生成器"对话框。

③ 进入"按钮"选项卡，命令按钮组初始设置中仅包含名称为 Command1、Command2 的 2 个命令按钮，使用"按钮数"微调器框把它设置为 5，即包含 5 个按钮。然后依次在"标题"列中输入"第一条""上一条""下一条""最后一条"和"退出"，指定按钮组中每个按钮的标题，即 Caption 属性值，表示要用它们完成相应的操作，如图 8.36 所示。

④ 进入"布局"选项卡，设置命令按钮组的布局。本例选择"横向"，如图 8.37 所示，让命令按钮组中的按钮按横向分布。关闭"命令按钮组生成器"对话框。

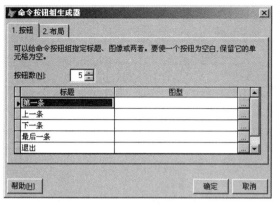 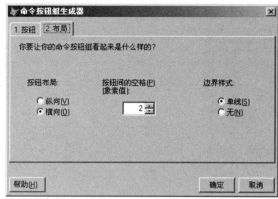

图 8.36 "按钮"选项卡　　　　　　　　图 8.37 "布局"选项卡

⑤ 给各个命令按钮编写事件程序代码。右击命令按钮组，在弹出的快捷菜单中单击"编辑"命令，然后依次双击各命令按钮，编写各命令按钮的 Click 事件程序，代码如下。

第 1 个命令按钮(第一条)：

  GO TOP   &&把记录指针移动到第 1 条记录
  ThisForm.Commandgroup1.Command1.Enabled=.F. &&使第 1 个命令按钮无效
  ThisForm.Commandgroup1.Command2.Enabled=.F. &&使第 2 个命令按钮无效
  ThisForm.Commandgroup1.Command3.Enabled=.T. &&使第 3 个命令按钮有效
  ThisForm.Commandgroup1.Command4.Enabled=.T. &&使第 4 个命令按钮有效
  ThisForm.Refresh   &&刷新表单，显示第 1 条记录

第 2 个命令按钮(上一条)：

  SKIP -1   &&上移一条记录
  IF !BOF()   &&若记录指针没有移动到表头
    ThisForm.Commandgroup1.Command1.Enabled=.T. &&使第 1 个命令按钮有效
    ThisForm.Commandgroup1.Command2.Enabled=.T. &&使第 2 个命令按钮有效
  ELSE
    ThisForm.Commandgroup1.Command1.Enabled=.F. &&使第 1 个命令按钮无效
    ThisForm.Commandgroup1.Command2.Enabled=.F. &&使第 2 个命令按钮无效
  ENDIF
  ThisForm.Commandgroup1.Command3.Enabled=.T. &&使第 3 个命令按钮有效
  ThisForm.Commandgroup1.Command4.Enabled=.T. &&使第 4 个命令按钮有效
  ThisForm.Refresh

第 3 个命令按钮(下一条)：

  SKIP 1   &&下移一条记录
  IF !EOF()   &&若记录指针没有移动到表尾
    ThisForm.Commandgroup1.Command3.Enabled=.T. &&使第 3 个命令按钮有效
    ThisForm.Commandgroup1.Command4.Enabled=.T. &&使第 4 个命令按钮有效
  ELSE
    SKIP -1

ThisForm.Commandgroup1.Command3.Enabled=.F.　　&&使第 3 个命令按钮无效
ThisForm.Commandgroup1.Command4.Enabled=.F.　　&&使第 4 个命令按钮无效
ENDIF
ThisForm.Commandgroup1.Command1.Enabled=.T.　　&&使第 1 个命令按钮有效
ThisForm.Commandgroup1.Command2.Enabled=.T.　　&&使第 2 个命令按钮有效
ThisForm.Refresh

第 4 个命令按钮（最后一条）：
GO BOTTOM　　　　　　　　　　　　&&把记录指针移动到最后 1 条记录
ThisForm.Commandgroup1.Command3.Enabled=.F.　　&&使第 3 个命令按钮无效
ThisForm.Commandgroup1.Command4.Enabled=.F.　　&&使第 4 个命令按钮无效
ThisForm.Commandgroup1.Command1.Enabled=.T.　　&&使第 1 个命令按钮有效
ThisForm.Commandgroup1.Command2.Enabled=.T.　　&&使第 2 个命令按钮有效
ThisForm.Refresh

第 5 个命令按钮（退出）：
ThisForm.Release

⑥ 同时选定各文本框、复选框、编辑框，在"属性"窗口中把它们的 ReadOnly 属性设置为"T-真"。

⑦ 保存表单后运行表单，结果如图 8.38 所示。现在可以通过单击不同的命令按钮浏览 STUDENT 表中的全部记录了。

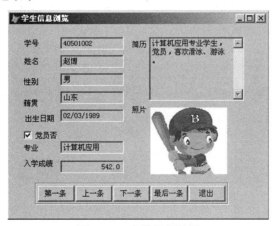

图 8.38　表单运行结果

除了按以上方法编写程序外，还可以通过编写命令按钮组的 Click 事件程序来处理各个按钮的 Click 事件。直接双击命令按钮组，即可打开事件程序编辑窗口并选择 Commandgroup1 对象，然后选择 Click 事件，按如下所述编写程序完成类似的操作：

DO CASE
CASE This.Value=1　　　　　　　　　　&&单击"第一条"命令按钮执行的代码
　　（在此填入上面为第 1 个命令按钮编写的程序代码）
CASE This.Value=2　　　　　　　　　　&&单击"上一条"命令按钮执行的代码
　　（在此填入上面为第 2 个命令按钮编写的程序代码）
CASE This.Value=3　　　　　　　　　　&&单击"下一条"命令按钮执行的代码

(在此填入上面为第 3 个命令按钮编写的程序代码)
CASE This.Value=4   &&单击"最后一条"命令按钮执行的代码
(在此填入上面为第 4 个命令按钮编写的程序代码)
CASE This.Value=5   &&单击"退出"命令按钮执行的代码
　　ThisForm.Release
ENDCASE
ThisForm.Refresh

从上面的叙述可知,有两种编写命令按钮组中命令按钮事件程序的方法。一种是分别编写命令按钮组中各个命令按钮的事件程序,另一种是编写整个命令按钮组事件程序。

8.3.5 选项按钮组

选项按钮组用于在多个选项中选择一个的情况,它是一个包含若干个单选按钮的容器,单选按钮不能独立存在,必须包含在某个选项按钮组中。单选按钮旁边的圆圈中如果有一个黑点,表示当前它被选中。

选项按钮组常用的属性如表 8.12 所示。

表 8.12 选项按钮组常用的属性

属　　性	说　　明
ButtonCount	设置选项按钮组中单选按钮的个数,系统默认的个数为 2
Value	选项按钮组和单选按钮的主要属性,它们之间有区别。单选按钮的 Value 属性表示其是否被选中的状态(1:表示被选中,0:表示未被选中),而选项按钮组的 Value 属性则为被选中单选按钮的序号,如果是 0,表示所有单选按钮均未被选中
Caption	选项按钮组中的每个单选按钮都有自己的 Caption 属性,分别指定各个单选按钮的标题文字
ControlSource	设置与选项按钮组建立联系的数据源

例 8.9　设计如图 8.39 所示的带有选项按钮组的"单选按钮查询"表单,实现分别按姓名、学号、专业查询学生信息的功能。

① 建立一个新表单,在表单中添加选项按钮组,设置相关属性,步骤与例 8.8 相似,然后再设置其他控件,结果如图 8.39 所示。

② 为"查询"命令按钮的 Click 事件编写如下的程序代码:

DO CASE
　　CASE ThisForm.OptionGroup1.Value=1   &&选中了第 1 个单选按钮
　　　　SELECT * From Student Where 姓名=Alltrim(ThisForm.Text1.Value)
　　CASE ThisForm.OptionGroup1.Value=2   &&选中了第 2 个单选按钮
　　　　SELECT * From Student Where 学号=Alltrim(ThisForm.Text1.Value)

图 8.39　选项按钮组应用示例表单

CASE ThisForm.OptionGroup1.Value=3　　&&选中了第3个单选按钮
　　　　SELECT * From Student Where 专业=Alltrim(ThisForm.Text1.Value)
　　ENDCASE
　　ThisForm.Refresh

③ 以"单选按钮查询"为名保存表单。

④ 运行表单，假设按学号查询，先选中"学号"单选按钮，再输入要查询的学号的前两个数字"40"，单击 查询 命令按钮，结果如图8.40所示。

图8.40　运行表单结果

8.3.6　复选框

复选框与选项按钮组不同，它允许从多个选项中同时选择几个或者一个都不选，被选中的复选框的方框中会出现一个对号。另外，复选框是独立的表单控件，可以单独使用。复选框常用的属性如表8.13所示。

表8.13　复选框常用的属性

属　性	说　明
Caption	复选框右侧显示的文本
Value	复选框当前的状态：0或.F.(默认值)表示未被选中，1或.T.表示被选中
ControlSource	指定复选框的数据源，数据源通常是字段变量或内存变量

例8.10　设计如图8.41所示的"复选框查询"表单。实现按所选中的专业对STUDENT表中记录进行查询的功能。

① 使用表单设计器建立如图8.41所示的表单，表单中包含1个标签、4个复选框和包含2个命令按钮的命令按钮组。

【说明】创建复选框控件的步骤为：单击表单控件工具栏中的"复选框"按钮 ☑，然后在表单中单击，即可建立复选框控件，再调整其大小和位置，然后在"属性"窗口中选择Caption属性，设置其标题。

图8.41　"复选框查询"表单

② 编写事件程序代码。

右击命令按钮组，在弹出的快捷菜单中单击"编辑"命令，然后双击"查询"命令按钮，打开事件程序编辑窗口，编写其 Click 事件程序代码：

CHOICE1=IIF(ThisForm.Check1.Value=1,"计算机应用","")
CHOICE2=IIF(ThisForm.Check2.Value=1,"工商管理","")
CHOICE3=IIF(ThisForm.Check3.Value=1,"日语","")
CHOICE4=IIF(ThisForm.Check4.Value=1,"应用物理","")
* 按所选专业进行查询
SELECT * From STUDENT Where 专业==CHOICE1 ;
OR 专业==CHOICE2 OR 专业==CHOICE3 OR 专业==CHOICE4

用同样的方法，编写"退出"命令按钮的 Click 事件程序代码：

ThisForm.Release

③ 以"复选框查询"为名保存表单。

④ 运行表单，首先通过单击复选框，选中一个或多个需要查询的专业，然后单击 查询 命令按钮，打开浏览窗口，显示选中专业对应的记录，运行效果如图 8.42 所示。单击"退出"按钮，则结束表单的运行。

图 8.42 "复选框查询"表单运行效果

8.3.7 微调控件

一般情况下，微调控件主要用于输入限制在一定范围内的数值型数据。可以直接用键盘向微调框中输入数据，也可以单击微调控件右侧向上或向下的箭头增减当前的数据值，如图 8.43 中所示。

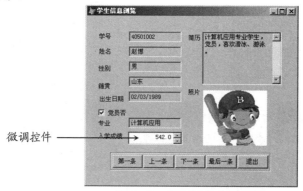

图 8.43 微调控件应用示例

微调控件常用的属性如表 8.14 所示。

表 8.14 微调控件常用的属性

属　性	说　　明
ControlSource	指定和控件建立联系的数据源
Increment	指定每次单击向上或向下箭头后数据的变化值
KeyBoardHighValue	指定从键盘能输入的最大值
KeyBoardLowValue	指定从键盘能输入的最小值
SpinnerHighValue	指定单击向上箭头按钮可得到的最大值
SpinnerLowValue	指定单击向下箭头按钮可得到的最小值
Value	控件的当前状态

例 8.11 按图 8.43 所示，修改"学生信息浏览"表单，用微调控件显示和修改 STUDENT 表中记录的"入学成绩"字段。

① 在"表单设计器"窗口中打开"学生信息浏览"表单，删除原来用于输入和显示入学成绩的文本框。

② 单击表单控件工具栏上的"微调控件"按钮 ，然后在表单中适当位置上单击或拖动鼠标，设置一个微调控件。

③ 在"属性"窗口中按表 8.15 所示设置微调控件的属性值，最后结果如图 8.44 所示。

表 8.15 微调控件的属性值

属 性 名	属 性 值	属 性 名	属 性 值
ControlSource	Student.入学成绩	Increment	1.00
KeyBoardHighValue	800	KeyBoardLowValue	0
SpinnerHighValue	800	SpinnerLowValue	0

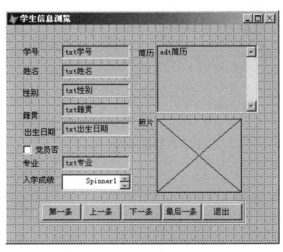

图 8.44 微调控件设置示例

④ 保存表单后运行表单，即可得到如图 8.43 所示的效果。可以通过操作微调控件，对"入学成绩"字段的值进行修改。

8.3.8 列表框

列表框是一种将信息按列表形式显示出来的控件，修改列表框中的条目数据，可以将数据存储到字段或内存变量中。

一般情况下，列表框中显示的条目数量有限，用户可通过滚动条浏览当前看不见的其他条目。

列表框常用的属性与方法如表 8.16 所示。

表 8.16 列表框常用的属性与方法

属性与方法	说 明
RowSourceType 属性	指定列表框中条目数据源的类型。0(默认值)：指定程序运行时由 AddItem 方法添加条目，1：指定通过设置 RowSource 属性值增加条目，2：指定将表中的字段值作为列表框中的条目，3：指定条目取自 SQL 语句的执行结果，4：指定条目取自查询(.QPR)文件，5：指定条目取自数组，6：指定条目取自字段
RowSource 属性	指定列表框中的条目来源
ColumnCount 属性	指定列表框中列的数目，列表框可以包含 1 列或多列数据
ControlScource 属性	数据控制源，即列表框中选择的选项值存储在何处，如字段、内存变量等
MoveBars 属性	指定是否在列表框的右侧显示滚动条
ListCount 属性	指定列表框中数据条目的行数
ListIndex 属性	指定列表框当前选定数据项的索引值
Selected 属性	指定列表框中的条目是否处于选定状态
List 属性	存取列表框中数据条目的字符串数组
MultiSelect 属性	指定是否允许在列表框中进行多重选定。0 或.F.(默认值)：表示不允许，1 或.T.：表示允许
Value 属性	返回列表框中被选定的条目。返回值可以是数值型(被选定条目的序号)，也可以是字符型(被选定条目的本身内容)
AddItem 方法	用来向列表框中添加条目
RemoveItem 方法	用来从列表框中删除选定的条目
Clear 方法	用来清除列表框中的所有条目

列表框常用的事件有单击(Click)、双击(DblClick)和通过鼠标或键盘操作使列表框的当前值发生变化后触发的 InteractiveChange 事件。

例 8.12 设计如图 8.45 所示的"查询学生的单科成绩"表单。要求在"学生姓名"列表框里选定一个学生后，即在"已选修的课程"列表框中自动显示出该学生选修的所有课程，在其中再选定一门课程后，即在右侧的文本框中显示该学生这门课的成绩情况。

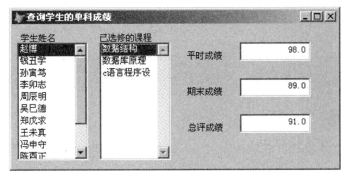

图 8.45 "查询学生的单科成绩"表单运行界面

① 建立一个新表单,在其中设置 5 个标签、2 个列表框、3 个文本框,如图 8.46 所示。

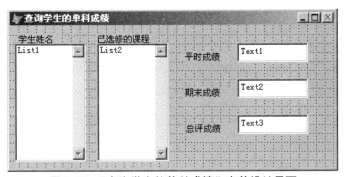

图 8.46 "查询学生的单科成绩"表单设计界面

【说明】创建列表框控件的步骤为:单击表单控件工具栏中的"列表框"按钮,然后在表单中单击,即可建立列表框控件,再调整其大小和位置。

② 打开表单的"数据环境设计器"窗口,将 STUDENT 表、SCORE 表和 COURSE 表添加到表单的数据环境中。

③ 设置属性:把 List1 控件的 RowSourceType 属性值设置为"6-字段",RowSource 属性值设置为"student.姓名",把 List2 控件的 RowSourceType 属性值设置为"3-SQL 语句"。

④ 编写 List1 列表框的 InteractiveChange 事件程序代码:

  ThisForm.List2.RowSource= ;
  "Select 课程名称 From Student A, Score B, Course C Where ;
  A.学号=B.学号 AND B.课程号=C.课程号 AND A.姓名=This.Value Into Cursor lsb"
  ThisForm.List2.Listindex=0
  ThisForm.Text1.Value=""
  ThisForm.Text2.Value=""
  ThisForm.Text3.Value=""

⑤ 编写 List2 列表框的 InteractiveChange 事件程序代码:

  Select 平时成绩, 期末成绩, 总评成绩 From Student A, Score B, Course C Where ;
  A.学号=B.学号 AND B.课程号=C.课程号 AND 姓名= ThisForm.List1.Value ;
  AND 课程名称=This.Value Into Array SS

ThisForm.Text1.Value=SS(1)
ThisForm.Text2.Value=SS(2)
ThisForm.Text3.Value=SS(3)

⑥ 以"查询学生的单科成绩"为名保存表单，然后运行表单，效果如图 8.45 所示。

8.3.9 组合框

组合框由一个文本框和其右侧的下拉箭头按钮组成，供用户在单击下拉箭头按钮打开下拉列表后选择数据值选项，或直接输入一个数据值，如图 8.47 所示。组合框兼有文本框和列表框的功能，可以看成是组合两者功能而成的一种控件。

组合框和列表框有相似的属性和方法。组合框和列表框的区别如下：

① 组合框平时只显示一个数据，单击其右侧下拉箭头按钮后才显示可滚动的下拉列表，所以与列表框相比，组合框能够节省表单上的显示空间。

② 组合框不具备多重选定功能，没有 MultiSelect 属性。

③ 组合框有两种形式——下拉组合框和下拉列表框。可以通过设置 Style 属性设置组合框的形式，Style 属性值与对应的组合框的类型如表 8.17 所示。

表 8.17 Style 属性值与对应的组合框的类型

属性值	说　　明
0	表示本框是下拉组合框。用户既可以从下拉列表中选择数据，也可以直接在文本框中输入数据，输入的内容可以从 Value 属性中获得
2	表示本框是下拉列表框。用户只能从下拉列表中选择数据

例 8.13 设计如图 8.47 所示的"按专业统计学生人数"表单。

① 建立一个新表单，设置 2 个标签、1 个组合框、1 个文本框和 1 个命令按钮。

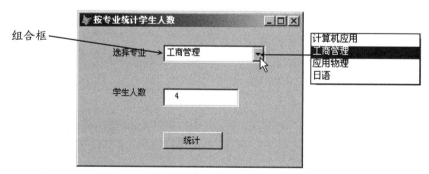

图 8.47 "按专业统计学生人数"表单运行界面

【说明】创建组合框控件的步骤为：单击表单控件工具栏中的"组合框"按钮，然后在表单中单击，即可建立组合框控件，再调整其大小和位置。

② 打开表单的"数据环境设计器"窗口，将 STUDENT 表添加到表单的数据环境中。

③ 设置组合框的属性：在"属性"窗口中将 Combo1 组合框的 RowSourceType 属性值设置为"1-值"，将 RowSource 属性值设置为"计算机应用,工商管理,应用物理,日语"。

【说明】也可以使用如图 8.48 所示的"组合框生成器"对话框设置其 RowSource 属性值。

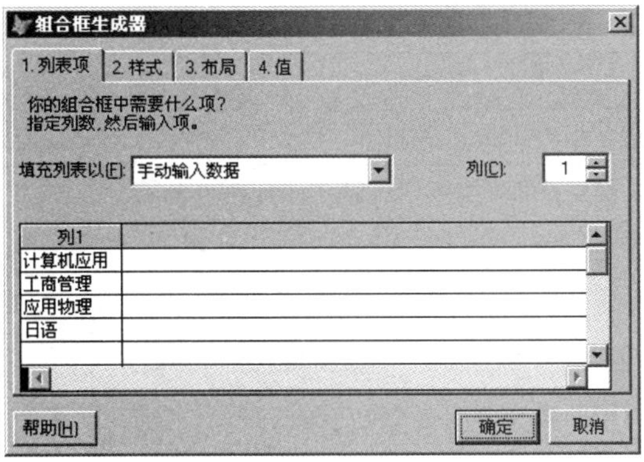

图 8.48 "组合框生成器"对话框

④ 编写 Combo1 组合框的 InteractiveChange 事件程序代码：
PUBLIC zy
zy=This.Value

⑤ 编写 Command1 命令按钮的 Click 事件程序代码：
Count FOR 专业=zy TO Count1
ThisForm.Text1.Value=STR(Count1, 3, 0)

⑥ 以"按专业统计学生人数"为名保存表单。运行表单，首先用"选择专业"组合框选择某个专业，然后单击 统计 按钮，在"学生人数"文本框中将显示出所选专业的学生数，如图 8.47 所示。

8.3.10 编辑框

编辑框与文本框类似，它们之间的区别是，文本框主要用来处理单行文本，而编辑框则可以用来处理多行文本。在表单中，编辑框常用来处理表的备注型字段，实现备注型字段的更新和显示，如图 8.49 所示。

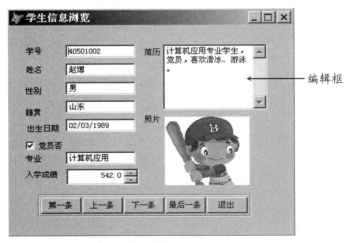

图 8.49 "学生信息浏览"表单和其中的编辑框控件

编辑框的许多属性与文本框对应的属性相同，常用的属性如表 8.18 所示。

表 8.18 编辑框常用的属性

属　　性	说　　明
HideSelection	指定编辑框失去焦点时，选中的文本是否仍显示为选定状态
ReadOnly	指定用户能否编辑编辑框中的内容
ScrollBars	指定编辑框是否有垂直滚动条
ControlSource	指定数据源，即编辑框中文本的来源及保存在哪里
SelStart	返回编辑框中选定文本的起始点位置或插入点位置，仅在运行时可用
SelLength	返回编辑框中选定文本字符的数目，仅在运行时可用
SelText	返回编辑框中选定的文本，仅在运行时可用

例 8.14 修改"学生信息浏览"表单，设计如图 8.49 所示的表单，实现对 STUDENT 表中记录的显示与修改。

① 在"表单设计器"窗口中打开"学生信息浏览"表单，把其中的文本框、编辑框和复选框的 ReadOnly 属性值设置为 ".F.-假"，即允许用户运行表单时修改数据。

② 保存表单设计，运行表单，即可得到如图 8.49 所示的效果。

③ 运行本表单时，用户可以修改数据，本例把姓名"赵博"修改为"赵子博"，把简历的内容修改为"计算机应用专业学生，党员，喜欢滑冰、游泳和动漫设计。"，如图 8.50 所示。

图 8.50 "学生信息浏览"表单运行界面

【说明】 在表单中修改了数据后，表中的数据也将随之修改。这是因为在设计表单过程中，把字段从"数据环境设计器"窗口拖到表单上得到相应的控件后，控件上显示的值就和对应字段的值绑定在一起了。

8.3.11 表格

表格是一种容器控件，其外形与浏览窗口相似，按行和列的形式显示、编辑数据记录，如图 8.51 所示。

图 8.51 表单的下部是一个表格

一个表格由若干"列"控件组成，每个"列"控件包含一个"标头"控件和若干个单元格控件。表格、列、标头和单元格都有自己的属性、事件和方法。表格常用来处理有一对多关系的两个表，通常用文本框显示父表中的一个记录，用表格显示子表中对应的多个记录，如图 8.14 所示。表格常用的属性如表 8.19 所示。

表 8.19 表格常用的属性

属 性	说 明
ColumnCount	指定表格的列数。若为-1，则与数据源所指定的表具有同样多的列数
RecordSource	表格的数据源，一般设定为一个表
RecordSourceType	表格数据源的类型，一般为表、别名、查询和 SQL 语句等
ControlSource	列的数据源，一般设置为表中的字段
AllowAddNew	指定是否可以将表格中的新记录添加到表中
ReadOnly	指定是否允许编辑表格中的数据

例 8.15 设计如图 8.51 所示的"学生信息查询"表单，用来按专业查询学生信息。
① 建立一个新表单，设置 2 个标签、1 个选项按钮组和 1 个表格，如图 8.52 所示。

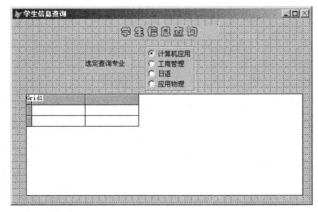

图 8.52 "学生信息查询"表单设计界面

【说明】创建表格控件的步骤为：单击表单控件工具栏中的"表格"按钮▦，然后在表单中单击，即可建立表格控件，再调整其大小和位置。

② 在"属性"窗口中按表 8.20 所示设置控件的属性值。

表 8.20 表单中控件的属性值

控 件	属 性	属 性 值	说 明
Label1	Caption	学生信息查询	
	FontName	华文彩云	
	FontSize	14	
Label2	Caption	选定查询专业	
Optiongroup1	Option1. Caption	计算机应用	
	Option2. Caption	工商管理	
	Option3. Caption	日语	
	Option4. Caption	应用物理	
Grid1	ReadOnly	.T.-真	只读
	RecordSourceType	4-SQL 说明	表格控件数据源类型

③ 编写 Optiongroup1 选项按钮组的 Click 事件程序代码：

DO CASE
CASE ThisForm.Optiongroup1.Value=1
    ThisForm.Grid1.RecordSource=;
    "Select * From Student Where 专业='计算机应用' Into Cursor Temp"
CASE ThisForm.Optiongroup1.Value=2
    ThisForm.Grid1.RecordSource=;
    "Select * From Student Where 专业='工商管理' Into Cursor Temp"
CASE ThisForm.Optiongroup1.Value=3
    ThisForm.Grid1.RecordSource=;
    "Select * From Student Where 专业='日语' Into Cursor Temp"
CASE ThisForm.Optiongroup1.Value=4
    ThisForm.Grid1.RecordSource=;
    "Select * From Student Where 专业='应用物理' Into Cursor Temp"
ENDCASE
ThisForm.Refresh

④ 编写表单（其名称为 Form1）的 Init 事件程序代码：

    ThisForm.Grid1.RecordSource=""   &&清空表格数据源

⑤ 以"学生信息查询"为名保存表单，运行表单，在选项按钮组选中"工商管理"专业，结果如图 8.51 所示。

8.3.12 页框

页框是一种容器控件，它可以包含多个页面，这里说的页面就是我们通常所说的选项卡。设计表单时，若一个表单处理的任务比较多，可以将整个任务划分为多个子任务，每个子任务放在一个页面中，如图 8.53 和图 8.54 所示。

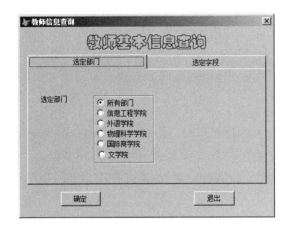

图 8.53 "选定部门"页面

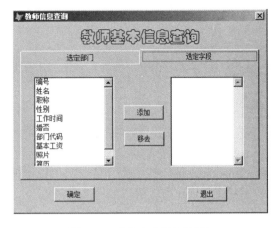

图 8.54 "选定字段"页面

页框控件定义了页框的总体特性，包括大小、位置、边界类型及哪个页面是当前活动页面等。页框中包含的页面相对于页框的左上角定位，并随着页框的移动而移动。

使用"表单设计器"窗口向表单添加页框的方法与添加其他控件的方法相同。默认情况下，添加的页框包含两个页面，它们的标签文本分别是 Page1 和 Page2。可以通过页框的 PageCount 属性重新设置页面个数，页面的标签文本可通过每个页面的 Caption 属性设置。

若需要在某个页面中设置控件，可按如下步骤操作：

① 右击页框，在弹出的快捷菜单中单击"编辑"命令，进入页框的编辑状态。然后再单击相应页面的标签，使之成为活动页面。也可以从"属性"窗口的对象列表中直接选择相应的页面。

② 使用表单控件工具栏在页面中设置控件并调整其大小。

【注意】若添加控件前没有切换到页框的编辑状态，则控件将被添加到表单上而不是页框的当前页面中。

页框常用的属性与事件如表 8.21 所示。

表 8.21 页框常用的属性与事件

属性或事件	说 明
PageCount 属性	指定页框中包含的页面个数，最小为 0，最大为 99，系统默认为 2
Pages 属性	Pages 属性实际上是一个数组，用于存取页框中的某个对象。例如，MyPageFrame.Pages(2).Caption="列表项"是将 MyPageFrame 页框中第 2 个页面的 Caption 属性设置成"列表项"
Tabs 属性	指定页框中是否显示页面标签，.T.为显示，.F.为不显示
ActivePage 属性	返回页框中活动页的页面号或指定页框中第几个页面为活动页
Active 事件	激活页面时产生

例 8.16 设计如图 8.53 和图 8.54 所示的"教师信息查询"表单。运行表单时，在"选定部门"页面中选定要查询的部门，在"选定字段"页面中选定要查询的字段，单击 确定 按钮将按设定的查询参数通过 SQL SELECT 语句在"浏览"窗口中输出查询的结果，单击 退出 按钮，则关闭表单。

① 建立一个新表单，然后打开其"数据环境设计器"窗口，向其中添加 TEACHER 表。为了使表单具有对话框的特点，将表单的 MaxButton 和 MinButton 属性值设置为 .F．，使得表单没有最大化和最小化按钮。

② 在表单上设置 1 个标签和 2 个命令按钮，并把它们的 Caption 属性分别设置为："教师基本信息查询"、"确定"和"退出"；单击表单控件工具栏中的"页框"按钮，在表单的适当位置单击，在表单中添加一个页框控件并调整其大小。

③ 右击页框控件，在弹出的快捷菜单中单击"编辑"命令。单击页框中的第 1 个页面（Page1 页面），设置其 Caption 属性值为"选定部门"，然后在其中添加 1 个标签和 1 个 Optiongroup1 选项按钮组，将选项按钮组的 ButtonCount 属性设置为 6，并依次设置各个单选按钮的 Caption 属性值，如图 8.53 所示。

④ 单击页框中的第 2 个页面（Page2 页面），设置其 Caption 属性值为"选定字段"，然后在其中添加 2 个列表框和 2 个命令按钮，如图 8.54 所示。设置 List1 列表框的 RowSourceType 属性值为"8-结构"、MultiSelect 属性值为.T.、RowSource 属性值为 TEACHER 表；设置 List2 列表框的 RowSourceType 属性值为"（无）"、MultiSelect 属性值为.T.。

【说明】List2 列表框中的条目将在表单运行过程中通过 AddItem 和 RemoveItem 方法添加或删除。

⑤ 编写"添加"按钮的 Click 事件程序代码：

```
SS=This.Parent.List1.ListCount
FOR I=1 TO SS
    IF This.Parent.List1.Selected(I)
        This.Parent.List2.AddItem(This.Parent.List1.List(I))   &&选定条目添加到 List2 中
        This.Parent.List1.RemoveItem(I)                         &&移去 List1 中选定的条目
        I=I-1
    ENDIF
ENDFOR
```

⑥ 编写"移去"按钮的 Click 事件程序代码：

```
SS=This.Parent.List2.ListCount
FOR I=1 TO SS
    IF This.Parent.List2.Selected(I)
        This.Parent.List1.AddItem(This.Parent.list2.List(I))
        This.Parent.List2.RemoveItem(I)
        I=I-1
    ENDIF
ENDFOR
```

⑦ 编写"确定"命令按钮和"退出"命令按钮的 Click 事件程序代码。

"确定"命令按钮的 Click 事件程序代码：

```
**********生成查询条件字符串表达式**************
Cond=""
Me=ThisForm.PageFrame1.Page1.OptionGroup1.Value
```

```
IF Me>=2 AND Me<=6
    Cond="0"+ALLTRIM(STR(Me-1))
ENDIF
*********生成选定字段字符串表达式***************
Items=""
IF ThisForm.PageFrame1.Page2.List2.ListCount=0
    Items="*"
ELSE
    FOR J=1 TO ThisForm.PageFrame1.Page2.List2.ListCount
        Items=Items+ThisForm.PageFrame1.Page2.List2.List(J)+","
    ENDFOR
    Items=SUBSTR(Items,1,LEN(Items)-1)
ENDIF
IF Cond==""
    SELECT &Items From Teacher                &&执行 SQL 语句实现查询
ELSE
    SELECT &Items From Teacher Where 部门代码==Cond
ENDIF
```

"退出"命令按钮的 Click 事件程序代码：

```
ThisForm.Release                &&释放表单，结束程序的运行
```

⑧ 以"教师信息查询"为名保存表单。运行表单时，首先进入"选定部门"选项卡，选择"信息工程学院"，然后进入"选定字段"选项卡，把"编号""姓名""职称"和"性别"字段添加到 List2 列表框中，单击 确定 按钮，将显示"浏览"窗口，如图 8.55 所示。

图 8.55 "浏览"窗口

8.3.13 图像

图像主要用来向表单中添加图形，其常用的属性如表 8.22 所示。

表 8.22 图象常用的属性

属 性	说 明
Picture	指定控件中显示的图形文件保存的位置及文件名，图形文件的扩展名可以是 BMP、JPG 等
BorderStyle	指定控件边界风格
Stretch	指定图形的 3 种显示方式。为 0 时，把超出图像控件范围的图形剪掉；为 1 时，等比例填充；为 2 时，改变图形的大小，使之正好放在图像控件中

8.3.14 计时器

计时器用来在指定的时间执行某一操作。计时器是一种受后台控制的控件，与用户的操作相互独立，即用户在前台该做什么就做什么，而位于后台的计时器被启动后，会自动检查是否到了指定的时间，一旦到了时间，就执行计时器的 Timer 事件程序中的代码。

计时器主要有两个属性，即 Enabled 属性和 Interval 属性。Enabled 属性值为.T.时表示启动计时器，为.F.时表示终止计时器。Interval 属性为定时时间间隔属性（单位为毫秒），取值范围为 0～2 147 488 647。如果计时器被启动，则每间隔 Interval 属性值指定的时间发生一次 Timer 事件。

计时器控件在表单的设计界面上以图标的形式存在，运行表单时，它以后台的方式运行，在运行界面上看不到它，因此它的位置和大小无关紧要。

例 8.17 设计一个如图 8.56 所示的用来当作应用系统封面的表单，当运行表单时，"宝剑锋从磨砺出 梅花香自苦寒来"文字不停地从下向上移动。

图 8.56 计时器控件及图象控件应用示例

① 建立一个新表单，在表单中添加 2 个标签控件、1 个图象控件和 1 个定时器控件。
② 按表 8.23 所示，在"属性"窗口中设置相关的属性值。

表 8.23 控件属性值设置

控 件	属 性	属 性 值
Label1	Caption	学生信息管理系统
	FontName	华文琥珀
	FontSize	30
Label2	Caption	宝剑锋从磨砺出 梅花香自苦寒来
	FontName	楷体
	FontSize	20
	WordWrap	.T.-真
	FroeColor	255, 0, 0
Image1	Picture	D:\兰花.jpg
Timer1	Enabled	.T.
	Interval	100

③ 编写 Timer1 计时器控件的 Timer 事件程序代码:
　　ThisForm.Label2.Top=ThisForm.Label2.Top-2
　　IF ThisForm.Label2.Top<100
　　　　ThisForm.Label2.Top=300
　　ENDIF
④ 以"封面"为名保存表单。运行表单,结果如图 8.56 所示。

8.3.15 线条与形状

线条和形状控件主要用来将表单中的各种控件归纳成组,从而给用户提供更清晰的程序界面,使用户可以更方便地使用表单,例如可以给"封面"表单中的"学生信息管理系统"标签加上 4 个线条组成的边框,如图 8.57 所示。

图 8.57　给"学生信息管理系统"标签加上线条边框

与其他控件一样,在表单上添加线条和形状控件的方法是先在表单控件工具栏中单击"线条"按钮╲或"形状"按钮◯,然后在表单上需要的位置拖动,即可产生相应的控件。对形状控件,默认状态下,拖动后产生一个矩形,可以通过鼠标操作改变其大小和位置。线条和形状控件也有各自的属性和方法,表 8.24 和表 8.25 分别列出了线条控件和形状控件常用的属性。

表 8.24　线条控件常用的属性

属　　性	说　　　　明
BorderWidth	线条的宽度,通常以像素为单位
LineSlant	线条不为水平或垂直时,指定线条的倾斜方向。属性的有效值为"/"和"\"
BorderStyle	线条样式:0 为透明,1 为实线,2 为虚线,3 为点线,4 为点划线等

表 8.25　形状控件常用的属性

属　　性	说　　　　明
Curvature	指定边角的形状,取值范围为 0(直角)到 99(圆或椭圆)
FillStyle	指定填充类型,例如透明或指定一种填充方案
SpecialEffect	指定形状是平面的还是三维的,仅 Curvature 为 0 时有效

8.4 习　　题

一、单项选择题

1. 下列关于属性、方法和事件的叙述中，错误的是_____。
   A. 属性用来描述对象的状态，方法用来表示对象的行为
   B. 基于同一个类产生的两个对象可以分别设置自己的属性值
   C. 事件程序代码也可以像方法一样被显式调用
   D. 在新建一个表单时，可以为它添加新的属性、方法和事件

2. 下列关于列表框和组合框的叙述中，正确的是_____。
   A. 列表框和组合框都可以设置多重选定
   B. 列表框可以设置多重选定，而组合框不能
   C. 组合框可以设置多重选定，而列表框不能
   D. 列表框和组合框都不能设置多重选定

3. 如果要从内存中释放当前正在运行的表单，正确的命令是_____。
   A. ThisForm.Close　　　　　　　B. ThisForm.Clear
   C. ThisForm.Release　　　　　　D. ThisForm.Refresh

4. 创建对象时发生该对象的_____事件。
   A. Init　　　　B. Load　　　　C. InteractiveChange　　　　D. Activate

5. 下列叙述中不正确的是_____。
   A. 表单是容器类对象　　　　　　B. 表格是容器类对象
   C. 选项组是容器类对象　　　　　D. 命令按钮是容器类对象

6. 表单的 Name 属性用来_____。
   A. 作为保存表单时的文件名　　　B. 运行表单时显示在标题栏上的文字
   C. 引用表单对象　　　　　　　　D. 作为运行表单时的表单名

7. 假设表单中包含一个命令按钮，在运行表单时，下列有关事件发生次序的叙述中，正确的是_____。
   A. 命令按钮的 Init 事件、表单的 Init 事件、表单的 Load 事件
   B. 表单的 Init 事件、命令按钮的 Init 事件、表单的 Load 事件
   C. 表单的 Load 事件、表单的 Init 事件、命令按钮的 Init 事件
   D. 表单的 Load 事件、命令按钮的 Init 事件、表单的 Init 事件

8. _____是面向对象程序设计中程序运行的最基本实体。
   A. 对象　　　　B. 类　　　　C. 方法　　　　D. 函数

9. 运行表单时，如果希望用户不能通过交互输入操作改动数据，则应创建_____控件。
   A. 微调控件　　B. 文本框　　　C. 编辑框　　　D. 标签

10. 下面关于表单数据环境的叙述中，错误的是_____。
    A. 可以在数据环境中加入与表单操作有关的表

B. 数据环境是表单的容器

C. 可以在数据环境中建立表之间的联系

D. 打开表单时，自动打开其数据环境中的表

11. 用来指明复选框当前状态的属性是_____。

　　A. Selected　　　　B. Caption　　　　C. Value　　　　D. Visible

二、填空题

1. 在VFP中，表单文件的扩展名是_____。

2. 对象的特征称为对象的属性，对象的行为称为对象的_____。

3. 编辑框的_____属性用来表示选定文本的长度。

4. 要使表单中某个控件不能响应用户的交互操作，应将该控件的_____属性设为.F.。

5. 表单中控件的属性值既可以在编辑状态设置，也可以在运行_____时，通过_____设置。

6. 计时器控件的_____事件用来实现定时执行规定的操作。

7. 在VFP中，对象的引用有绝对引用和_____两种方式。

三、操作题

1. 建立如图8.58所示的表单，在选项按钮组中选择一种字体后，可以设置"字体演示示例"标签文字的字体。

2. 设计一个表单，要求表单内的标签控件不停地上下来回移动，当移动到表单上边界时，变为向下移动，当移动到表单下边界时，再变为向上移动，如此反复，如图8.59所示。

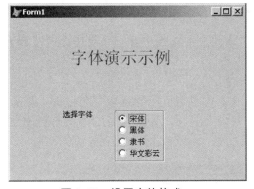

图8.58　设置字体格式

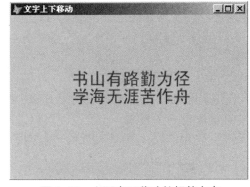

图8.59　上下来回移动的标签文本

3. 使用计时器控件设计一个电子时钟，要求不断显示系统的当前时间，如图8.60所示。

图8.60　电子时钟

第9章 报表设计

VFP 系统提供的报表集数据、文本和图形于一体，清晰、美观。使用 VFP 系统的报表设计功能，可以生成扩展名为 FRX 的报表文件，运行报表文件即可生成表格形式的报表，供用户浏览或打印输出。

VFP 提供了"报表向导""报表设计器"和"快速报表"3 种创建报表的方法。

9.1 使用报表向导创建报表

使用报表向导创建报表时，系统通过"报表向导"对话框，给出一系列提示，用户按提示进行操作，即可生成报表，这是一种常用的创建报表的方法。

有以下 3 种启动报表向导的方法。

① 在"项目管理器"窗口的"文档"选项卡中，选中 报表 选项，单击 新建(N)... 按钮，在弹出如图 9.1 所示的"新建报表"对话框后单击"报表向导"按钮。

② 执行"文件"→"新建"菜单命令，打开"新建"对话框，在对话框中选择"报表"选项后单击"向导"按钮。

③ 执行"工具"→"向导"→"报表"菜单命令。

无论用哪种方法启动报表向导，都会弹出如图 9.2 所示的"向导选取"对话框，如果报表的数据来自一个表或一个视图，可以选择"报表向导"选项，如果报表的数据来自建立了关系的父表和子表，则应选择"一对多报表向导"选项，然后单击 确定 按钮。

图 9.1 "新建报表"对话框

图 9.2 "向导选取"对话框

下面以一个具体的例子说明利用报表向导创建报表的操作步骤。

例 9.1 根据 STUDENT 表创建报表。

① 打开"学生管理系统"的"项目管理器"窗口，然后打开如图 9.2 所示的"向导选取"对话框，选择"报表向导"选项后单击 确定 按钮，屏幕上就会出现报表向导系列对话框的第 1 个对话框，该对话框用来选取报表中出现的字段。

② 使用"数据库和表"组合框和列表框，选择"学生管理"数据库和 STUDENT 表；在"可用字段"列表框中选择要在报表中输出的字段，将它们添加到"选定字段"列表框中，本例选择除"简历"和"照片"之外的其他字段，如图 9.3 所示。

③ 单击 下一步(N)> 按钮，弹出第 2 个对话框，用来对记录分组，如图 9.4 所示。本例不设置分组。

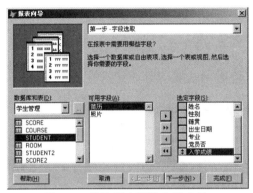
图 9.3 选取报表要输出的字段

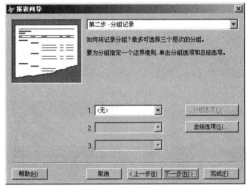
图 9.4 对记录进行分组

④ 单击 下一步(N)> 按钮，弹出第 3 个对话框，用来选择报表样式。"样式"框中提供了 5 种报表样式，它们的主要区别是字段和记录之间的间隔线条不同，每选择一种样式后，左上角放大镜中将显示该样式的效果。本例选择"帐务式"选项，如图 9.5 所示。

⑤ 单击 下一步(N)> 按钮，弹出第 4 个对话框，用来定义报表布局。系统提供了"纵向"和"横向"两种布局方向。"纵向"布局下，一条记录显示在一行中；"横向"布局下，一条记录显示在一列中。本例选择"纵向"选项，如图 9.6 所示。

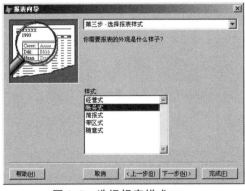
图 9.5 选择报表样式

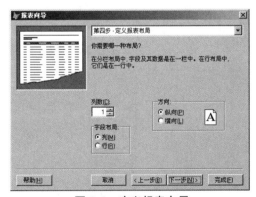
图 9.6 定义报表布局

⑥ 单击 下一步(N)> 按钮，弹出第 5 个对话框，用来设置报表中对记录进行排序时所依据的字段及排序方式(升序/降序)。本例选择按"学号"字段的升序排序记录，如图 9.7 所示。

⑦ 单击 下一步(N)> 按钮，弹出第 6 个对话框，用来完成最后的工作。在"给报表输入标题"

框中输入"学生信息报表",选择"保存报表为稍后使用"单选项,去掉系统默认的"对不能容纳的字段进行折行处理"复选框的选中状态,如图9.8所示。

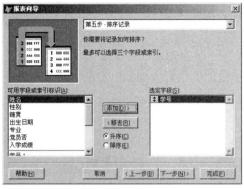

图9.7 排序记录

图9.8 输入报表标题并进行相关设置

⑧ 单击 按钮,系统将打开预览报表的窗口,显示所设计报表的输出效果,如图9.9所示。

图9.9 预览报表的窗口

⑨ 关闭预览报表的窗口,单击 完成(F) 按钮,出现"另存为"对话框,选择报表文件的保存位置,输入文件名,如图9.10所示,然后单击 保存(S) 按钮。

图9.10 "另存为"对话框

9.2 使用报表设计器设计报表

使用报表向导创建报表虽然比较简单,但创建的报表往往不能满足用户要求。使用报表设计器则可以设计出更加美观、复杂和符合个性要求的报表。

9.2.1 启动报表设计器

要使用报表设计器设计报表,必须先启动报表设计器。启动报表设计器常用的方法有如下几种。

① 在"项目管理器"窗口的"文档"选项卡中,选中 报表 选项,单击 新建(N) 按钮,弹出如图 9.1 所示的"新建报表"对话框后单击"新建报表"按钮。

② 执行"文件"→"新建"菜单命令,打开"新建"对话框,在对话框中选择"报表"选项后单击"新建文件"按钮。

③ 使用命令创建报表:

【格式】CREATE REPORT〈报表文件名〉

【功能】启动报表设计器,创建一个新的报表。

④ 在"项目管理器"窗口选中已经建好的报表,单击 修改(M) 按钮。

⑤ 使用命令修改报表:

【格式】MODIFY REPORT〈报表文件名〉

【功能】启动报表设计器,修改指定的报表。

【说明】当使用"MODIFY REPORT〈报表文件名〉"命令时,若当前目录下没有报表文件名指定的文件,系统将创建此文件,否则,在"报表设计器"窗口中打开此报表文件。

例 9.1 所建的"学生信息报表"的"报表设计器"窗口如图 9.11 所示。

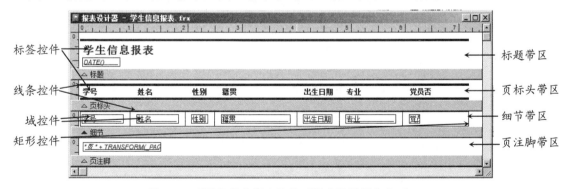

图 9.11 "学生信息报表"的"报表设计器"窗口

9.2.2 了解报表设计器

(1) 报表设计器的组成

VFP 的报表设计器将报表划分为不同的区域,每个区域称为一个带区。每个带区有一个名称，带区名称上面的区域属于该带区。带区的作用主要是控制数据在页面上的输出位置。在打印或预览报表时，系统会以不同的方式处理各个带区的数据。

如图9.11所示的报表设计器由4个带区组成，每个带区中包含若干用来显示数据的控件，如标签控件、域控件、线条控件、矩形控件等，下面先介绍各个带区，各种控件的作用在后面介绍。

① 标题带区：在整个报表的开始处输出的内容，一个报表中只输出一次。

② 页标头带区：在报表每页开始处输出的内容，每一页只输出一次，一般包含若干标签控件，用来表示报表中每一列数据的标题。

③ 细节带区：对应报表中的数据行，一般包含若干域控件，用来输出记录中的字段或用户设置的表达式的值，该带区在报表设计器中只出现一次，实际输出报表时，将根据输出记录的多少对应若干输出行。

④ 页注脚带区：在报表每一页的下方输出的内容，每一页只输出一次，一般包含页码等信息。

报表中还可以包含其他带区，若需要添加其他带区，可执行"报表"→"可选带区"菜单命令，打开如图9.12所示的"报表属性"对话框进行设置。

(2) 调整带区高度

带区用来放置所需要的控件。若带区的高度满足不了需要，可对其进行调整。调整带区高度最常用的方法是将鼠标指针移到带区的标识条上，然后按住鼠标左键上下拖动。另外一种方法是双击需要调整高度的带区标识条，系统将弹出一个相应的对话框，让用户进行调整。

(3) 增加或减少带区

用报表设计器新建一个报表时，默认只有页标头、细节、页注脚3个带区，如果要增删带区，可以执行"报表"→"可选带区"菜单命令，打开如图9.12所示的"报表属性"对话框，进行设置。

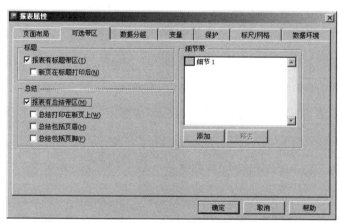

图9.12 "报表属性"对话框的"可选带区"选项卡

例如要在图9.11所示的报表中去掉标题带区，可以在"可选带区"选项卡中去掉"报表有标题带区"复选框的选中状态，系统将自动去掉标题带区；又例如选中"报表有总结带区"复选框，系统将在报表的尾部自动添加上一个总结带区。

如果要让报表分成两大栏，每一栏显示相同的几个列，可以设置列标头带区和列注脚带区。打开"报表属性"对话框,进入图 9.13 所示的"页面布局"选项卡,把"数量"框中的值设置为 2,就可以在报表中添加一个列标头带区和一个列注脚带区,将报表分成 2 栏。这里所说的"列"就是"栏"的意思。

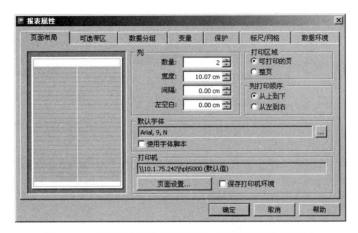

图 9.13 "报表属性"对话框的"页面布局"选项卡

如果要把报表中按行显示的记录分成若干组,并对每一组的数据进行汇总统计等处理,可以给报表增加组标头带区和组注脚带区,由于索引后表中索引关键字值相同的记录集中在一起,因此要根据表的索引字段设置分组,才能得到预想的分组效果,把报表中的数据按索引字段的值组织在一起。怎样增加这类带区在后面的例题中叙述。

(4) 报表控件

和表单类似,在报表中也使用控件来显示数据和美化报表布局。

打开报表设计器的同时,一般也会同时出现如图 9.14 所示的报表控件工具栏,可以使用它在报表设计器中设置控件。若没有显示报表控件工具栏,可执行"显示"→"报表控件工具栏"菜单命令。

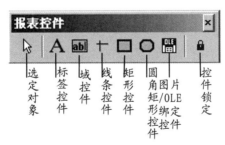

图 9.14 报表控件工具栏

① 标签控件:用来在报表的带区中添加说明性文字和标题等,例如每列数据的上方都需要有相应的文字说明,报表一般要有标题,这些都是通过标签控件来指定或设置的。

② 域控件:域控件是报表中最常用的控件,主要用来在报表的带区中设置需要输出的字段、变量或表达式的值,如图 9.11 中细节带区中的"姓名"域控件用来显示各条记录中"姓名"字段的值。

③ 线条、矩形和圆角矩形控件:用来在报表的适当位置上设置线条、矩形和圆角矩形,

设置这类控件可以对报表中的行列分界和美化报表，提高报表的清晰度和可视性。

④ 图片/OLE 绑定控件：开发应用程序时，常用到对象链接与嵌入(OLE)技术。一个 OLE 对象可以是图片、声音、文档等。VFP 的表中也可以包含 OLE 对象。例如，教师的照片、单位的徽章等。要把这些 OLE 对象添加到报表中，就需要使用图片/OLE 绑定控件。

单击报表控件工具栏上的"图片/OLE 绑定控件"按钮，然后在报表带区内需要的位置上单击并拖拉出一个图文框，会弹出如图 9.15 所示的"图形/OLE 绑定 属性"对话框。

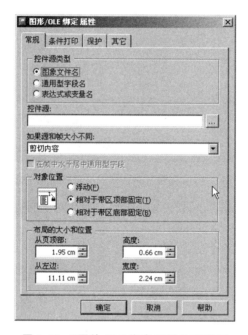

图 9.15 "图片/OLE 绑定 属性"对话框

添加到报表中的图片大小可能不适合报表中设定的图文框。当图片与图文框的大小不一致时，需要在如图 9.15 所示的对话框中进行相应的设置。

(5) 报表的数据环境

和表单类似，对报表也可以设置数据环境，用来向报表提供数据源。怎样为报表设置数据环境和怎样为数据源设置索引见下面例 9.2 的叙述。

9.2.3 报表设计示例

下面以 STUDENT 表为基础，利用报表设计器建立如图 9.16 所示的"学生基本信息表"报表(对应的报表文件名为"报表 2")，要求输出表中所有记录的"学号""姓名""性别""专业""入学成绩"字段的值，以"专业"字段的值分组，对每个分组计算出入学成绩的总和。报表中要加表格线，在页尾显示打印日期和页码。

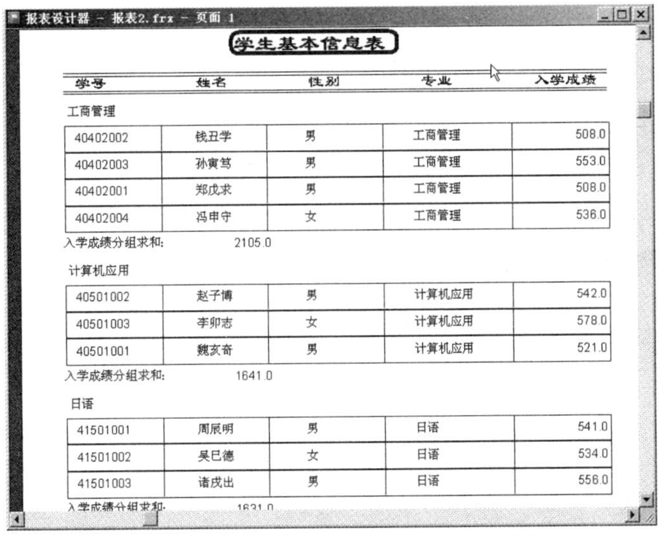

学号	姓名	性别	专业	入学成绩
工商管理				
40402002	钱丑学	男	工商管理	508.0
40402003	孙寅笃	男	工商管理	553.0
40402001	郑戌求	男	工商管理	508.0
40402004	冯申守	女	工商管理	536.0
入学成绩分组求和:	2105.0			
计算机应用				
40501002	赵子博	男	计算机应用	542.0
40501003	李卯志	女	计算机应用	578.0
40501001	魏亥奇	男	计算机应用	521.0
入学成绩分组求和:	1641.0			
日语				
41501001	周辰明	男	日语	541.0
41501002	吴巳德	女	日语	534.0
41501003	诸戌出	男	日语	556.0
入学成绩分组求和:	1631.0			

图 9.16 “学生基本信息表”报表的预览窗口

下面用两个例题完成如图 9.16 所示的报表的设计。

例 9.2 以 STUDENT 表为基础，建立如图 9.17 所示的报表，要求输出每个学生的“学号”“姓名”“性别”“专业”“入学成绩”字段的值，并以“专业”字段的值对记录进行排序。

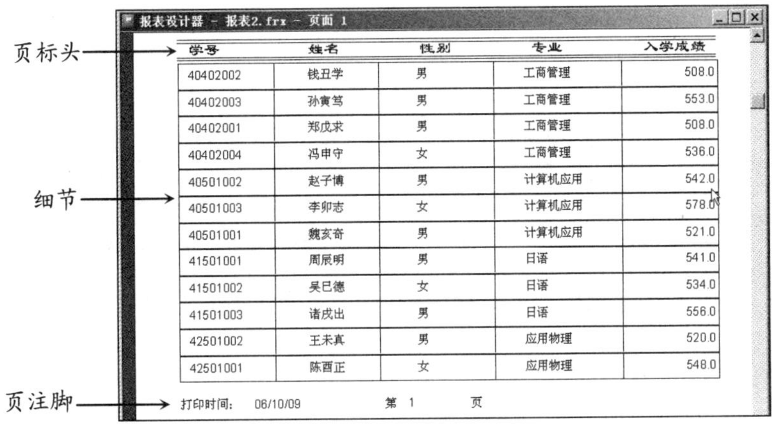

学号	姓名	性别	专业	入学成绩
40402002	钱丑学	男	工商管理	508.0
40402003	孙寅笃	男	工商管理	553.0
40402001	郑戌求	男	工商管理	508.0
40402004	冯申守	女	工商管理	536.0
40501002	赵子博	男	计算机应用	542.0
40501003	李卯志	女	计算机应用	578.0
40501001	魏亥奇	男	计算机应用	521.0
41501001	周辰明	男	日语	541.0
41501002	吴巳德	女	日语	534.0
41501003	诸戌出	男	日语	556.0
42501002	王未真	男	应用物理	520.0
42501001	陈酉正	女	应用物理	548.0

打印时间: 06/10/09 第 1 页

图 9.17 初步建立的“学生基本信息表”报表

① 打开 STUDENT 表，为了使得将要建立的报表能按“专业”字段的值排序，在表中用“专业”字段建立索引，索引名为“ZY”。

② 为建立新报表打开“报表设计器”窗口，现在报表设计器中只包含默认的空白页标头、细节、页注脚 3 个带区。

③ 设置数据环境：在“报表设计器”窗口上右击，打开快捷菜单，执行“数据环境”命令(或者当“报表设计器”窗口是当前窗口时，执行“显示”→“数据环境”菜单命令)，打开“数据环境设计器”窗口，在“数据环境设计器”窗口上右击，打开快捷菜单，单击“添加”命令，打开“添加表或视图”对话框，如图 9.18 所示，双击 STUDENT 表(为叙述清晰，表名均用大写字母表示)，将它添加到“数据环境设计器”窗口中，如图 9.19 所示。

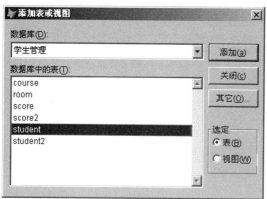
图 9.18 "添加表或视图"对话框

图 9.19 "数据环境设计器"窗口

④ 设置报表排序记录的依据：右击"数据环境设计器"窗口中的 STUDENT 表，打开快捷菜单，单击"属性"命令，打开"属性"窗口，进入"全部"选项卡，选中 Order 属性，设置 ZY 索引为主控索引，如图 9.20 所示。

⑤ 在页标头带区设置标签控件：单击选中报表控件工具栏上的"标签"按钮 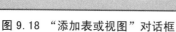，在页标头带区适当位置单击，出现插入点光标，直接输入标签文字"学号"，然后在其他位置上单击，即可设置"学号"标签控件。用同样的方法，依次设置"姓名""性别""专业"和"入学成绩"标签控件，如图 9.21 所示。

图 9.20 "属性"窗口

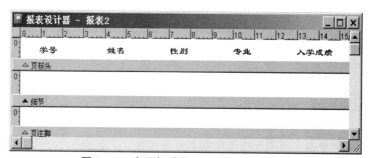
图 9.21 在页标头带区设置标签控件

【说明】对报表中设置好的控件可以进行调整或修改。

选定控件：在调整前需要先选定控件。单击报表控件工具栏中的选定按钮，鼠标指针变成形状，这时单击某个控件即可选定该控件，控件四周出现控点。按住 Shift 键后，依次单击控件，可以同时选定多个控件。

调整控件：选定控件后，用鼠标拖动控件四周的某个控点，可以改变控件的宽度和高度。除标签控件之外，其他控件的大小均可采用此法调整大小，标签控件的大小由其上显示的文字的字形、字体和大小决定。

设置控件布局：利用报表设计器的布局工具栏中的按钮，可以方便地调整报表设计器中被选定控件的相对大小或位置。若当前没有显示布局工具栏，可执行"显示"→"布局工具栏"菜单命令。

删除控件：选定控件后按Delete键。

修改控件上文字的字体和大小：选定控件后执行"格式"→"字体"菜单命令，将打开"字体"对话框，可以用它设置字体、字形和大小。本例将字体设置为隶书，大小设置为小四。

⑥ 在细节带区设置域控件：单击报表控件工具栏中的"字段"按钮 abl 后单击细节带区，将弹出"字段 属性"对话框。在"表达式"文本框中输入"student.学号"，把域控件和STUDENT 表的"学号"字段绑定在一起，如图 9.22 所示，再单击 确定 按钮。

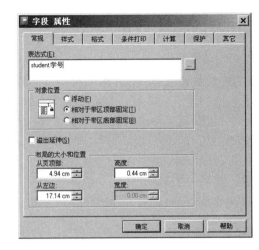

图 9.22 "字段 属性"对话框

⑦ 在细节带区依次设置"姓名""性别""专业""入学成绩"字段所对应的域控件，并调整其大小和对齐方式，如图 9.23 所示。

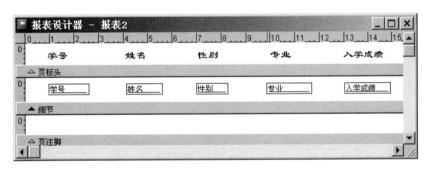

图 9.23 在细节带区设置域控件

【说明】直接从"数据环境设计器"窗口中包含的表的方框中把字段拖到报表相应的带区，也可以设置域控件。

⑧ 在页标头带区和细节带区设置线条控件和矩形控件：单击控件工具栏上的"线条"按钮 十 或"矩形"按钮 □，鼠标指针变成十形状，在带区中需要的位置上拖动鼠标指针，即可生成线条控件或矩形控件，如图 9.24 所示。

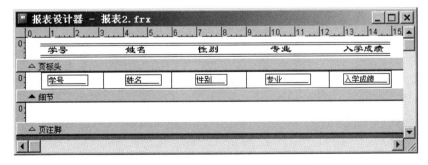

图 9.24 设置线条控件和矩形控件

【说明】可以按下述方法修改线条或矩形控件;选定线条或矩形控件后右击,打开快捷菜单,单击"属性"命令(或选中指定的控件后,再双击控件),在弹出的对话框中进行相应的设置。

⑨ 设置页注脚带区:把鼠标指针移到页注脚带区的标识栏上,向下拖动鼠标指针,适当加大页注脚带区的高度;在其中设置3个标签控件,内容分别设置为"打印时间:""第""页"。

⑩ 设置域控件:用第⑥步中提到的方法,在"打印时间:"标签的右面设置域控件,在随即弹出的"字段 属性"对话框(参见图9.22)中单击"表达式"框右侧的 按钮,打开"表达式生成器"对话框;在对话框中打开"日期"列表,选中"DATETIME()"(系统日期时间)函数,如图9.25所示,单击 确定 按钮;用同样的方法在"第"标签的右面设置域控件,内容为变量"_pageno"(用来打印页码),此时的报表设计器如图9.26所示。

图9.25 "表达式生成器"对话框

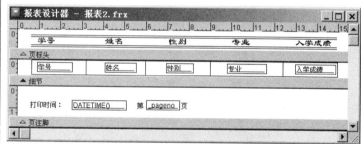

图9.26 设置页注脚带区

⑪ 右击"报表设计器"窗口空白处,打开快捷菜单,单击"打印预览"命令,结果如图9.17所示,可以拖动窗口右侧滚动条中的滚动块,查看页注脚内容。

⑫ 关闭预览报表的窗口,再关闭"报表设计器"窗口,以"报表 2"为名,保存设计结果。

【说明】在上述设计过程中,可以随时查看报表的预览结果。

例9.3 修改例9.2建立的报表,在其中显示各专业学生入学成绩分数的和,并增加标题带区,得到如图9.16所示的效果。

① 打开例9.2建立的报表的"报表设计器"窗口。

② 添加分组:执行"报表"→"数据分组"菜单命令,弹出"报表属性"对话框,自动进入"数据分组"选项卡,单击 添加 按钮,在弹出的"表达式生成器"对话框(参见图9.15)中设置分组表达式为"student.专业",然后单击 确定 按钮,将它添加到"数据分组"选项卡的"分组嵌套顺序"框中,如图9.27所示。

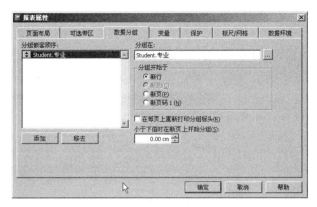

图 9.27 "数据分组"选项卡

③ 单击 确定 按钮,"报表设计器"窗口中添加空白的组标头带区和组注脚带区,调整两个带区的高度,如图 9.28 所示。

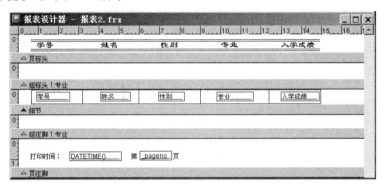

图 9.28 添加组标头带区和组脚注带区

④ 设置报表的组标头和组注脚带区:用复制、粘贴的方法将细节带区的"专业"域控件复制到组标头带区;在组注脚带区添加"入学成绩分组求和:"标签,用同样的方法将细节带区的"入学成绩"域控件复制到组注脚带区,如图 9.29 所示。

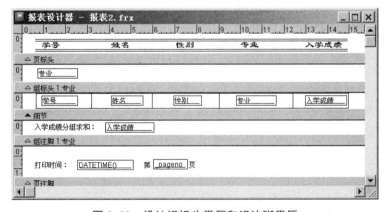

图 9.29 设计组标头带区和组注脚带区

⑤ 双击组注脚带区中的"入学成绩"域控件,打开"字段 属性"对话框,进入"计算"选项卡,在"计算类型"中选择"求和",如图 9.30 所示,然后单击 确定 按钮。

⑥ 打开"报表属性"对话框的"可选带区"选项卡(参见图 9.12),给报表添加标题带区,在标题带区设置"学生基本信息表"标签,设置字体为隶书、字形为粗体、大小为三号,添加圆角矩形控件,并设计其样式,如图 9.31 所示。

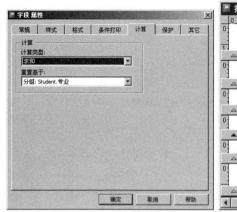

图 9.30 "计算"选项卡

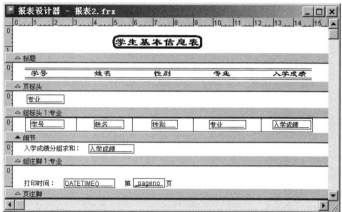

图 9.31 添加标题带区

⑦ 保存报表文件,预览报表,得到如图 9.16 所示的结果。

9.3 使用快速报表创建报表

初次设计报表时可以先使用系统提供的"快速报表"功能建立一个简单的报表(简称为快速报表),然后再用报表设计器对它进行修改,这样可以缩短设计报表的时间。

例 9.4 根据 TEACHER 表创建快速报表。

① 打开作为报表数据源的 TEACHER 表,打开"报表设计器"窗口,然后执行"报表"→"快速报表"菜单命令,打开如图 9.32 所示的"快速报表"对话框。

② 在"快速报表"对话框中,单击某个字段布局按钮,选择一种字段的布局方式。

【说明】"快速报表"对话框的下部有"标题""添加别名"和"将表添加到数据环境中" 3 个复选框,分别用于指定是否将字段标题放置到报表中、是否自动在字段名前添加表的别名(如果数据源包含多个表)和是否将当前打开的表添加到报表的数据环境中。

③ 本例在报表中只输出当前表中的部分字段,因此单击 字段(F)... 按钮,弹出"字段选择器"对话框,在对话框中选择想要在报表中输出的字段,如图 9.33 所示。

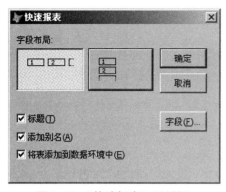

图 9.32　“快速报表”对话框

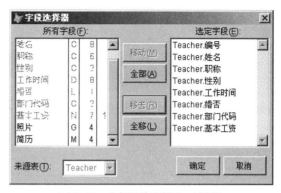

图 9.33　“字段选择器”对话框

④ 单击 确定 按钮，返回如图 9.32 所示的对话框，再次单击 确定 按钮，返回“报表设计器”窗口，系统根据所做的选择自动生成一个快速报表，如图 9.34 所示。用户可以直接在“报表设计器”窗口中对它进行修改。

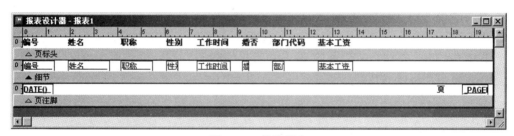

图 9.34　快速报表

⑤ 执行“文件”→“打印预览”菜单命令，可以得到如图 9.35 所示的报表预览窗口，与此同时弹出打印预览工具栏，如图 9.36 所示。关闭报表预览窗口，按系统提示保存报表。

编号	姓名	职称	性别	工作时间	婚否	部门代码	基本工资
020101	赵剑锋	教授	男	02/03/86	Y	01	4800.0
110303	王立	副教授	男	07/05/97	Y	03	3600.0
040303	孙小东	助教	男	04/06/05	N	03	1800.0
090102	李茜	教授	女	09/07/88	Y	01	4821.0
060203	周明	副教授	男	10/04/98	Y	02	3800.0
070201	吴玥	讲师	女	07/07/01	N	02	2100.0
080402	王晨	讲师	男	03/03/03	Y	04	2000.0
050102	王子浩	讲师	男	05/09/02	Y	01	2300.0
100403	冯丽丽	副教授	女	07/09/92	Y	04	3600.0
030100	陈雪梅	讲师	女	08/07/00	N	01	2000.0
120202	李宏睿	助教	男	05/20/07	N	02	1890.0
010102	魏征	教授	男	08/25/89	Y	01	4810.0

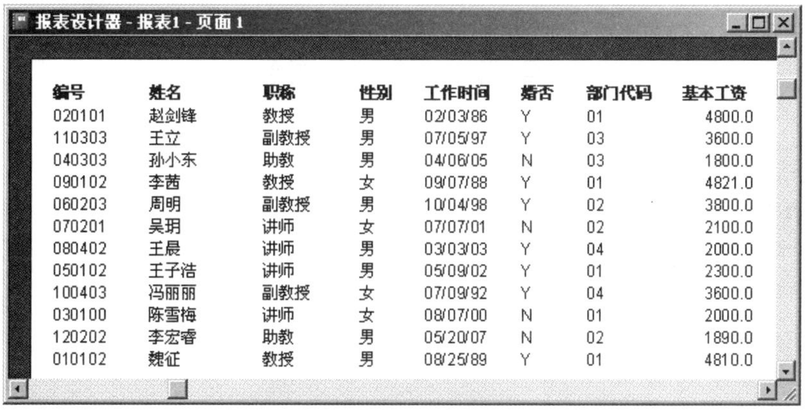

图 9.35　报表预览窗口

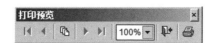

图 9.36　打印预览工具栏

9.4 报表的输出

设计报表的最终目的是为了输出数据(包括在屏幕上显示报表和用打印机打印报表)。在实际打印报表前,最好先使用报表预览功能,在屏幕上观察报表输出效果。

(1) 预览报表

当"报表设计器"窗口是当前窗口时,执行"文件"→"打印预览"菜单命令,或者右击"报表设计器"窗口空白处,打开快捷菜单,单击"打印预览"命令,即可打开报表的预览窗口,参见图9.35。

若想结束预览,可以在打印预览工具栏中单击"关闭预览"按钮,或直接关闭预览报表的窗口。

(2) 打印报表

① 用菜单命令方式打印报表。

当"报表设计器"窗口是当前窗口时,执行"文件"→"打印"菜单命令,或者单击打印预览工具栏中的"打印报表"按钮,将弹出"打印"对话框,进行有关设置后,单击 打印(P) 按钮,即可打印报表。

② 用命令方式输出报表。

可以在程序中或命令窗口中通过 REPORT 命令输出报表,命令格式为:

REPORT FORM <报表文件名> [<范围>] [FOR <条件>] [PREVIEW] [TO PRINTER]

其中,PREVIEW 选项指定在屏幕上预览报表,"TO PRINT"选项指定在打印机上打印报表,"范围"和"FOR <条件>"选项指定报表记录的范围和应满足的条件。

9.5 习 题

一、单项选择题

1. 在报表设计器中,带区的主要作用是_____。
   A. 控制数据在页面上的打印宽度　　B. 控制数据在页面上的打印区域
   C. 控制数据在页面上的打印数量　　D. 控制数据在页面上的打印位置
2. 报表的标题用_____控件来定义。
   A. 列表框　　　　　　　　　　　　B. 标签
   C. 文本框　　　　　　　　　　　　D. 编辑框
3. 打印报表的命令是_____。
   A. REPORT FORM　　　　　　　　　B. PRINT REPORT
   C. DO REPORT　　　　　　　　　　D. RUN PEPORT
4. 为了在报表中添加一个文字说明,应该在报表中设置一个_____。
   A. 表达式控件　　　　　　　　　　B. 域控件

C. 标签控件　　　　　　　　　D. 文本控件
5. 报表文件中保存的是_____。
   A. 报表的预览格式　　　　　B. 包含数据的报表
   C. 报表的格式和数据　　　　D. 报表设计格式的定义
6. 创建报表文件的命令是_____。
   A. PRINT REPORT　　　　　B. CREAT REPORT
   C. REPORT FORM　　　　　D. RUN PEPORT
7. 报表标题的打印方式是_____。
   A. 每组打印一次　　　　　　B. 每列打印一次
   C. 每个报表打印一次　　　　D. 每页打印一次

二、填空题

1. 报表文件的扩展名是_____。
2. 报表设计器默认包含的3个带区是页标头带区、_____和页注脚带区。
3. 为了在报表中显示表达式的值，应该给报表设置一个_____控件。
4. 预览报表的命令是_____。
5. 报表向导分为_____和_____两种。

三、操作题

1. 以 STUDENT 表为基础，设计如图9.37所示的报表。

图9.37 "学生档案表"报表

2. 以 STUDENT 表为基础，使用报表设计器建立"学生信息表"报表，要求输出"学号""姓名""性别""专业""入学成绩"字段的值，以"性别"字段的值分组统计人数。在报表中要设置表格线，页尾要输出打印日期和页码。

第10章 应用系统开发实例

用 VFP 开发的数据库应用系统一般由多个文件组成,为了有效地组织这些文件,VFP 提供了项目管理器这个工具,通过它可以对应用系统中的数据库、表、表单、报表、程序和其他文件统一进行管理;使用项目管理器还可以根据需要将系统中包含的文件编译成可以独立运行的扩展名为 APP 或 EXE 的文件。

设计或开发一个合理、完善的数据库应用系统是学习数据库管理系统的最终目的。本章将以一个小型数据库应用系统的开发为实例,介绍如何在 VFP 环境下开发数据库应用系统。

10.1 开发数据库应用系统的步骤

开发一个数据库应用系统首先要进行需求分析和系统设计,然后进入实施阶段。整个实施阶段需要做大量的工作,主要集中在数据库和程序的设计、调试上,包括创建数据库和表,设计处理数据的表单、查询,建立输出处理结果的报表,设置主程序和连编应用程序,制作安装程序,编写用户操作维护文档等。通常情况下,开发一个数据库应用程序要经过系统分析、系统设计、系统实施和系统维护等几个阶段。

① 系统分析。系统分析是开发数据库应用系统的关键环节。要求在认真调查的基础上,对系统功能进行分析,建立系统的逻辑模型。设计人员要全面收集开发项目的信息,确定系统目标、开发系统的总体思路及需要的时间等,还要编写系统的分析报告或说明书。

② 系统设计。根据系统分析报告中的逻辑模型综合考虑各种约束条件,采用可行的手段和方法进行各种具体设计,确定开发系统的实施方案。

系统设计阶段需要对软件进行总体规划,确定系统有哪些模块,用哪种方法进行连接,构造良好的系统结构,并对输入、输出、数据处理、数据存储等环节进行详细设计,形成系统设计报告。数据库应用系统的设计是一项系统工程,为了保证质量,设计人员必须遵守共同的设计原则,保证完成系统的性能指标。

③ 系统实施。根据系统论的思想,把整个应用系统分成若干个小(子)系统或模块,并保证上层模块能控制各个子功能模块。通常的做法是采用"自顶而下"的设计思想,逐级设计各个模块和它们之间的调用关系。每个模块应完成一个独立、明确的任务,并接受其上层模块的控制。

本阶段的具体内容就是设计数据库、表，编制各个功能模块对应的表单、报表、应用程序等。

④ 系统维护。主要任务是修正系统的缺陷，增加和完善系统功能。一个数据库应用系统一般都是一个复杂的人机系统，系统外部环境与内部因素的变化会影响系统的正常运行，这就需要对系统进行维护。系统维护是应用系统生命周期的最后一个阶段，也是时间最长的一个阶段，维护工作的好坏直接决定系统的生命周期和使用效果。

10.2 设计学生管理系统

学生管理是学校教学管理部门的重要工作。下面以设计学生管理系统为例，说明如何在 VFP 环境下开发数据库应用系统。

10.2.1 系统分析与设计

(1) 系统分析

综合考虑现代教学部门，特别是大专院校的实际情况，学生管理系统通常包括学生基本信息管理、学校所开设课程的管理和学生成绩管理等。设计学生管理系统的目的就是利用计算机的快速查询和运算功能，替代管理人员对数据的手工处理。

用计算机对学生的各种信息进行日常管理时，经常要进行数据的查询、维护、统计、报表输出等操作，因此学生管理系统应包括实现这些功能的模块。

(2) 系统设计

在系统分析的基础上，结合操作上的方便，本章设计的学生管理应用系统包括登录界面、系统主模块和查询、维护、统计、报表等几大功能模块，每个功能模块及其子模块如图 10.1 所示。

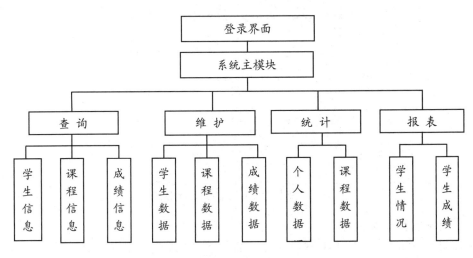

图 10.1 系统功能模块

① 登录界面：登录系统，对使用系统的用户进行合法性检验。
② 系统主模块：提供学生管理系统的主操作界面，在该界面中提供调用系统各功能模块的操作方法。
③ "查询"模块：提供对数据进行查询操作的界面，用户根据查询目标进行相应的查询操作，如查询学生的情况、学校所设置的课程、学生所学课程的成绩，在查询中用户指定目标，系统提供相关的数据信息。
④ "维护"模块：对数据库中的数据进行维护操作，例如添加、删除、修改记录等。具体的操作过程是首先选择需要进行维护的对象（表），然后根据需要进行相应的数据维护工作。
⑤ "统计"模块：提供按学生个人和按课程进行统计的功能，主要用于对学生所学课程的信息进行相应的统计操作以及按课程计算或统计相应的信息。
⑥ "报表"模块：提供按专业进行学生基本信息的打印输出和按学生学号打印学生所学课程成绩的功能。

10.2.2 数据库设计与实现

在数据需求分析的基础上，要设计出能够满足学生管理需要的各种实体及它们之间的关系，以便设计数据库的逻辑结构和物理结构。

(1) 数据库的设计

学生管理系统中涉及的实体有学生实体、课程实体和成绩实体，由此建立相应的数据库表，保存相关实体的数据信息，本章所设计的系统包含的表为：STUDENT.DBF（学生基本信息表）、COURSE.DBF（课程信息表）、SCORE.DBF（成绩信息表）和 PASSWORD.DBF（合法用户的名称和密码表）。

根据实体之间的联系，建立表之间的关系，如图 10.2 所示。其中，学生实体和成绩实体之间、课程实体和成绩实体之间存在一对多的关系。

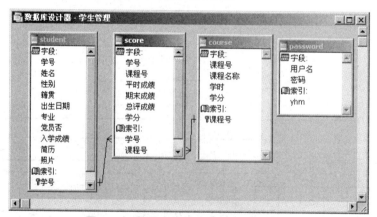

图 10.2　数据库中的表和表之间的关系

(2) 创建学生管理项目

一个数据库应用系统(项目)往往由多个文件组成。例如，数据库、表、表单、程序和报表文件等。为了更好地对众多的文件进行管理，通常先建立一个项目，然后对项目中的各种文件进行分类管理，这样可以使程序组件的设计、修改和运行变得方便易行，从而提高开发应用系统的效率。

创建学生管理系统项目之前，应该先建立或选择保存文件的文件夹。我们要建立的学生管理系统的文件保存在"D:\学生管理系统"文件夹中。

启动 VFP，执行"文件"→"新建"菜单命令，选择"项目"文件类型，创建一个"学生管理系统.PJX"项目文件，将它保存在"D:\学生管理系统"文件夹中，并打开其"项目管理器"窗口，如图 10.3 所示。

为了更方便地管理项目中各种类型的文件，在"D:\学生管理系统"文件夹中再建立"数据""文档""代码"文件夹。

图 10.3 "学生管理系统"的"项目管理器"窗口

(3) 在项目中创建数据库

① 打开"学生管理系统"的"项目管理器"窗口后，进入"数据"选项卡，选择"数据库"选项，单击右侧的 新建(N) 按钮，建立"学生管理.DBC"数据库，将它保存在"D:\学生管理系统\数据"文件夹中。

② 双击"学生管理"数据库选项，打开"数据库设计器"窗口，在窗口中右击，打开快捷菜单，单击"新建表"命令，建立如图 10.2 所示的各个数据库表，各个表均保存在"D:\学生管理系统\数据"文件夹中，在各个表中输入数据(以前几章中提到的数据为例)。

③ 在建立各个数据库表的过程中，建立相应的索引，并在"数据库设计器"窗口中建立表之间的关系。

10.2.3 设计系统中各功能模块

设计一个较大的系统时，一般都采用模块化的设计方法：将系统分解成多个简单的模块进行设计，这样便于多人同时开发系统，提高开发效率，也便于将来修改和维护系统，最大限度地降低设计过程中的错误。

(1) 设计系统登录界面

为了保证系统的安全，防止非法用户使用系统，信息管理系统一般需要设计一个登录界面，保证只有合法的用户才能进入系统。

在"学生管理系统"的"项目管理器"窗口中进入"文档"选项卡，选择"表单"选项，单击 新建(N) 按钮，打开"表单设计器"窗口，设计如图 10.4 所示的"登录系统"表单。该表单中包含标签控件、命令按钮控件、文本框控件、组合框控件和计时器控件。

图 10.4 "登录系统"表单的设计界面

其中,计时器控件主要用于控制"学生管理系统"标签文字的可见和隐藏,实现文字闪烁显示的动态效果。

设计过程如下。

① 在表单的数据环境中添加"学生管理"数据库中的 PASSWORD 表。

② 在表单中设置相应的控件,并设置属性,各对象的主要属性如表 10.1 所示。

表 10.1 各对象的主要属性及说明

对 象	属 性	属 性 值	说 明
Form1	Caption	登录系统	
	MaxButton	.F.	无最大化按钮
	MinButton	.F.	无最小化按钮
	AutoCenter	.T.-真	
	Desktop	.T.-真	表单在主窗口中
	BorderStyle	2-固定对话框	
Label1	Caption	学生管理系统	
	FontSize	20	
	Aligment	2-中央	设置标签文字的对齐方式
Label2	Caption	用户名	
	FontSize	12	
Label3	Caption	密码	
	FontSize	12	
Command1	Caption	确认	
Command2	Caption	退出	
Text1	PasswordChar	*	指定占位符字符
Combo1	ReadOnly	.F.	
	RowSource	Password.用户名	指定组合框的数据源
	RowSourceType	6-字段	指定组合框数据源的类型
Timer1	Enabled	.T.	不启动 Timer 事件
	Interval	600	Timer 事件的时间间隔

③ 编写表单中各个对象的事件程序代码。

Timer1 控件的 Timer 事件程序代码:

    IF II=0

        Thisform.Label1.Visible=.F.　&& 隐藏 Label1 对象

        II=1

    ELSE

        Thisform.Label1.Visible=.T.　&& 使 Label1 对象可见

        II=0

    ENDIF

由于在 Timer1 控件的 Timer 事件程序中使用变量 II 控制 Label1 控件的显示或隐藏,因此需要在 Form1 表单的 Init 事件定义该变量。

Form1 表单的 Init 事件程序代码：
  PUBLIC II   &&定义 II 为全局变量
  II=0
Command1（确认）命令按钮的 Click 事件程序代码：
  Private uPassword   &&保存用户密码变量
  Select PASSWORD
  uPassword =Alltrim(Thisform.Text1.Value)
  Locate For Alltrim(用户名)==Alltrim(Thisform.Combo1.Value)
  IF Found() AND uPassword=Alltrim(密码)
    Thisform.Release
    DO Form D:\学生管理系统\文档\SysScreen.SCX &&调用系统主模块表单
  ELSE
    MessageBox("用户名或密码错误，请重新输入!")
    Thisform.Text1.SetFocus   &&让密码框获得焦点
  ENDIF
Command2（退出）命令按钮的 Click 事件程序代码：
  Thisform.Release
  Clear Events

设计完"登录系统"表单后，将其保存在"D:\学生管理系统\文档"文件夹中，文件名为"登录系统"。

(2) 设计系统主模块表单

系统主模块表单是控制和调用系统其他功能模块的界面。

在"学生管理系统"的"项目管理器"窗口中进入"文档"选项卡，选择"表单"选项，单击 新建(N)... 按钮，打开"表单设计器"窗口，设计如图 10.5 所示的表单。

图 10.5 系统主模块表单

系统主模块表单各对象的主要属性及说明如表 10.2 所示。

表 10.2　各对象的主要属性及说明

对　　象	属　性	属　性　值
Form1	Caption	学生管理系统
	AutoCenter	.T.-真
	BorderStyle	2-固定对话框
	ShowWindow	2-作为顶层表单
	MaxButton	.F.-假
	MinButton	.F.-假
Commandgroup1.Command1	Caption	查询
Commandgroup1.Command2	Caption	维护
Commandgroup1.Command3	Caption	统计
Commandgroup1.Command4	Caption	报表
Image1	Picture	D:\学生管理系统\文档\01.JPG
	Stretch	2-变比填充

【说明】事先应在"D:\学生管理系统\文档"文件夹中保存好一个名为 01.JPG 的图形文件。

Commandgroup1 命令按钮组的 Click 事件程序代码如下：

```
DO CASE
CASE Thisform.Commandgroup1.Value=1
    DO FORM D:\学生管理系统\文档\查询.SCX
CASE Thisform.Commandgroup1.Value=2
    DO FORM D:\学生管理系统\文档\维护.SCX
CASE Thisform.Commandgroup1.Value=3
    DO FORM D:\学生管理系统\文档\统计.SCX
CASE Thisform.Commandgroup1.Value=4
    DO FORM D:\学生管理系统\文档\报表.SCX
ENDCASE
```

设计完系统主模块表单后，以 SysScreen 为名，把它保存在"D:\学生管理系统\文档"文件夹中。

(3) 设计"查询"模块的表单

学生管理系统中的查询操作表单采用页框的形式组织，分别实现查询学生信息、课程信息和成绩信息的功能。

① 在"学生管理系统"项目中建立一个如图 10.6 所示的表单。

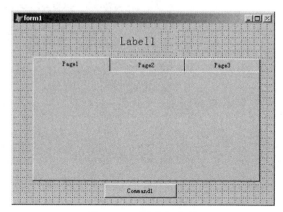

图 10.6　新建的表单

② Form1、Label1、Command1、Pageframe1 等对象的主要属性及说明如表 10.3 所示。

表 10.3 各对象的主要属性设置及说明

对　象	属　性	属性值	说　明
Form1	Caption	查询	
	AutoCenter	.T.-真	
	BorderStyle	2-固定对话框	
	ShowWindow	1-在顶层表单中	在顶层表单中
	MaxButton	.F.-假	
	MinButton	.F.-假	
	WindowType	1-模式	
Label1	Caption	信息查询	
	AutoSize	.T.-真	自动调整大小
	FontSize	18	
Command1	Caption	退出	
Pageframe1	PageCount	3	

【说明】WindowType 属性的取值为 0 或 1。如果是 0，表示在不关闭当前表单的情况下，可以对其他表单进行操作；如果是 1，表示只有关闭了当前表单，才能对其他表单进行操作。

③ 如图 10.7 所示，设置表单的数据环境。
④ 设置"学生信息"页面。

右击 PageFreame1 页框，弹出快捷菜单，单击"编辑"命令，然后单击 Page1 页面，对 Page1 页面进行设置，结果如图 10.8 所示。

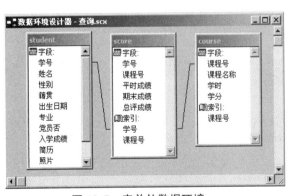

图 10.7 表单的数据环境

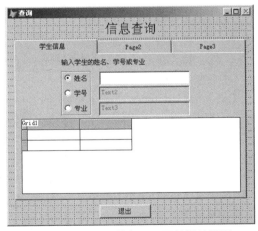

图 10.8 "学生信息"页面的设计界面

对 Page1 页面中控件属性设置及说明如表 10.4 所示。

【注】为节省篇幅，在以下叙述中，对图形中已明确显示出的控件属性不具体介绍。

表 10.4　Page1 页面中控件属性设置及说明

控件	属性	属性值	说明
Page1	Caption	学生信息	
Page1.Grid1	ReadOnly	.T.-真	只读
	RecordSourceType	4-SQL 说明	指定表格数据源是执行 SQL 语句的结果
Page1.Text2	Enabled	.F.	初始运行时用户不能操作文本框
Page1.Text3	Enabled	.F.	初始运行时用户不能操作文本框
Page1.Label1	Caption	输入学生的姓名、学号或专业	

Thisform.Pageframe1.Page1 的 Activate（激活）事件程序代码如下：

  Thisform.Label1.Caption="学生信息查询"

  Thisform.Pageframe1.Page1.Text1.Enabled=.T.　　　&&使用户能操作 Text1 文本框

  This.Grid1.RecordSource=""　　　　　　　　　　　&&清空表格

Thisform.Pageframe1.Page1.OptionGroup1 的 InteractiveChange（使用键盘或鼠标更改控件的值）事件程序代码如下：

  Thisform.Pageframe1.Page1.Text1.Enabled=.F.

  Thisform.Pageframe1.Page1.Text2.Enabled=.F.

  Thisform.Pageframe1.Page1.Text3.Enabled=.F.

  DO CASE

  CASE This.Option1.Value=1

    Thisform.Pageframe1.Page1.Text1.Enabled=.T.

    Thisform.Pageframe1.Page1.Text1.SetFocus

  CASE This.Option2.Value =1

    Thisform.Pageframe1.Page1.Text2.Enabled=.T.

    Thisform.Pageframe1.Page1.Text2.SetFocus

  CASE This.Option3.Value =1

    Thisform.Pageframe1.Page1.Text3.Enabled =.T.

    Thisform.Pageframe1.Page1.Text3. SetFocus

  ENDCASE

Thisform.Pageframe1.Page1.Text1 的 InteractiveChange 事件程序代码如下：

  Thisform.Pageframe1.Page1.Grid1.RecordSource=""

  xm=Alltrim(Thisform.Pageframe1.Page1.Text1.Value)

  Thisform.Pageframe1.Page1.Grid1.RecordSource=;

   "Select * From Student Where Alltrim(姓名)=xm;

   Into Cursor Temp"　　　　　　　　&&设置表格控件的数据源

Thisform.Pageframe1.Page1.Text2 的 InteractiveChange 事件程序代码如下：

  Thisform.Pageframe1.Page1.Grid1.RecordSource=""

  xh=Alltrim(Thisform.Pageframe1.Page1.Text2.Value)

  Thisform.Pageframe1.Page1.Grid1.RecordSource=;

   "Select * From Student Where Alltrim(学号)=xh;

   Into Cursor Temp"

Thisform.Pageframe1.Page1.Text3 的 InteractiveChange 事件程序代码如下：
　　Thisform.Pageframe1.Page1.Grid1.RecordSource=""
　　zy=Alltrim(Thisform.Pageframe1.Page1.Text3.Value)
　　Thisform.Pageframe1.Page1.Grid1.RecordSource=;
　　　　"Select * From Student Where Alltrim(专业)=zy;
　　　　Into Cursor Temp"
"学生信息"页面运行效果如图 10.9 所示。

⑤ 设置"课程信息"页面。

进行课程信息查询时，允许用户按课程名称或课程号进行查询。对 Page2 页面进行设置，结果如图 10.10 所示。

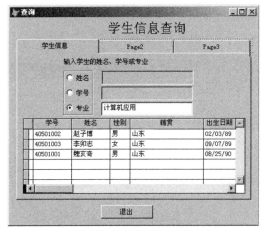

图 10.9 "学生信息"页面运行效果

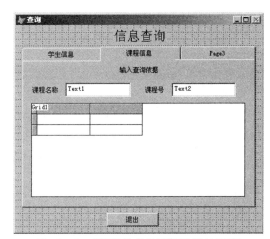

图 10.10 "课程信息"页面的设计界面

对 Page2 页面中控件属性设置及说明如表 10.5 所示。

表 10.5　Page2 页面中控件属性设置及说明

控　件	属　性	属 性 值	说　明
Page2	Caption	课程信息	
Page2.Grid1	ReadOnly	.T.-真	只读
	RecordSourceType	4-SQL 说明	指定表格数据源是执行 SQL 语句的结果
Page2.Label1	Caption	输入查询依据	

Thisform.Pageframe1.Page2 的 Activate 事件程序代码如下：
　　Thisform.Label1.Caption="课程信息查询"
　　This.Grid1.RecordSource=""　　　　　　&&清空表格
Thisform.Pageframe1.Page2.Text1 的 InteractiveChange 事件程序代码如下：
　　kcmc= Alltrim(Thisform.Pageframe1.page2.text1.Value)
　　Thisform.Pageframe1.Page2.Grid1.RecordSource=;
　　　　"Select * From Course Where Alltrim(课程名称)=kcmc;
　　　　Into Cursor Temp"　　　　　　&&指定表格控件的数据源

Thisform.Pageframe1.Page2.Text2 的 InteractiveChange 事件程序代码如下：
  kcbh= Alltrim(Thisform.Pageframe1.Page2.Text2.Value)
  Thisform.Pageframe1.Page2.Grid1.RecordSource=;
   "Select * From Course Where AllTrim(课程号)=kcbh;
   Into Cursor Temp"

"课程信息"页面运行效果如图 10.11 所示。

⑥ 设置"成绩信息"页面。

进行成绩信息查询时，允许用户按学号或课程号进行查询，如果按学号查询，则查询某个学号对应的学生各门课程的成绩；如果按课程号查询，则查询选修某个课程号课程的学生的成绩。对 Page3 页面进行设置，结果如图 10.12 所示。

图 10.11 "课程信息"页面运行效果　　　　图 10.12 "成绩信息"页面的设计界面

对 Page3 页面中控件属性设置及说明如表 10.6 所示。

表 10.6　Page3 页面中控件属性设置及说明

控　件	属　性	属　性　值	说　明
Page3	Caption	成绩信息	
Page3.Grid1	ReadOnly	.T. 真	只读
	RecordSourceType	4-SQL 说明	指定表格数据源是执行 SQL 语句的结果
Page3.Label1	Caption	输入查询依据	

Thisform.Pageframe1.Page3 的 Activate 事件程序代码如下：
  Thisform.Label1.Caption="成绩信息查询"
  This.Grid1.RecordSource=""　　　　&&清空表格

Thisform.Pageframe1.Page3.Text1 的 LostFocus(失去焦点)事件程序代码如下：
  xh= Alltrim(Thisform.Pageframe1.Page3.Text1.Value)
  Thisform.Pageframe1.Page3.Grid1.RecordSource=;
   "Select A.学号,A.姓名,B.课程名称,C.总评成绩;
   From Student A , Course B , Score C Where Alltrim(C.学号)==xh;
   AND Alltrim(A.学号)==Alltrim(C.学号);

　　　　AND Alltrim（B.课程号）==Alltrim（C.课程号） Into Cursor Temp"
Thisform.Pageframe1.Page3.Text2 的 LostFocus 事件程序代码如下：
　　kcbh= Alltrim（Thisform.Pageframe1.Page3.Text2.Value）
　　Thisform.Pageframe1.Page3.Grid1.RecordSource=;
　　　"Select Student.学号,Student.姓名,Course.课程名称,Score.总评成绩;
　　　From Student, Course, Score Where Alltrim（Course.课程号）==kcbh;
　　　AND Alltrim（Student.学号）==Alltrim（Score.学号）;
　　　AND Alltrim（Course.课程号）==Alltrim（Score.课程号） Into Cursor Temp"
"成绩信息"页面运行效果如图 10.13 所示。

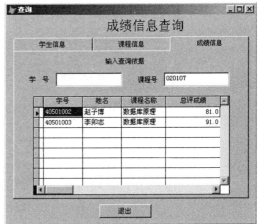

图 10.13 "成绩信息"页面运行效果

⑦ 为"退出"按钮的 Click 事件编写程序代码：
　　Thisform.Release
⑧ 以"查询"为名，把设计结果保存在"D:\学生管理系统\文档"文件夹中。

（4）设计"维护"模块的表单

维护操作的主要功能是对学生管理系统中各个表的数据进行维护，包括添加、删除、修改记录等功能，"维护"表单的运行效果如图 10.14 所示。

图 10.14 "维护"表单运行效果

在"选择维护对象"选项按钮组中单击选择需要维护的数据表，则下方的表格中即显示出对应的表，单击 添加&删除 按钮后，可以对所选择的表进行相应的维护操作，单击 确认&退出 按钮，则确认所做的修改并关闭表。单击 退出维护 按钮则退出维护操作。

① 在"学生管理系统"项目中建立一个新的表单。

② 表单的设计界面如图 10.15 所示：表单的上方包含一个 Label1 标签和一个 Container1 容器，在容器中包含一个 Labe2 标签、一个 OptionGroup1 选项按钮组和一个 Command1 命令按钮；表单的下方有一个 Grid1 表格控件，用于编辑不同表中的数据；表单的底部还有 Command2 和 Command3 两个命令按钮。

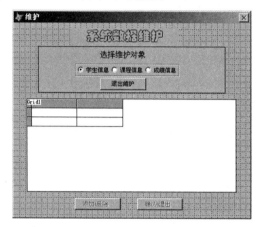

图 10.15 "维护"表单的设计界面

表单中各控件的主要属性及说明如表 10.7 所示。

表 10.7 各控件的主要属性设置及说明

控 件	属 性	属 性 值	说 明
Label1	Caption	系统数据维护	
Label2	Caption	选择维护对象	
Optiongroup1.Option1	Caption	学生信息	
Optiongroup1.Option2	Caption	课程信息	
Optiongroup1.Option3	Caption	成绩信息	
Grid1	Enabled	.F.	初始时用户不能操作
	RecordSourceType	0-表	指定表格的数据源是表
	RecordSource	无	
Command1	Caption	退出维护	
Command2	Enabled	.F.	初始时不响应用户操作
	Caption	添加&删除	
Command3	Enabled	.F.	初始时不响应用户操作
	Caption	确认&退出	

【说明】除了把表单的 Caption 属性值设置为"维护"之外，本表单的其他属性和"查询"表单相同。

③ 编写事件程序代码。

OptionGroup1 选项按钮组的 Click 事件程序代码如下：

```
DO CASE
CASE Thisform.Optiongroup1.Option1.Value=1
    *指定表格的数据源
    Thisform.Grid1.RecordSource="D:\学生管理系统\数据\Student"
CASE Thisform.Optiongroup1.Option2.Value=1
    Thisform.Grid1.RecordSource="D:\学生管理系统\数据\Course"
CASE Thisform.Optiongroup1.Option3.Value=1
    Thisform.Grid1.RecordSource="D:\学生管理系统\数据\Score"
ENDCASE
Thisform.Grid1.Refresh              &&刷新表格
**********设置按命令按钮的可操作性***********
Thisform.Command1.Enabled=.F.       &&设置"退出维护"按钮不响应用户操作
Thisform.Command2.Enabled=.T.       &&设置"添加&删除"按钮响应用户操作
Thisform.Command3.Enabled=.T.       &&设置"确认&退出"按钮响应用户操作
```

Command1（退出维护）命令按钮的 Click 代码如下：

```
Thisform.Release                    &&结束当前表单的运行
```

Command2（添加&删除）按钮的 Click 事件程序代码如下：

```
****设置表格相关属性，从而实现在表格中直接增加、编辑和删除记录****
Thisform.Grid1.Enabled=.T.          &&使用户能操作表格
Thisform.Grid1.Allowaddnew=.T.      &&允许添加新记录
Thisform.Grid1.SetFocus
```

Command3（确认&退出）按钮的 Click 事件程序代码如下：

```
****关闭当前表，更改表格相关属性，拒绝更改操作****
USE                                 &&关闭当前打开的表
Thisform.Grid1.Enabled=.F.
Thisform.Grid1.Allowaddnew=.F.
Thisform.Grid1.Recordsource=""      &&清除表格中的数据
Thisform.Grid1.Refresh
Thisform.Command1.Enabled=.T.
Thisform.Command2.Enabled=.F.
Thisform.Command3.Enabled=.F.
```

④ 以"维护"为名，把设计结果保存在"D:\学生管理系统\文档"文件夹中。

(5) 设计"统计"模块的表单

统计操作主要用来对学生的成绩进行统计。有两种统计方法：一是对学生个人的成绩进行统计，二是根据课程进行成绩统计。"统计"表单的运行效果如图 10.16 所示。

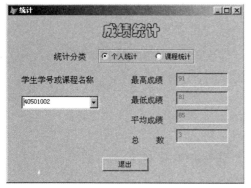 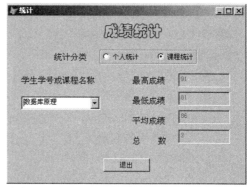

图 10.16 "统计"表单运行效果

① 在"学生管理系统"项目中建立一个新的表单。

② 在表单的数据环境中添加 STUDENT 表、COURSE 表和 SCORE 表(参见图 10.7),然后设计如图 10.17 所示的表单。

图 10.17 "统计"表单的设计界面

表单中各控件的主要属性及说明如表 10.8 所示。

表 10.8　各控件的主要属性设置及说明

控 件	属 性	属 性 值	说 明
Text1	ReadOnly	.T.-真	只读
Text2	ReadOnly	.T.-真	只读
Text3	ReadOnly	.T.-真	只读
Text4	ReadOnly	.T.-真	只读
Combo1	RowSourceType	6-字段	指定数据源类型
	Style	0	既可选择也可输入
Optiongroup1	Value	0	
	ButtonCount	2	
Optiongroup1.Option1	Caption	个人统计	
Optiongroup1.Option2	Caption	课程统计	
Command1	Caption	退出	

【说明】除了把表单的 Caption 属性值设置为"统计"之外,本表单的其他属性和"查询"表单相同。"总数"后面的文本框中显示符合统计要求的记录的个数。

③ 编写事件程序代码。

Optiongroup1 选项按钮组的 Click 事件程序代码如下:

```
DO CASE
    CASE This.Value=0
        Thisform.Combo1.RowSource=""                    &&清空组合框
    CASE This.Value=1
        Thisform.Combo1.RowSource="Student.学号"         &&在组合框中显示学号
    CASE This.Value=2
        Thisform.Combo1.RowSource="Course.课程名称"      &&在组合框中显示课程编号
ENDCASE
```

Combo1 组合框的 InteractiveChange 事件程序代码如下:

```
DO CASE
    CASE Thisform.OptionGroup1.Value=1
        xh=Alltrim(This.Value)                          &&返回学生学号
        Select Score
        Calculate  Max(总评成绩),Min(总评成绩),Avg(总评成绩),CNT();
            For 学号=xh TO A1,A2,A3,A4                  &&统计计算
    CASE Thisform.OptionGroup1.Value=2
        kcmc=Alltrim(This.Value)                        &&返回课程名称
        Select Course
        Locate For Alltrim(Course.课程名称)=kcmc
        kcbh=Alltrim(Course.课程号)
        Select Score
        Calculate  Max(总评成绩),Min(总评成绩),Avg(总评成绩),CNT();
            For 课程号= kcbh TO A1,A2,A3,A4             &&统计计算
ENDCASE
************显示统计结果**************
Thisform.Text1.Value=Alltrim(Str(A1))
Thisform.Text2.Value=Alltrim(Str(A2))
Thisform.Text3.Value=Alltrim(Str(A3))
Thisform.Text4.Value=Alltrim(Str(A4))
```

Form1 表单的 Init 事件程序代码如下:

```
Set Talk Off                                            &&关闭交互状态
```

Commad1 命令按钮的 Click 事件程序代码如下:

```
Thisform.Release                                        &&清除当前表单
```

④ 以"统计"为名,把设计结果保存在"D:\学生管理系统\文档"文件夹中。

(6) 设计"报表"模块的表单

"报表"表单提供预览和打印所选择报表的功能，运行界面如图 10.18 所示，运行本表单允许用户选择需要输出的报表。选择后，既可以在显示器上预览报表也可以用打印机打印输出报表。

① 在"学生管理系统"项目中建立一个新的表单。
② 在表单的数据环境中添加 STUDENT 表、COURSE 表和 SCORE 表(参见图 10.7)。
③ 设计如图 10.19 所示的"报表"表单。

图 10.18 "报表"表单运行界面

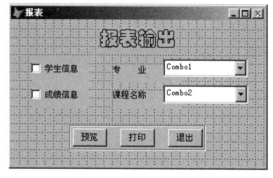
图 10.19 "报表"表单的设计界面

表单中各控件的主要属性及说明如表 10.9 所示。

表 10.9 各控件的主要属性设置及说明

控件	属性	属性值	说明
Check1	Caption	学生信息	
Check2	Caption	成绩信息	
Label1	Caption	报表输出	
Label2	Caption	专业	
Label3	Caption	课程名称	
Combo1	RowSourceType	6-字段	指定数据源类型
	RowSource	Student.专业	指定数据源
Combo2	RowSourceType	6-字段	指定数据源类型
	RowSource	Course.课程名称	指定数据源
Commandgroup1	ButtonCount	3	
Commandgroup1.Command1	Caption	预览	
Commandgroup1.Command2	Caption	打印	
Commandgroup1.Command3	Caption	退出	

【说明】除了把表单的 Caption 属性值设置为"报表"之外，本表单的其他属性和"查询"表单一样。

④ 编写事件驱动程序。

Commandgroup1 命令按钮组中的 Command1（预览）命令按钮的 Click 事件程序代码：

```
    IF Thisform.Check1.Value=1
        zy=Alltrim(Thisform.Combo1.Value)
        Select Student
        Set Filter To Alltrim(Student.专业)=zy           &&过滤记录
        Report Form D:\学生管理系统\文档\专业报表 Preview    &&打印预览
    ENDIF
    IF Thisform.Check2.Value=1
        kcmc=Alltrim(Thisform.Combo2.Value)
        Select Course
        Locate For Course.课程名称=kcmc
        kcbh=Alltrim(Course.课程号)
        Select Score
        Set Filter To Alltrim(Score.课程号)=kcbh
        Report Form D:\学生管理系统\文档\成绩报表 Preview
    ENDIF
    Thisform.Check1.Value=0
    Thisform.Check2.Value=0
```

Commandgroup1 命令按钮组中的 Command2（打印）命令按钮的 Click 事件程序代码：

```
    IF Thisform.Check1.Value=1
        zy =Alltrim(Thisform.Combo1.Value)
        Select Student
        Set Filter To Alltrim(Student.专业)= zy              &&过滤记录
        Report Form D:\学生管理系统\文档\专业报表 To Printer    &&打印
    ENDIF
    IF Thisform.Check2.Value=1
        kcmc=Alltrim(Thisform.Combo2.Value)
        Select Course
        Locate For Course.课程名称=kcmc
        kcbh=Alltrim(Course.课程号)
        Select Score
        Set Filter To Alltrim(Score.课程号)=kcbh
        Report Form D:\学生管理系统\文档\成绩报表 To Printer
    ENDIF
```

Commandgroup1 命令按钮组中的 Command3（退出）命令按钮的 Click 代码如下：

```
    Thisform.Release
```

⑤ 以"报表"为名，把设计结果保存在"D:\学生管理系统\文档"文件夹中。

【说明】现在如果试运行表单，先不要单击"预览"和"打印"命令按钮，因为当前还没有建立"专业报表"和"成绩报表"这两个报表文件。

(7) 设计报表

"报表"表单中"预览"和"打印"命令按钮的 Click 事件程序中调用了"专业报表.FRX"和"成绩报表.FRX"两个报表文件,下面简述建立这两个报表文件的操作步骤。

① 打开"学生管理系统"的"项目管理器"窗口,进入"文档"选项卡,选择"报表"选项,单击 新建(N)... 按钮,然后在弹出的"新建报表"对话框中单击"报表向导"单选项,以 STUDENT 表为数据源建立一个报表文件,以"专业报表.FRX"为文件名将它保存在"D:\学生管理系统\文档"文件夹中。

② 打开"专业报表.FRX"的"报表设计器"窗口,在标题带区添加相应的文本信息,并用鼠标将"专业"域控件拖到标题带区适当位置上,结果如图10.20所示。保存设计结果。

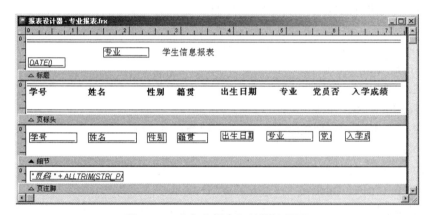

图 10.20 "专业报表"的设计界面

用类似的方法,在"学生管理系统"中设计如图 10.21 所示的"成绩报表.FRX"报表文件并保存设计结果。

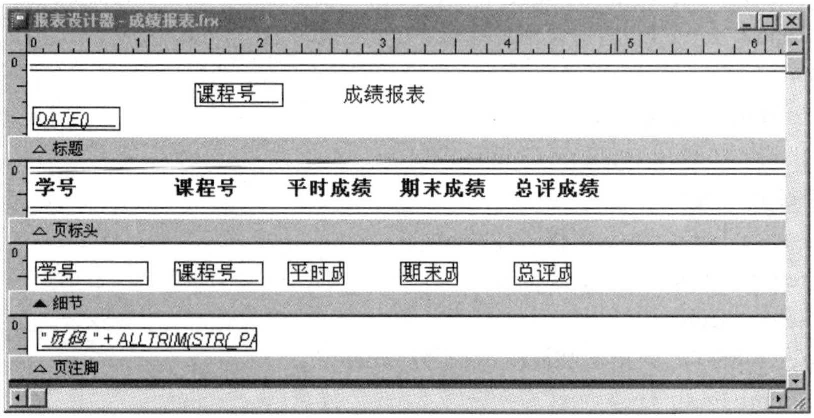

图 10.21 "成绩报表"的设计界面

现在运行"报表"表单,在图 10.18 所示的界面上选中"学生信息"复选框和选择"计算机应用"专业,单击"预览"按钮,可以得到如图 10.22 所示的运行结果。

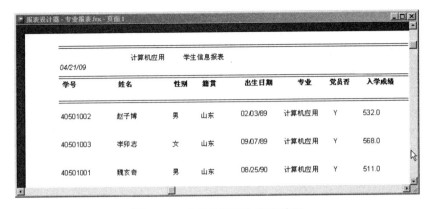

图 10.22 "专业报表"预览结果

(8) 设计"用户管理"表单

该表单的基本功能是向"PASSWORD"表中添加、修改和删除记录。

① 在"学生管理系统"项目中建立一个新的表单。
② 在表单的数据环境中添加 PASSWORD 表。
③ 设计如图 10.23 所示的"用户管理"表单界面。

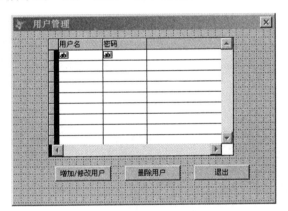

图 10.23 "用户管理"表单的设计界面

表单及各控件的主要属性如表 10.10 所示。

表 10.10 表单和各控件的主要属性设置

对 象	属 性	属 性 值
Form1	Caption	用户管理
Cursor1	Exclusive	.T.-真
Command1	Caption	增加/修改用户
Command2	Caption	删除用户
Command3	Caption	退出

【说明】打开表单的"数据环境设计器"窗口,选中其中的 PASSWORD 表后,可以设置 Cursor1 对象的属性。

④ 编写事件驱动程序。

表单 Form1 的 Init 事件程序代码：
  SET DELETED ON
  PUBLIC addrecno
  addrecno=0

表单 Form1 的 Destroy 事件程序代码：
  PACK

Command1 命令按钮的 Click 事件程序代码：
  APPEND BLANK
  addrecno=RECNO()
  Thisform.GrdPassword.Column1.Text1.SetFocus

表格列 Column1 中的文本框对象 Text1 的 Valid 事件程序代码：
  IF Recno()=addrecno
    IF Empty(用户名)
      =MessageBox("用户姓名不能为空!")
      Return 0
    ENDIF
    Locate For Alltrim(用户名)=Alltrim(This.Value)
    IF Found() And Recno()<>addrecno
      =Messagebox("该姓名已经存在，请重新输入！")
      Go addrecno
      Return 0
    ENDIF
  ENDIF

Command2 命令按钮的 Click 事件程序代码：
  queren=MessageBox("确实要删除该用户信息吗?", 1+48)
  IF queren=1
    Delete
    Skip -1
    Thisform.Refresh
  ENDIF

Command3 命令按钮的 Click 事件程序代码：
  Thisform.Release

⑤ 以"用户管理"为名，把设计结果保存在"D:\学生管理系统\文档"文件夹中。

10.2.4 为顶层表单添加菜单

在 VFP 中可以使用菜单设计器设计用户自己的菜单，一般情况下，使用菜单设计器设计的菜单显示在 VFP 窗口的菜单栏上，要想在用户自己的表单上设置菜单栏，必须把准备显示菜单栏的表单设置为顶层表单。现在我们为本系统的顶层表单(即系统主模块表单，参见图 10.5)设置菜单栏，菜单栏中包括"系统管理"和"退出"两个菜单项。

"系统管理"菜单项下有子菜单,子菜单中有"用户管理"菜单项(也称为子菜单命令),"退出"菜单项没有子菜单,单击它可以直接退出系统。

建立菜单的操作步骤如下。

① 打开"学生管理系统"的"项目管理器"窗口,进入"其他"选项卡,选中"菜单"选项,单击 新建(N)... 按钮,弹出"新建菜单"对话框中,如图 10.24 所示。

图 10.24 "新建菜单"对话框

【说明】VFP 中的菜单包括两种:菜单和快捷菜单。菜单由菜单栏(主菜单)、子菜单(下拉菜单)组成;快捷菜单是用户右击某对象时弹出的菜单。

② 单击"菜单"按钮,弹出"菜单设计器"对话框,定义菜单栏,将其中的"系统管理"菜单项的"结果"设置为"子菜单";将"退出"菜单项的"结果"设置为"命令",在后面的文本框中输入"CLEAR EVENTS"清除事件命令,如图 10.25 的左图所示。单击"退出"菜单项右面的"选项"按钮,弹出"提示选项"对话框,为"退出"菜单项设置一个快捷键 Alt+X,如图 10.25 的右图所示。

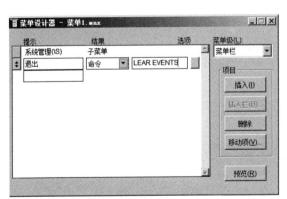
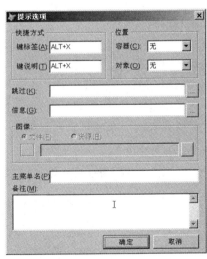

图 10.25 "菜单设计器"对话框和"提示选项"对话框

【说明】VFP 允许用户在设置菜单项名称(即"菜单设计器"对话框中"提示"列的内容)时,为该菜单项定义热键。方法是在要作为热键的字符前面加上"\<"字符。

③ 定义"系统管理"菜单项的子菜单:选中"系统管理"菜单项,单击其右面的 创建 按钮,设置"系统管理"菜单项下拉子菜单中的"用户管理"子菜单项,将该子菜单项的

"结果"设置为"命令",在其右面的文框中输入"DO FORM D:\学生管理系统\文档\用户管理",如图 10.26 所示,使得单击该子菜单项能调用前面编写的"用户管理"表单。

④ 执行 VFP 主窗口的"文件"→"保存"菜单命令,打开"另存为"对话框,以"main.mnx"为文件名,将设计结果保存在"D:\学生管理系统\文档"文件夹中。

⑤ 执行 VFP 主窗口的"显示"→"常规选项"菜单命令,打开"常规选项"对话框,选中"顶层表单"复选框,如图 10.27 所示,然后单击 确定 按钮。

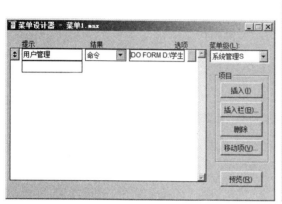

图 10.26 在"菜单设计器"对话框中设计子菜单

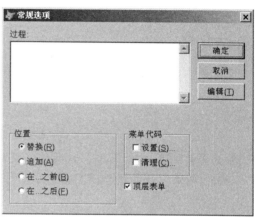

图 10.27 "常规选项"对话框

【说明】

下面对"常规选项"对话框进行解释。

❖ "位置"栏中有 4 个选项按钮,用来描述用户定义的菜单与当前系统菜单的关系,各个选项按钮的意义如下:

替换——表示以用户定义的菜单替换当前系统原来的菜单。

追加——将用户定义的菜单添加到当前系统菜单原有的内容的后面。

在…之前(B)——将用户定义的菜单内容插在当前系统菜单某个菜单项之前。

在…之后(F)——将用户定义的菜单内容插在当前系统菜单某个菜单项之后。

❖ "顶层表单"复选框:选中该复选框,将正在定义的菜单添加到一个顶层表单中。

⑥ 执行"菜单"→"生成"菜单命令,弹出"生成菜单"对话框,输入文件名称,如图 10.28 所示,单击 生成 按钮,自动生成菜单程序文件 main.mpr。

图 10.28 "生成菜单"对话框

【说明】使用菜单设计器生成的菜单程序文件,其主名与菜单文件名相同,扩展名为 mpr。例如菜单文件名为:main.mnx,则菜单程序文件名为:main.mpr。可以用"DO <菜单程序文件名>"运行菜单程序文件,例如:"DO MAIN.MPR",注意不可缺省扩展名。

⑦ 在 SysScreen.scx 表单的 Init 事件程序代码中输入如下代码：
　　DO D:\学生管理系统\main.mpr WITH this, .T.　　&&调用菜单
⑧ 运行 SysScreen.scx 表单文件，表单中出现菜单栏，如图 10.29 所示。

图 10.29　添加了菜单栏的顶层表单

10.2.5　设计主程序

(1) 应用系统的主程序

开发数据库应用系统，设计完各个功能模块后，应为整个应用系统设计一个启动程序（又称主程序）文件。主程序文件可以是一个程序文件（扩展名为 PRG）、一个表单文件（扩展名为 SCX）或一个菜单程序文件（扩展名为 MPR）。主程序文件在整个系统中的作用如下。

① 设置应用系统的起始点，用来启动应用系统。
② 对系统进行初始化设置。
③ 调用应用程序的功能模块实现系统的功能。
④ 控制事件的循环。
⑤ 退出应用系统时，恢复 VFP 系统环境。

设计主程序时，经常使用如下语句。

① 通过相应的 SET 语句设置系统的运行状态参数，并注意在系统运行结束后恢复原有的状态。

② 在系统主程序中，通常用一条 DO 语句，调用一个表单文件或菜单程序文件，显示系统的初始用户界面。

③ 设置事件循环的语句，格式为："READ EVENTS"，应该在调用第一个表单文件的语句后设置该语句，让系统等待用户进行操作。只有扩展名为 EXE 的可执行程序需要建立事件循环，在 VFP 系统环境中运行应用系统时不必使用该命令。

(2) 主程序的设计

若要建立的主程序文件是程序文件（扩展名为 PRG），可以选中"项目管理器"窗口"代码"选项卡中的"程序"选项，单击 新建(N) 按钮，打开程序文件编辑窗口，输入主程序文件的代码。

本章编写的学生管理系统的主程序——main.prg 的代码如下：
```
SET DEFAULT TO D:\学生管理系统        &&设置系统工作目录
SET TALK OFF
SET EXCLUSIVE ON
SET STATUS BAR OFF
SET STATUS OFF
_SCREEN.AUTOCENTER=.T.
_SCREEN.WINDOWSTATE=2
_SCREEN.VISIBLE = .F.
HIDE MENU_MSYSMENU
SET SYSMENU OFF
DO FORM D:\学生管理系统\文档\登录系统.SCX
READ EVENTS
SET SYSMENU ON
SET SYSMENU TO DEFAULT
SET TALK ON
CLEAR ALL
```

将该程序保存在"D:\学生管理系统\代码"文件夹中。最后，在"代码"选项卡中右击 main 文件名，在弹出的快捷菜单中单击"设置主文件"命令，便可将其设置为系统的主程序文件，主程序文件名呈粗体显示，如图 10.30 所示。若需要启动整个应用系统，选择"main"后单击 运行(U) 按钮即可。

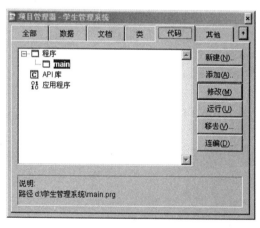

图 10.30 设置主文件

10.2.6 应用程序的连编

创建完项目中所有文件后，可以在 VFP 环境中直接运行它们。若需要脱离 VFP 环境在 Windows 系统平台上直接运行项目对应的应用系统，则需要将其连编成扩展名为 EXE 的可执行程序文件。连编项目，生成相应的 EXE 文件的操作步骤如下：

① 打开指定项目的"项目管理器"窗口，选择主程序，单击 连编(D)... 按钮，打开"连编

选项"对话框。

② 在"连编选项"对话框中选择相关的选项，如图 10.31 所示，然后单击 确定 按钮，系统自动进行连编，连编后产生扩展名为 EXE 的可执行程序文件。

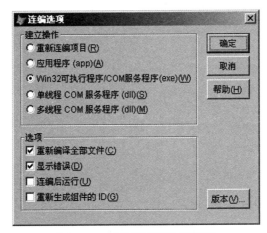

图 10.31 "连编选项"对话框

连编后形成的可执行程序可以复制到其他没有安装 VFP 系统的计算机上运行。值得注意的是，这时还要将运行库文件(vfp9r.dll、vfp9t.dll、vfp9rchs.dll、msvcr71.dll、gdiplus.dll)复制到相应的文件夹中。对于本章编写的应用系统来说，除了要把连编后的 EXE 文件和上面提到的 dll 文件复制到目标计算机的"D:\学生管理系统"文件夹中之外，还要把"D:\学生管理系统\数据"文件夹中的内容也复制到目标计算机的"D:\学生管理系统\数据"文件夹中，以保证在目标计算机上有可操作的数据。